守制与应变
清代台湾城市规划研究

孙诗萌 著

国家自然科学基金面上项目（51978360）
国家自然科学基金青年项目（51608292） 资助

清华大学出版社
北京

Regulations and Variations
City Planning in Taiwan During the Qing Dynasty | SUN Shimeng

内 容 简 介

本书在中国地方城市体系与规划传统中考察清代台湾16座府州县厅城市，发掘其在中国城市史、规划史、人居史中的独特价值。书中利用丰富的史志文献、地形数据及实地调研资料，从建置历程、城市选址、山水格局、空间要素、营建时序、省城规划等方面对这些城市的规划建设过程、特征及规律展开论述，揭示清代台湾城市对中国城市规划传统的"守制"与"应变"。

本书面向关注中国城市史、规划史、人居史的专业读者，以及关心台湾历史、两岸文化的大众读者。

图书在版编目（CIP）数据

守制与应变 : 清代台湾城市规划研究 / 孙诗萌著. — 北京 : 清华大学出版社, 2024.7
ISBN 978-7-302-65191-8

Ⅰ.①守… Ⅱ.①孙… Ⅲ.①城市规划－研究－台湾－清代 Ⅳ.①TU984.258

中国国家版本馆CIP数据核字(2024)第034019号

审图号：GS（2022）3563

责任编辑： 张占奎
装帧设计： 陈国熙
责任校对： 欧　洋
责任印制： 杨　艳

出版发行： 清华大学出版社
　　　　　网　　　址：https://www.tup.com.cn，https://www.wqxuetang.com
　　　　　地　　　址：北京清华大学学研大厦 A 座　　　　　　邮　　编：100084
　　　　　社 总 机：010-83470000　　　　　　　　　　　　　邮　　购：010-62786544
　　　　　投稿与读者服务：010-62776969，c-service@tup.tsinghua.edu.cn
　　　　　质量反馈：010-62772015，zhiliang@tup.tsinghua.edu.cn
印 装 者： 小森印刷（北京）有限公司
经　　销： 全国新华书店
开　　本： 185mm×260mm　　　　**印　张：** 18.75　　　　**字　　数：** 307 千字
版　　次： 2024 年 7 月第 1 版　　　　　　　　　　　**印　　次：** 2024 年 7 月第 1 次印刷
定　　价： 158.00 元

产品编号：095354-01

序

台湾是祖国的宝岛，是令人牵挂的地方。我一直关注两岸的学术动态，并尽我所能推进交流。20世纪80年代，我曾感动于香港潘祖尧先生筹划两岸学术交流会的热忱，为会议撰写文章《千载嘉会咏兰亭》，可惜未能成行。1993年，在两岸有识之士的共同努力下，"两岸建筑学术交流会"第一次在台湾召开。我有幸作为名誉团长，与大陆23位建筑同仁一道赴台考察交流。此后，两岸建筑与城市规划领域的交流互动日益增多。大陆的学术著作有机会在台湾刊登和出版，台湾的学者和建筑师也有机会到大陆来讲学交流，施展才华。

十几年前，我带领团队开展中国人居史研究，意识到作为中国地方体系中的一员，对台湾的研究不能缺少。孙诗萌当时已有志于研究地方城市，于是我鼓励她对台湾的人居历史进行探索。她博士毕业后，得到机会赴台湾大学城乡所访学进修，我建议她多收集资料，实地探勘，并加强与台湾学者的交流。她回来后与我谈到想从中国地方城市规划体系的角度研究清代的台湾省城市，我感到这是一项非常有意义的工作，便鼓励她大胆开展。

今年夏天，孙诗萌博士送来本书初稿，我甚感欣慰。我想她没有辜负几年来的辛苦，终于把这件早该有人做、但迟迟未竟之事做成了。从中国地方城市规划的悠久传统来看，清代台湾的规划建设既有对规制和通法的传承，也有应对特殊环境与挑战的变通。孙诗萌从"守制与应变"的角度切入，可谓抓住了要害。既把握了这一时期台湾城市规划的特点与价值，又从一个地区性案例走向对整个体系性规律的体察，以小见大。书中提出的一些研究视角和方法也予人启发。例如对城市山水格局建构步骤的分解，对城市规划建设时序的解读等，都令人耳目一新。这项工作的意义，不仅在于发掘了清代台湾省城市规划的历史与文化价值，还在于为中国地方人居史研究探索了一种范式和方法，更在于揭示两岸同源的中华人居体系，探索我们共同的历史和未来。

　　台湾是祖国的宝岛，是令人牵挂的地方。我欣喜有年轻学者勇于担起责任，填补学术领地上的空白地带；更期待两岸同仁共同携手，承前启后，继往开来！

2021年11月

目录

Contents

图表目录

注：书中图表未标注出处者，皆为笔者自绘、自摄。

第1章 绪论：为何研究清代台湾城市规划

1.1 中国地方城市规划体系中的台湾价值

地方城市，一般指自秦建立统一郡县制以来形成的各级地方行政治所城市。虽然历代各级地方城市的名称、层级常有变化，但其数量稳定在1 000~1 500个[①]，构成了中国古代城市的"大多数"。这些地方城市展现着中国古代城市人居的一般面貌，它们的规划建设代表着中国古代城市规划的整体水平。台湾及澎湖列岛在宋、元时期已建立地方行政机构，在清代更是进行了大规模人居开发和城市建设，并最终建置为清代中国第20个行省。其地方城市的数量虽然并不很多，但却是中国地方城市体系中不能忽视也不容忽视的一部分。

然而，翻开现有的中国古代城市规划史、建筑史论著，台湾的"戏份"并不多。相关论述中往往将台湾视为落后的边疆地区，对其人居开发和城市规划建设历程简略带过（详见1.2.2节）。事实上，宋朝政府已派兵驻守澎湖，将其划归福建泉州管辖；元朝已设立澎湖巡检司；明末郑成功自西人手中收复台湾后设立承天府，辖天兴、万年二县及澎湖安抚司。清朝康熙二十二年（1683年）将台湾收入版图后，初设台湾府，辖台湾、诸罗、凤山三县，隶属福建省管辖；后陆续增设彰化、淡水、澎湖、噶玛兰、恒春、台北、卑南、埔里社等府厅；至光绪十一年（1885年）建台湾省后，又基于省域规划而形成三府一州十五县厅的区划格局，共计规划建设起16座府州县厅城市[②]（图1-1）。

从地方城市的规划实践来看，上述城市的选址规划由大陆渡台官员和技术人员主持，遵循当时地方城市规划建设的基本制度和理论方法开展，甚至不少工程的工匠和材料都来自大陆。除台湾府城（台南）[③]外，这些城市皆为清代全新选址创建，并且表现出十分清晰的规划过程。作为中国地方城市体系中的一组独特案例，这16座城市的规划建设不仅能反映出清代地方城市规划的真实面貌，也呈现出自秦汉迄明清一脉相承的地方城市规划传统的基本特征[④]。

从省域城市体系的规划建构来看，虽然台湾正式建省是在光绪十一年（1885年），但此前已经历了相当长时间的酝酿。早在乾隆二年（1737年）已有中央官员提出建省之议，此后近150年间有关建省及省域空间规划的思考与讨论一直贯穿于台湾治理之中。尤其同、光时期，随着台湾战略地位的日益重要，多位高级官员明确提出建省之议和省域空间规划设想。台湾的行

---

① 据周振鹤《中国地方行政制度史》（2005：203，207）统计。

② 共19个府州县厅，其中3个府县同城（即台湾府、台湾县（台南）；台北府、淡水县；台湾府、台湾县（台中）），故有16座府州县厅城市。关于南雅厅的建置问题，胡恒（2014）曾提出不同意见。本书基于规划建设史考察并参考两岸清代台湾史研究领域的主流观点，如连横《台湾通史》、张海鹏和陶文钊《台湾史稿》、陈正祥《台湾地志》等，认为清代台湾省曾置南雅厅并发生实质性建设。

③ 清康熙二十三年（1684年）设台湾府、台湾县，位于今台南。光绪十三年（1887年）于台中盆地新设台湾府、台湾县，并将原台湾府、台湾县分别改为台南府、安平县。本书中为避免混淆，统称前者为台湾府（台南）、台湾县（台南）；统称后者为台湾府（台中）、台湾县（台中）。在第6章专论省城时，改称后者为台湾省城。

④ 中国地方城市规划传统自先秦发端，于秦汉初立，至隋唐成型，于两宋变革，迄明清臻于成熟完备。清代地方城市规划，在实践的广泛性、制度的完整性以及对前代智慧的继承与综合性等方面，都达到我国古代的高峰。研究清代地方城市规划的基本制度、主要内容及理论方法，具有揭示我国地方城市规划传统基本特征的重要价值。

①
[清]沈葆桢.台北拟建一府三县折（光绪元年六月十八日）//[清]沈葆桢.福建台湾奏折：55-59.

②
本书讨论的时间范围主要是清康熙二十二年至光绪二十一年（1683—1895年），即清廷治理台湾时期。

政区划，从南、北二府到南、中、北三府仅用了12年（1875—1887年），而此前从台南一府到南、北二府却走过了190余年（1683—1875年）。约略同一时期，全国范围内虽然先有1884年新疆建省，后有1907年东北三将军辖区改省，但台湾省却是清代晚期最后一个全新开发、建立起来的省级政区，其省域城市体系规划（包括省城选址）不仅清晰反映出地方城市规划体系中省级层次的规划原则与方法，也反映出当时国家内忧外患下城市规划对于政治、军事、外交等的重要意义。

从边疆人居环境的开发历程来看，面对山水之异、汉番之异、常变之异的复杂状况，清代台湾从最初的地广人稀、道路险阻，到后来的"洋船盘运、客民丛集"①，甚至成为洋务运动的前沿阵地建设起早期铁路、跨海电缆等，不得不说是边疆人居开发史上引人瞩目的一笔。深入研究这一地区案例，不仅能发现边疆人居开发的程序和规律，也有助于把握中国传统人居的特征和本质。

综上，发掘清代台湾在中国城市规划建设史中的独特价值，是本书写作的初衷和目标②。对于中国城市规划建设史研究而言，清代台湾16座城市作为一组颇具典型性和代表性的省域案例，是不能忽视和遗漏的部分；对于台湾相关研究而言，在全国地方城市规划体系中探索台湾的特色与价值，也是不可或缺的角度。

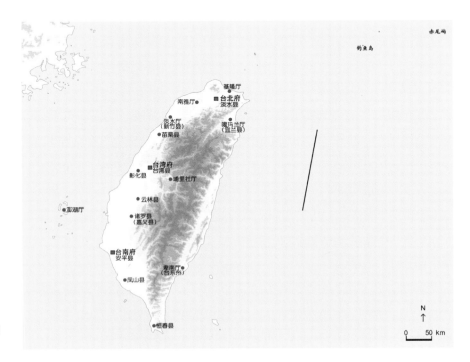

图1-1 清代台湾府州县厅城市分布

1.2　两岸相关研究综述与比较[①]

关于清代台湾城市史（含规划建设史）的研究成果，以两岸学者为主要生产者。台湾学者起步早、挖掘深，长期积累形成了丰富的研究成果；大陆学者的相关研究起步较晚，但视角宏观，亦有颇多有益的讨论[②]。本节分别梳理两岸相关研究的发展历程、关注重点、研究特点[③]，在比较的基础上，总结既有研究的成效与问题，探寻继续研究的新意义与新可能。

1.2.1　台湾学界相关研究

1. 研究历程

在台湾发生的关于清代台湾城市史的研究，始于日据初期日本学者的调查和整理，如伊能嘉矩《台湾城志》（1903）、《台湾文化志》（1928）等对清代遗留的府县城市的建制、规模、特色等进行了基础调查。相关研究具有为殖民政策服务的性质，但也对后来台湾学者的研究产生了影响。台湾学者在台湾城市史研究方面有所建树则待到20世纪60年代以后，先有地理学者的考察分析（如姜道章，1967），后有建筑学者的发掘梳理（如李乾朗，1979）。这时期出现了本领域最早的几部通论，可谓奠基之作。姜道章于1967年发表的《十八世纪及十九世纪台湾营建的古城》一文，是笔者所见台湾学界系统论述清代台湾城市的最早专篇。该文指出台湾真正意义上的大规模城市建设始于18世纪初；此后直至割日，其城市建设历程主要包括南台湾时期（1700—1740年）、北台湾时期（1810—1860年）、光绪时期（1875—1895年）三个阶段。该文概述了各阶段城市在选址、规模、形态、功能等方面的特点，并注重与大陆同时期城市的比较（图1-2）。20世纪70年代，台湾建筑界受全球"乡土运动"影响，开始兴起对本土建筑与城市的研究。李乾朗《台湾建筑史》（1979）是这一运动的代表作，也是台湾学界关于本土建筑与城市的首部通论。该书在台湾开发史和汉人移民文化史背景中呈现建筑与城市的发展脉络，以港口经济重心的转移为标志，将清时期划分为"1683—1820年：重心由台南转向鹿港""1821—1874年：以竹堑为重心""1875—1895年：以台北为重心"三个阶段。各段论述不以行政建制城市为主线，而更重港口商贸城市及地缘族群对城市建设的影响。相比于姜氏，李氏的研究更关注城墙及街道空间形态，带有明显的建筑学特征（图1-3）。

[①]
本节部分内容曾以《海峡两岸清代台湾城市史研究述评》为题发表于《城市与区域规划研究》2022年澳门特辑。收入本书时略有修改。

[②]
黄兰翔《台湾建筑史之研究》（2013）等曾对台湾学界的台湾城市史研究进行评述。陈纯忠《大陆台湾史研究的历史与现状分析》（2009）、陈小冲《近年来大陆台湾史研究的回顾与展望》（2011）、李细珠《大陆学界台湾史研究的宏观检讨》（2014）、程朝云《清代台湾史研究的新进展与再出发》（2015）等曾对大陆学界的清代台湾史研究做过总结。

[③]
本节所论台湾学者的相关研究，指台湾学者在台湾或其他地区公开发表的研究成果；大陆学者的相关研究，指中国大陆学者在大陆或其他地区公开发表的研究成果。日本殖民时期（1895—1945年）日本学者在台湾发表的关于台湾城市史的研究成果并不在本节讨论范围之内，但因其对后来台湾学者的研究产生过深刻影响，故在文中必要处提及。

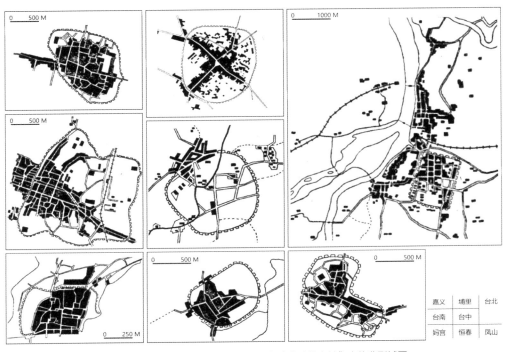

图1-2 姜道章《十八世纪及十九世纪台湾营建的古城》中的典型城图
（据姜道章，1967年改绘）

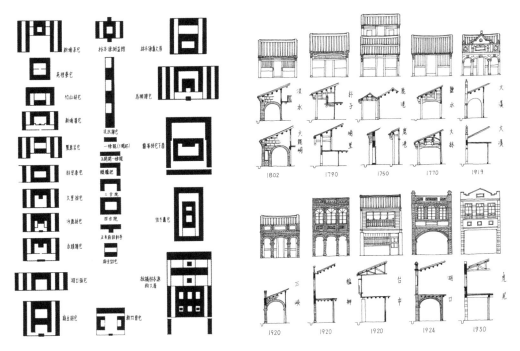

图1-3 李乾朗《台湾建筑史》中的城镇建筑空间分析
（李乾朗，1979：237，243）

20世纪80年代以后，台湾地区的城市史研究大为丰富，"清代城市史"的分支领域被正式提出（黄兰翔，2013）。该领域中的主要研究议题，如筑城史、城市体系演进、地区开发史、城市空间变迁、风水与城市规划建设等，都在这一时期涌现，伴随着各方向代表作的出现和基本研究范式的确立。大体上先出现针对某一议题的全台性综论或典型城市专论，再有各地地方学者进行个案的补充与呼应。20世纪90年代，城内建筑设施、地图中的聚落与城市、地方风景书写中的空间变迁等成为这一领域中新的兴趣点。这一时期，相关研究在广度、深度上都有较大发展，主要的议题、思路、素材、观点均已呈现。可以说，台湾地区的清代台湾城市史研究在20世纪90年代达到了高峰。

2000年以后，随着研究兴趣更多转向荷西时期、日据时期以及少数民族聚落等先前较少讨论且远离中国语境的范畴，台湾学者关于清代城市史的研究有所减少。

2. 主要议题

考察半个多世纪以来台湾学者关于清代台湾城市史的研究成果，主要集中在以下8个议题。下文大体按照各议题提出的时序，概述其研究内容与特点。

1）筑城史研究

城垣常被认为是中国古代城市的基本构成。但清朝在台湾的筑城政策先后经历了"不筑城—竹城—砖石城"的曲折变化，造就了复杂多样的地方筑城历史。因此，"筑城史"成为台湾城市史领域最早也最多被讨论的话题之一。

刘淑芬《清代台湾的筑城》（1985）是这一方向的代表作。作为历史学者，她提出"竹城"对台湾筑城的原型意义与影响，并论述了筑城过程中的经费来源、官民参与、族群关系等问题。许雪姬《台湾竹城的研究》（1987）、温振华《清代台湾的建城与防卫体系的演变》（1983）等从不同视角予以补充。建筑学者黄兰翔在《解读清代地方志中的台湾城墙之记录》（2000）中关注了城垣的材料、形制、构造，以及传统工法在台湾的传承与变通。在上述通论引领下，各地方城市筑城史的专门研究相继涌现，如尹章义《台北筑城考》（1983）、刘淑芬《清代凤山县城的营建与迁移》

（1985）、许雪姬《妈宫城的研究》（1988）、黄兰翔《清代台湾"新竹城"城墙之兴筑》（1990）、吴俊雄《竹堑城之沿革考》（1995）、林莉莉《清代淡水厅砖石城墙营建过程的探讨：以〈淡水厅筑城案卷〉为中心》（1999）、曾玉昆《凤山县城建城史之探讨》（1996）、陈亮州《清代彰化修筑砖城之研究》（2004）、张志源《台湾嘉义市诸罗城墙兴建的变迁与再现研究》（2008）等，都对该议题予以地方案例的回应。

不难发现，在筑城史研究中，历史学者主要关注城墙的兴建过程及其中反映的政治、经济、社会问题，建筑学者和保护主义者主要关注城墙建筑的形态、材质、工艺及保护对策，而对于城墙与城市结构、形态及规划关系的探讨不多。

2）城市体系与城市选址研究

清代台湾开发有赖闽粤移民农垦，故一般先有汉人聚落及商业街市的形成，后有行政中心城市的设立。在这一过程中，究竟是经济因素还是行政因素更主要地决定着城市选址及体系格局，是台湾学者特别关注的又一议题。

一种观点强调经济因素尤其港口贸易对台湾城市选址的决定性影响。李瑞麟《台湾都市之形成与发展》（1973）从城市地理学视角分析了清代台湾市镇的人口、功能结构与形成原因，指出港口城市在城市体系中的绝对优势。章英华《清末以来台湾都市体系之变迁》（1986）对比了19世纪中晚期的台湾与江南、云贵地区的情况，指出城市规模小、城市化程度高是台湾地区的突出特点，而经济因素是形成这一结构的主要力量。

另一种观点则强调行政军事力量对城市选址的深刻影响。施添福《清代台湾市街的分化与成长：行政、军事和规模的相关分析》（1989，1990）总结了当时台湾各级行政机关的空间分布规律和选址原则，阐释了如何从众多商业街市中挑选出行政治地，并发展成为地区性中心（图1-4）。蔡勇美、章英华《台湾的都市社会》（1997）指出，河海港口城市在清代初期的优势地位逐渐被地方政治经济中心城市所取代，是整个清代城市体系变迁的重要特色之一。对局部地区而言，行政军事力量与经济力量的较量更直接地影响着行政治城城址的变动，如刘淑芬（1985）、许雪姬（1988）、郑晴芬（2013）等对凤山县、澎湖厅城址变迁的个案研究。

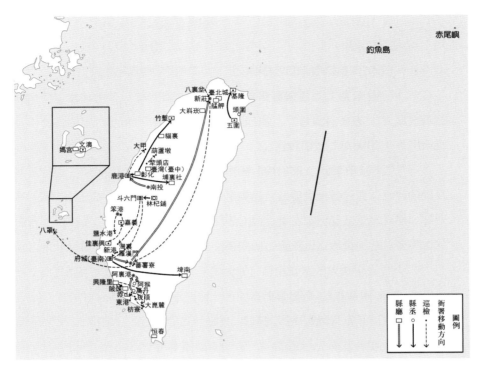

图1-4　施添福关于清代台湾各级衙署空间分布及变迁的研究
（据施添福，1989改绘）

3）地区开发史研究

从地区开发史视角考察聚落和城市建设，也是清代台湾城市史研究的常见议题之一。此类研究往往论及特定地区的农业开发历程、水利设施（如水圳）建设、交通设施建设、街庄聚落分布、相关土地制度、移垦政策和开发过程中的社群关系等；聚落和城市成为考量地区开发史的指标与手段之一。盛清沂《新竹、桃园、苗栗三县地区开辟史》（1980）一文从军政设施建置、街庄聚落分布、道路及水利设施建设等方面考察了清代新竹、桃园、苗栗地区的开发历程。何懿玲《日据前汉人在兰阳地区的开发》（1980）、尹章义《台北平原拓垦史研究（1697—1772）》（1981）、邱奕松《寻根探源谈嘉义县开拓史》（1982）、黄雯娟《清代兰阳平原的水利开发与聚落发展》（1990）、林会承《澎湖聚落的形成与变迁》（1994）、黄鼎松《苗栗的开拓与史迹》（1998）、张永桢《清代台湾后山的开发》（2013）等提供了其他地区的开发史专论。总体而言，此类研究偏重史料梳理，较欠缺规律性总结。

①
如廖春生《台北之都市转化：
以清代三市街（艋舺、大稻
埕、城内）为例》（1988）探
讨了官僚、士绅、豪商在台北
筑城过程中的不同作用；张玉
璜《妈宫（1604—1945）：一
个台湾传统城镇空间现代化变
迁之研究》（1994）考察了妈
宫城市空间变迁中从军人主导
到官绅共建的过程等。

4）城市空间变迁研究

如果说前述议题更主要关注清代台湾城市的总体结构和局部要素，那么针对个案城市的空间变迁研究则更加触及城市史研究的空间本质。此类研究具有以下特点：一、专注于对城市空间形态的历史考察，注意搜集城市历史地图，并基于实地测绘、历史考据等工作对特定历史时期的城市平面进行复原。二、研究时段多为包含清代在内的较长时段，注意总结各历史时期特点及空间变迁规律。三、在呈现城市空间形态变化的同时，亦关注其背后的政治、军事、经济、社会动因，尤其是不同社会阶层或地缘群体的作用[①]。台湾大学建筑与城乡研究所以其在空间政治学领域的学术传统而贡献突出：以20世纪80年代陈朝兴（1984）、廖春生（1988）等对台北地区从艋舺、大稻埕到城内的空间转化研究为先导，后继有陈志梧《空间之历史社会变迁：以宜兰为个案》（1988）、萧百兴《清代台湾（南）府城空间变迁的论述》（1990）、李正萍《从竹堑到新竹：一个行政、军事、商业中心的空间发展》（1991）、张玉璜《妈宫（1604—1945）：一个台湾传统城镇空间现代化变迁之研究》（1994）、黄兰翔《台南十字街空间结构与其在日治初期的转化》（1995）、赖志彰《1945年以前台中地域空间形式之转化》（1991）、柯俊成《台南（府城）大街空间变迁之研究（1624—1945）》（1998）、赖志彰《彰化县城市街的历史变迁》（2001）、郭承书《清代台南五条港的发展与变迁：以行郊、寺庙为切入途径》（2016）等其他地区个案论述。此类研究者多有建筑学背景，提供了丰富而精致的复原图绘成果（图1-5、图1-6）。

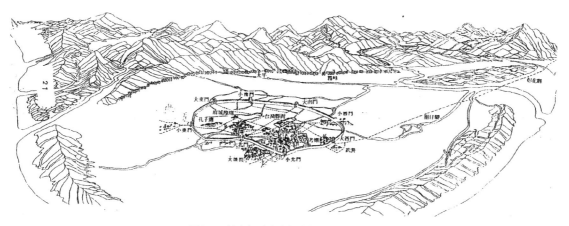

图1-5　赖志彰对清末台中省城的复原推想
（赖志彰，1991：21）

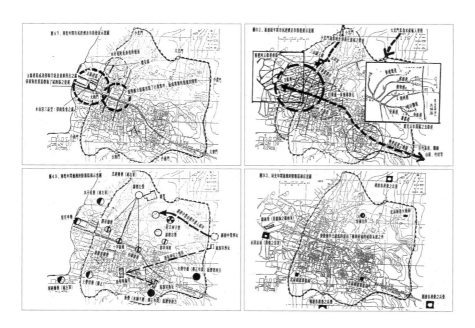

图1-6 萧百兴对清代台湾府城（台南）的空间分析（萧百兴，1990）

5）风水与城市规划建设研究

20世纪80年代至90年代初，风水对清代城市规划建设的影响一度成为台湾城市史热衷讨论的议题。先有汉宝德《风水：中国人的环境观念架构》（1983）等从认识论层面将风水解读为中国传统环境观、空间观表现的概述，后有如赖仕尧《风水：由论述构造与空间实践的角度研究清代台湾区域与城市空间》（1993）、黄兰翔《风水中的宗族脉络与其对生活环境经营的影响》（1996）等关于风水与清代地方空间实践的具体论述。日本学者堀込宪二（1986，1990）对恒春城规划建设中风水思想的研究曾对台湾学者产生重要影响。无论认同或批判，这些研究事实上已将风水理解为中国古代城市规划建设的一种理念与技术。相关研究在20世纪90年代达到高潮，21世纪后则鲜有人问津（图1-7、图1-8）。

6）城内建筑设施研究

随着清代台湾城市史研究的深入，关于城内空间构成及建筑要素的专门考察陆续出现。黄琡玲《台湾清代城内官制建筑研究》（2001）详细论述了府县城市官制建筑的主要类型、发展历程及建筑规制，重点考察了官署设施、教育设施、祠庙设施、社会救济设施四类建筑设施，总结台湾传统城墙城市的空间构成与组织。在关注特定类型建筑的专论中，学校、书院等文

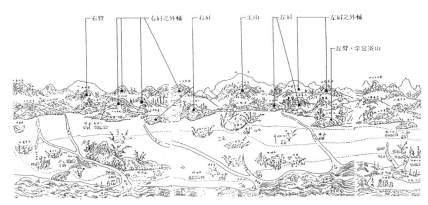

图1-7 诸罗县城风水形势分析
（赖仕尧，1993：29）

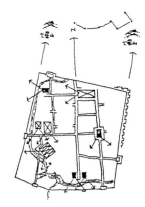

图1-8 台北府城风水格局分析
（陈朝兴，1984：165）

教建筑和官祠、寺庙等祭祀建筑是最多被讨论的两类，如黄秀政《书院与台湾社会》（1980）、廖丽君《台湾孔子庙建筑之研究》（1998）、王启宗《台湾的书院》（1999）等对文教设施的研究，高贤治《台湾府遗存下的官祀庙宇》（1999）、卓克华《从寺庙发现历史：台湾寺庙文献之解读与意涵》（2003）等对祭祀设施的研究。他们或侧重对建筑空间及营建过程的考察，或侧重相关制度及文化背景的梳理。

7）地图中的聚落与城市研究

近年来随着历史地图的不断发现和整理，从地图中探查聚落与城市变迁也成为清代台湾城市史研究的新方向[①]。洪英圣《画说康熙台湾舆图》（2002）、《画说乾隆台湾舆图》（2002）对清代前期官方绘制的巨幅台湾舆图做了细致研究，除校核图中古今地名外，还对其中汉番聚落、驻军营盘、城池官署、自然景观的空间分布进行统计和分析（图1-9）。局部地区研究方面，赖志彰等《竹堑古地图调查研究》（2003）利用清代古地图考察竹堑城内的土地利用变迁；赖志彰等《台中县古地图研究》（2010）利用清代山水地图、方志地图等考察台中地区的土地变迁。此类研究以地理学者和地图学家为主，旨在利用不同时期、不同类型的古地图补足"土地利用之变迁研究或聚落史、都市史研究之不足"（赖志彰，2003：1）。此外，也有艺术史学者从清代台湾八景图中考察地方风景建构及其背后的政治文化意涵，如宋南萱《台湾八景：从清代到日据时代的转变》（2000）、萧琼瑞《怀乡与认同：台湾方志八景图研究》（2006）等。

①
关于清代台湾舆图的研究此前已有不少，如黄典权《台湾地图考索》（1988）、施添福《台湾地图的绘制年代》（1988）、庄吉发《故宫台湾史料概述》（1995）、夏黎明《清代台湾地图演变史：兼论一个绘图典范的移转历史》（1997）、夏黎明《台湾古地图：明清时期》（2002）等，但研究兴趣主要集中在厘清清代各时期的地图目录、考证特定地图的绘制年代及意图、综述各期绘制技术水平等地图学本身的问题。将地图作为一种图像资料来研究清代台湾聚落与城市变迁，大约在21世纪之后出现。其源头一方面是地图学者对研究领域的扩展，另一方面是历史学者、建筑学者对研究素材的扩展。

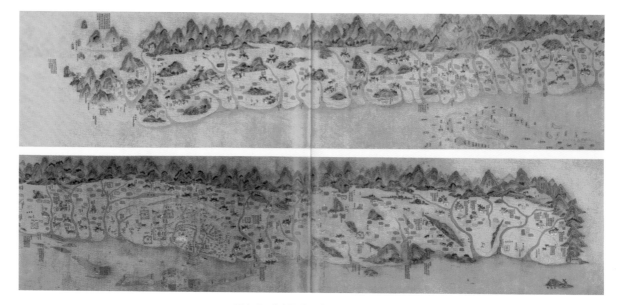

图1-9 《康熙中叶台湾舆图》局部
（台湾博物馆藏）

8）地景书写中的空间变迁研究

近年来出现的另一新方向，是从地景书写中探查清代台湾空间变迁历程。此类研究借由渡台仕宦和本地科举文人的书写文本，解读清代台湾开发、社会心理及政策意图的历史变化，如许玉青《清代台湾古典诗之地理书写》（2005）、许凯博《帝国文化逻辑的展演：清代台湾方志之空间书写与地理政治》（2007）、李知灏《从蛮陌到现代：清领时期文学作品中的地景书写》（2013）、赖恒毅《清代台湾地理空间书写之文化诠释》（2014）等。文学学者是此类研究的主要生产者。

3．研究特点

总体来看，台湾学者关于清代台湾城市史的研究具有以下特点。

就研究内容和研究者而言，相关研究议题丰富，观点多元，不同学科背景的学者在这一领域中不断发掘出各自感兴趣的议题。历史学者关注筑城活动及相关政策制度的历史变化；地理学者关注城市体系的形成与变化机制；建筑与规划学者关注城市空间变迁及形塑物质空间形态的规划设计理念与技术；地图学者、艺术史学者、文学学者则关注地图、绘画、文学作品等历史资料所反映的地区与城市变迁史。60余载的研究历程中，参与群体众多，呈

①
参考陈小冲《近年来大陆台湾史研究的回顾与展望》2011；李细珠《大陆学界台湾史研究的宏观检讨》2014。

现出百花齐放的面貌。

就研究资料和方法而言，相关研究大多是基于文献整理、实地调研、空间测绘、考据复原等基础性工作而展开，研究扎实且深入。得益于丰富的历史地图发掘和细致的测绘复原工作，台湾学者在空间再现与分析方面的研究成果尤其显著。

就研究范式而言，各议题的开展大多先有全台性综论或典型个案专论提出主要的研究概念、路径与方法，后有其他地区性研究跟进，形成内容上的补充和方法上的呼应。研究成果总体上有点有面，覆盖较广。

不过，台湾学界的清代城市史研究不可避免地受到政治因素的影响，早期并不回避在全国语境中观察台湾城市的共性或个性，但自20世纪末以来受"去中国化"运动影响（陈孔立，2001），城市史领域的研究也越发"就台湾而论台湾"，选题局限于岛内且刻意弱化两岸的历史文化联系。这在相当程度上局限了学术研究的发展。

1.2.2 大陆学界相关研究

1．研究历程

大陆学界的台湾研究自20世纪40年代起步，至80年代后逐渐丰富活跃。台湾史研究是台湾研究中的基础性部分，具有学术和现实的双重意义。对清代台湾城市史的关注主要来自两个学科领域，各带有不同的研究目的和关注重点。其一是历史学领域。台湾史研究作为中国历史学的一个分支学科，自新中国成立以后起步，80年代后迅速发展[①]。清代台湾史是台湾史研究中的重点领域，相关研究从政治史发端，逐渐扩展至经济史、社会史、文化史等分支，20世纪末又扩展至城市史领域。近年来随着日本殖民时期台湾史等成为研究热点，对清代台湾史的关注有所减弱（程朝云，2001）。其二是建筑与城市规划领域，主要关注台湾城市规划建设的历程与特点。虽然中国城市规划建设史论述中出现有关清代台湾的内容较晚，但认识正日益加深。

基于大陆学界相关研究的特点，下文不按研究议题展开，而从上述两个研究领域和群体概述其主要成果及特点。

2．建筑与城市规划领域的相关研究

在中国古代建筑与城市规划通史及明清断代史论述中，刘敦桢《中国古代建筑史（第2版）》（1984）、贺业钜《中国古代城市规划史》（1996）、董鉴泓《中国城市建设史（第2版）》（1989）、孙大章《中国古代建筑史·第五卷 清代建筑》（2001）中都有关于清代或明清时期城市的专篇[①]，但受制于当时的研究资料和调研条件，相关内容尚未覆盖台湾地区。

中国城市规划建设史中出现关于清代台湾的论述，始见于董鉴泓《中国城市建设史（第3版）》（2004）。该书在"明清时期的城市"一章中，简述了明清时期台湾的开发历程和主要城市（董鉴泓，2004：130）。书中有关台湾的另一处论述，是中篇"近代部分"新增一节介绍日本殖民时期台湾城市的改造规划。如果说后一部分的相对充实源于当时大陆学者对日本殖民时期的台湾城市已有细致研究[②]，那么前一部分的简略（百余字篇幅）或许反映出当时对清代台湾城市的价值认知尚不充分。

此后出版的中国城市规划建设史中，关于台湾的论述逐渐增加。吴良镛《中国人居史》（2014）从明清汉族移民与文化融合视角考察了台湾地区的人居发展，简述了移民定居、土地开发、城市建设的历程与特色。王树声《中国城市人居环境历史图典》（2016）中有"福建台湾"分卷，其中台湾部分约占该卷篇幅的1/10。该部分参考台湾府县方志9种，收录方志图17张，概述了台南、凤山、淡水、诸罗、宜兰、彰化、澎湖等7府县的人居建设情况。上述变化反映出大陆建筑与城市规划学界对清代台湾城市的关注正在提升。

3．历史学领域的相关研究

历史学视野中的清代台湾史研究，最初以清廷治台政策、地方制度等政治史议题为重点，逐渐扩展至社会史、移民史、经济史、交通史、文化史等领域。代表作有陈碧笙《台湾地方史》（1982）、陈在正等《清代台湾史研究》（1986）、陈孔立《清代台湾移民社会研究》（1990）、张海鹏和陶文钊《台湾史稿》（2012）等。20世纪末以来，台湾史研究的触角也伸入城市史领域，所关注的议题主要集中在以下三个方面。

其一，关注清代台湾城镇体系。吕淑梅《陆岛网络：台湾海港的兴起》（1999）从海洋社会经济史视角考察明清时期台湾海港城市发展与台湾开发的

①
详见刘敦桢《中国古代建筑史（第2版）》（1984）第七章第七节、贺业钜《中国古代城市规划史》（1996）第六章、董鉴泓《中国城市建设史（第2版）》（1989）第七章、孙大章《中国古代建筑史·第五卷 清代建筑》（2001）第二章。

②
如李百浩《日本殖民时期台湾近代城市规划的发展过程与特点（1895—1945）》（1995）等。

关系。唐次妹《清代台湾城镇研究》（2008）从城市地理学与区域经济学视角考察清代台湾开港前、开港后两个阶段的城镇体系结构与变迁。周翔鹤《台湾省会选址论：清代台湾交通与城镇体系之演变》（2010）基于台湾地理与交通条件分析清代城镇体系的形成，评价省会选址的成败。吕颖慧《台湾城镇体系变迁研究》（2015）对清代台湾城镇体系的发展历程、功能结构、等级规模、空间分布等进行论述，指出清代台湾城市具有城镇化程度较高但行政中心城市建设相对薄弱滞后、港口城镇与行政中心城镇并立等特点。

其二，关注筑城活动及相关政策。钟志伟《清代台湾筑城史研究》（2007）分"不筑城政策制约""民间力量推动""外患刺激"三个阶段考察清代台湾府县城市的筑城活动。刘文泉《清代台湾城防政策研究》（2014）论述了清代台湾城防政策的三阶段变化及其政治经济社会动因。

其三，关注城内功能设施建设及其背景。文教、祭祀两类建筑依然是讨论的重点：李祖基《城隍信仰与台湾历史》（1995）、颜章炮《清代台湾官民建庙祀神之比较》（1996）、李新元《关帝信仰在台湾的传播与发展之研究》（2009）等讨论了清代台湾官民、祠庙的建设历程与空间分布；李颖《清代台湾社学概述》（1999）、张品端《清代台湾书院的特征及其作用》（2011）等讨论了文教设施的建设情况。

此外，清代台湾史研究的诸多分支方向，如开发史、移民史、经济史、社会文化史中，也涉及城市相关内容，但城市规划建设并非论述主体。

4．研究特点

总体来看，大陆学者关于清代台湾城市史的研究具有以下特点。

就研究视角与内容而言，相关研究多以台湾地区整体为研究对象，讨论其作为清代中国的一个地区或行省的概况。这种宏观视角倾向使大陆学者更多采用中央规制与地方特色的论述逻辑，而这正是近年来台湾学者较少选择甚至刻意回避的角度。当然，这种视角也可能导致对地区内部差异性与多样性的忽视。

就研究资料与方法而言，由于两岸相隔，实地调研困难，大陆学者的研究工作多依赖历史文献和台湾学者的调研测绘成果。这在一定程度上束缚着大陆学者研究的深度与创新性，尤其是对于依赖田野调查的空间形态研究。此外，历史学语境中的台湾城市史研究对空间信息的重视度略有不足。

大陆学界关于清代台湾城市史的研究总体上启动较晚。历史学者主要关注城市建置的过程、政策、体系而非具体空间形态；建筑与城市规划学者的相关研究尚有较大发展空间。

1.2.3 比较与思考

清代台湾城市在两岸城市史研究中都是最早也最多被讨论的话题之一。台湾学者自20世纪60年代开启对台湾城市史的关注，经历70年代的乡土运动，至80年代蓬勃发展，确立了清代台湾城市史领域的主要议题与研究范式，涌现出一批代表作。这股研究热潮在90年代达到高峰，但21世纪后随着研究兴趣转向荷西时期、日据时期及少数民族聚落等议题而逐渐减弱。大陆学界的台湾史研究至80年代开始活跃，从政治史扩展至社会史、经济史、文化史等领域，20世纪末涉足城市史议题。建筑与城市规划学界对台湾城市史的关注则更迟。对比两岸相关研究成果，主要表现出以下三方面差异。

研究视角与选题方面，台湾学界主要关注清代台湾城市的本土问题、个性问题；而大陆学界更关注全国体系中的台湾地方。台湾学界提出的议题丰富详细，涉及地区开发、城市体系、选址规划、构成组织、空间变迁等诸多方面；在综论之外，对主要城市个案亦有深入发掘与研究。大陆学界讨论的议题一定程度上受到台湾已有研究的影响，在空间层次上多以台湾整体为研究对象。

研究资料与方法方面，台湾学界占有研究资料与田野调查的地缘优势，总体上研究更为深入。台湾学者以对史料的详尽梳理和综合运用见长，城市空间形态研究中特别重视实地调查测绘和历史地图的比较运用。相比之下，大陆学界的相关研究受资料和基地限制而略有不足。

研究目标与方向方面，大陆学界的相关研究以宏观视角、整体论述见长；台湾学界的相关研究具体细致，但议题之间的关联较为松散，缺乏共识性的台湾城市史架构支撑和清晰的研究目标。

随着研究兴趣的转向和政治因素的影响，近年来台湾学界关于清代台湾城市史的研究者和成果增长不多，未来进行整合性工作的前景并不乐观。随着大陆对深入挖掘中华传统文化、梳理总结传统城市规划理论与方法的日益重视，以及两岸学术交流的加强，大陆学界在清代台湾城市史研究领域的

① 诸罗县于乾隆五十二年（1787年）改名嘉义县；淡水厅、噶玛兰厅于光绪元年（1875年）分别改为新竹县、宜兰县。本书为求简便，主要使用其初始名称。

② 相关信息主要分布于地方志中的《山川》《形势》《建置》《规制》《学校》《祠祀》《兵防》《武备》《古迹》《艺文》等卷目中（详见孙诗萌《基于地方志文献的中国古代人居环境史研究方法初探》2016）。

1.3　研究内容与本书结构

基于前文对两岸相关研究成果及问题的梳理，本书尝试从地方城市规划体系与传统的视角，重新审视清代台湾省城市规划的特征与价值。

1.3.1　研究内容

虽然台湾及澎湖列岛上的行政建置可上溯至明代以前，但大规模的人居开发和城市规划建设发生于有清一代。自康熙二十二年（1683年）至光绪二十一年（1895年）的212年间，台湾及澎湖列岛上陆续规划建设起16座府州县厅城市，即台湾府城（台南）、凤山县城、诸罗县城、彰化县城、淡水厅城（新竹县城）、澎湖厅城、噶玛兰厅城（宜兰县城）、恒春县城、台北府城、卑南厅城（台东州城）、埔里社厅城、台湾府城（台中）、云林县城、苗栗县城、基隆厅城、南雅厅城①。本书即以这16座城市及其构成的省域城市体系为研究对象，基于对其规划建设内容、历程、方法、特点的考察分析，揭示清代台湾城市规划实践中对于地方城市规划传统的"守制"与"应变"，并由此管窥这一深厚传统的概貌与本质。

1.3.2　研究素材

本书所采用的研究素材主要包括地方志、清代台湾档案、地方官员文集、历史地图、近现代学者复原研究、遥感影像及高程数据、实地调研测绘数据及影像资料等。

地方志文献中对地方城市的规划建设过程、空间要素、规模形态、所处山水环境等均有详细记载②，它们是辅助地方城市规划建设史研究的重要历史文献。清代台湾府县方志数量丰富，内容翔实。本研究中主要采用32种，包括通志稿1种、府志6种、州县厅志25种（含志稿、志略、纪略、采访册等形式）。有些府县曾先后修纂多版方志，为考察城市空间环境变迁和规划过程提供了更多线索。例如，康熙至乾隆年间台湾府曾先后修纂6版《台湾府志》，光绪时期台湾建省后又修有《台湾通志稿》。比较这些不同时期的台湾方志，不仅能追踪个体城市发展变迁的轨迹，也能洞察从"台府"到"台省"城市体系建构的深刻变化（图1-10）。

地方官员作为规划者群体中同时具有主导权、决策权和记述权的特殊群体，往往在其文章、奏议中详细记述曾经亲自主持或参与的规划过程，甚至包括当时的规划依据、理念、策略等。作为"规划师视角"的直接论述，这些地方官员文集为地方城市规划建设史研究提供了珍贵的一手文献。例如，刘铭传《刘壮肃公奏议》中记录了他在巡抚任内对于台湾省域空间规划和省城规划的详细构想；姚莹《东槎纪略》中记录了他在台湾府通判任内参与噶玛兰设厅及厅城规划的过程和思考。

近现代学者（尤其台湾学者）对部分清代台湾城市进行了复原研究，为本书开展地方城市群体研究和比较分析提供了基础。例如，陈朝兴（1894）、

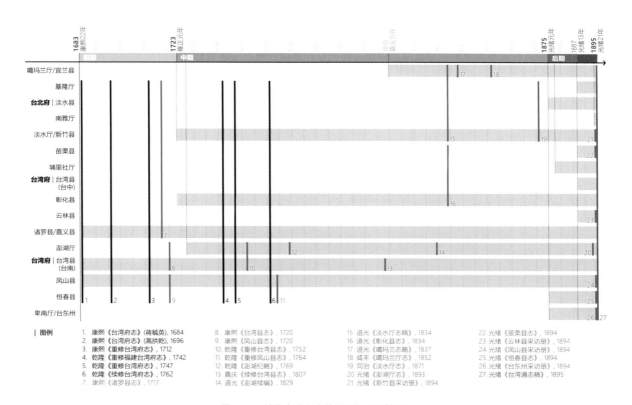

图1-10　清代台湾方志纂修时间及覆盖空间
（据SUN S，2024改绘）

廖春生（1988）等对台北府城的空间变迁进行了梳理和复原；赖志彰（1991）等对台中省城的空间形态和规划过程进行了研究。

将从前述历史文献中获取的城市空间信息落位于现代地形图中，并对照相关历史地图校核，使本研究能进一步还原古代规划者在真实山水环境中的规划考量与创造。这些地形数据和历史地图，尤其为本书中有关城市山水格局的空间分析提供了基础。

此外，笔者对16座府州县厅城市的地形环境和物质遗存进行了多次实地调查。调研中获得的影像照片、实测数据、访谈资料等，也为本研究提供了重要一手资料。

1.3.3 本书结构

清代台湾城市作为全国地方城市规划体系中一组相对完整的案例，本书并不想对其做个案研究的简单加和，而是关注这一群体对地方城市规划传统的"守制"与"应变"，或者说，地方城市规划的通则与变法。因此，本书重点关注这16座城市的建置历程与阶段特征、城市选址与山水格局建构、空间要素与规划时序、省域城市体系规划与省城规划，希望通过上述几方面的考察，勾勒出地方城市规划传统在清代台湾实践中的"守"与"变"。

本书共分7章。第1章为绪论，阐述本研究的缘起和初衷，梳理两岸相关研究的成果与问题，概述本书的研究内容、素材、重点及框架。第2章梳理从"台府"到"台省"的行政区划变迁和16座府州县厅城市的建置历程，划分3个阶段论述其大势及特征，并为后续章节的具体阐述提供统一的时-空框架。第3、4章论述这些城市应对自然山水环境的选址规划与山水格局建构。首先选取典型案例分别论述"山前模式"和"盆地模式"城市选址规划的过程和特点，再从规划技术角度专论城市山水格局建构的内容层次、基本程序、建构者及理论、目的与意义——重点关注清代台湾城市如何运用通行的规划理念与方法，在纷繁复杂的山水环境中开展具体的规划实践。由于这部分篇幅较长，划分为上、下两章。第5章论述这些城市建构其人工环境的要素配置及规划建设时序。作为全国空间治理体系中的重要节点，地方城市的空间要素配置有相应规制。但在偏远新辟、基础匮乏的清代台湾，对遵守规制的坚持亦调和于面对现实的变通。该章重点关注清代台湾城市中四类代表性空间要素的建置情况和规划建设时序，以及支撑这种守制与应变背后的规划意图和价值观念。第6章论述清代台湾城市中最为特殊的两座——台北府城和台中省城——的规划历程及理念方法。它们在16座城市中的行政等级最高，山水尺度最大，选址规划开展得虽晚，却最为精心。作为前现代中国最后一座全新选址规划的省城，台中省城在选址、定基、规模、塑形、择向、配置等方面，都表现出对古代城市规划传统的遵守和强化。作为清代晚期全新创建的一座府城，台北府城的规划亦有类似表现。该章凝练两座城市规划建设中所体现的传统理念与方法，并在同时代、同地域规划实践比较中解读它们对数千年规划传统的"自觉"与"不自觉"表达。第7章为结语，重申清代台湾城市在中国城市规划史中的独特价值，并基于前文第3～6章的专题研究，从因应山水、要素时序、省城规划、人居开发4个方面总结清代台湾实践对地方城市规划传统的"守制"与"应变"。

第2章 建置历程：行政区划与治城建置的三个阶段

本章梳理清代台湾行政区划及城市建置的历程及特点。一方面，尝试勾勒出清廷治台200余年间16座府州县厅城市相继建置的历史进程和总体面貌；另一方面，为后文的城市规划分析提供必要的时空背景。

自康熙二十二年（1683年）台湾及澎湖地区纳入清朝版图，至光绪二十一年（1895年）被割让日本，台湾的行政区划历经多次调整。从最初隶属于福建省台厦道的1府3县，到最后成为清朝第20个行省台湾省，其间先后建置有19个府州县厅政区，总共建立起16座府州县厅治城[①]。

综合清廷的治理范围及治台政策变化来看，这些政区和治城的建置过程可划分为三个阶段：前期，即康熙二十二年至六十一年（1683—1722年），历时39年。这一阶段共建置4个府县，形成3座治城。这一阶段的主要特点是：府县初辟，偏居中南，治理保守，府城为先。中期，即雍正元年至同治十三年（1723—1874年），历时151年。这一阶段陆续增设1县3厅，新增4座治城，多位于台湾中北部。这一时期全台虽仍设1府，但已分置7县厅，日渐充实。并且雍正五年（1727年）台厦道改为台湾道，标志着台湾在福建省地位日渐重要[②]。这一阶段的主要特点是：县厅增辟，滨海开拓，人口激增，重心北移。后期，即光绪元年至二十一年（1875—1895年），历时20年。全台行政区划先是调整为2府8县3厅，建省后又增加至3府1州11县4厅；共新增9座治城。这一阶段时间虽然不长，但在行政建置和城市规划建设方面的变化突出：一方面改变了已持续190余年的台南一府格局，先增台北府，再增新台湾府（台中），县厅级政区及治城数量随之增至16个。另一方面，由于清廷转变治台态度施行"开山抚番"之策，城市规划建设明显向内山及后山发展。建省后由刘铭传主导的一系列近代化建设，也为清末台湾城市带来新气象。这一阶段的主要特点是：开山抚番，积极经略，建省增府，覆盖全台。

下文分别考察上述三个阶段政区及治城建置之原委，分析当时城市的空间分布、人口规模、军事驻防、水陆交通等情况，进而解读影响200余年间台湾政区变迁及城市演进的深层原因（图2-1、图2-2）。

2.1　前期（1683—1722年）：偏居中南，府城为先

清廷治台前期指康熙二十二年至六十一年（1683—1722年），历39

① 19个政区即台湾府（光绪十三年改台南府）、台湾县（光绪十三年改安平县）、凤山县、诸罗县（乾隆五十二年改嘉义县）、彰化县、淡水厅（光绪元年改新竹县）、澎湖厅、噶玛兰厅（光绪元年改宜兰县）、恒春县、台北府、淡水县、卑南厅（光绪十三年改东州）、埔里社厅、台湾府、台湾县、云林县、苗栗县、基隆厅、南雅厅。其中，两对台湾府与台湾县同城，台北府与淡水县同城，故共有16座府州县厅城市。

② 当时福建省划分五道，即粮驿道（驻福州府）、兴泉永道（驻厦门）、汀漳龙道（驻漳州府）、延建邵道（驻延平府）、台湾道（驻台湾府）。据乾隆《重修福建台湾府志》载："分巡台湾道，旧兼台厦兵备，今分巡台湾，以资弹压，兼督船政"（卷十三职官/官制：345）。

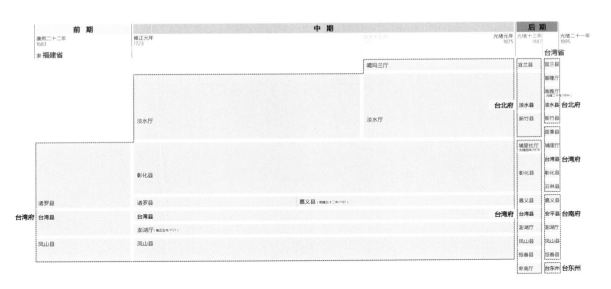

图2-1　清代台湾行政建置变迁示意

①
[清]光绪《台湾通志稿》疆域志/沿革：66。

年。康熙二十二年（1683年）清廷收复台湾后，次年即以明郑故地置一府三县，曰台湾府、台湾县（附郭）、凤山县、诸罗县，隶福建布政使司管辖。明郑时期（1662—1683年）曾在台湾设承天府，辖天兴、万年二县，但这一时期的城市建设主要集中于府城，二县几无规模性建设。清代沿用府城，诸罗、凤山二县城则重新选址。此后30余年间，两座县城几乎是在白地上规划创建起来。

2.1.1　初设府县，以固边围

康熙二十一年（1682年），康熙皇帝命福建水师提督施琅、福建总督姚圣启部署征台。次年（1683年）六月，施琅率军攻台，克取澎湖；七月郑克塽降，台湾遂入清朝版图。

克复台湾后，清廷对台湾之弃留曾有不同意见。一些大臣认为，台湾区区海隅弹丸，不足以留①。施琅则力言保留其地。他在《恭陈台湾弃留疏》中提出三点理由：一是台湾形势特殊，为全国东南海疆之战略要地（"台湾地方北连吴会，南接粤峤，延袤数千里，山川峻峭，港道纡回，乃江、浙、闽、粤四省之左护……实关四省之要害"）；二是台湾田土膏腴、资源丰富（"野沃土膏，物产利溥，耕桑并耦，渔盐滋生……硫磺、水藤、糖蔗、鹿

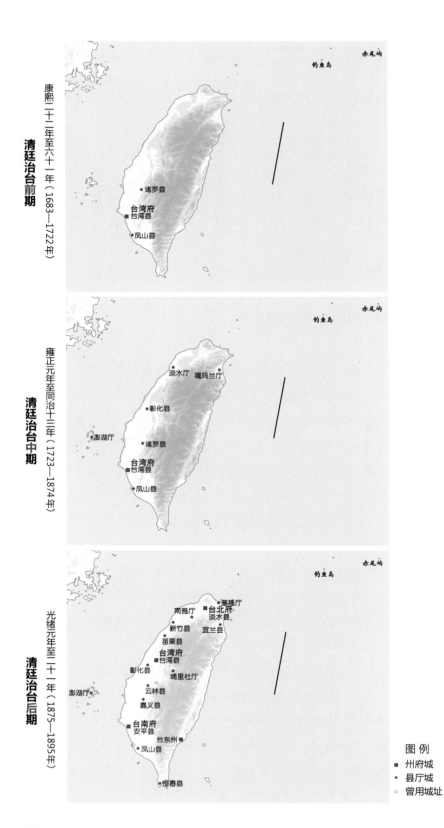

清廷治台前期　康熙二十二年至六十一年（1683—1722年）

清廷治台中期　雍正元年至同治十三年（1723—1874年）

清廷治台后期　光绪元年至二十一年（1875—1895年）

图 例
■　州府城
•　县厅城
○　曾用城址

图2-2　清代台湾府州县厅城市分布及变迁

①
[清]施琅. 恭陈台湾弃留疏//[清]
施琅《靖海纪事》：59-62。

②
[清]光绪《台湾通志稿》疆域志/
沿革：66。

皮，以及一切日用之需，无所不有……实肥饶之区"）；三是此等膏腴之地如若被贼盗或洋人所占据，则必后患无穷（"此地原为红毛住处，无时不在涎贪，亦必乘隙以图……若以此既得数千里之膏腴复付依泊，必合党伙窃窥边场，迫近门厅，此乃种祸后来，沿海诸省，断难晏然无虑"）。因此，施琅力主留台，以"永固边围"[①]。

施琅的分析说服了皇帝。康熙二十三年（1684年），他做出最终决断，在台湾封疆划界：以明郑承天府（郑经改东宁府）为台湾府，领县三，附郭曰台湾，南曰凤山，北曰诸罗，隶福建布政使司[②]。又按施琅建议，设驻台官兵10 000人（其中陆师8 000、水师2 000），共分10营，以总兵统帅。

2.1.2 重心南偏，辖域仅半

初设1府3县的管辖范围，大体未超越明郑时期，局限于台湾岛中南部的嘉南平原一带。在此之外的广大地域仍为番族所居，汉人鲜至（图2-3）。

从治城分布来看。凤山县卜治于兴隆庄，在府城南125里；诸罗县卜治

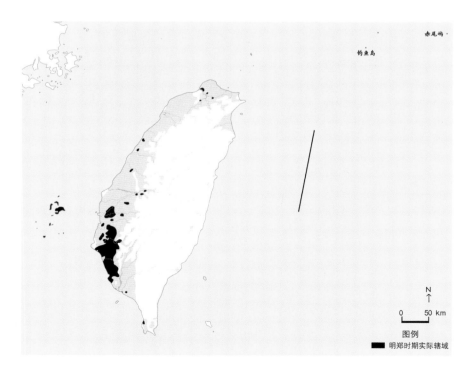

图2-3 明郑时期承天府实际辖域
（据陈正祥，1959：31图改绘）

于诸罗山，在府城北150里；台湾府居于二县之中①。3座治城总体分布于南北跨度约275里的范围内，不足台湾岛南北全长的1/4。并且，在康熙四十三年（1704年）以前由于凤山、诸罗二县规划治所地广人稀、政务不足，凤山县文武官员寄居府城办公，诸罗县官员则暂居府城以北80里的佳里兴办公。在长达20年的时间里，此1府3县行政中枢的实际空间分布仅局限于南北跨度约120里的范围之内。

从驻防范围来看。康熙五十年（1711年）以前，台湾驻军仅限于半线汛以南、下淡水汛以北、以府城为核心的有限区域，其南北跨度不足台湾岛南北纵长的一半。而在半线汛以北、下淡水汛以南的广袤疆土，则几乎没有官兵驻防。虽然当时台军总设水陆10营，额定官兵万余人，但其中6营（额6 000人，实5 200人）驻防于府城一带②，2营（额2 000人，实2 000人）驻防于澎湖；南、北两路仅各有1营（额1 000人，实940人）防守，其中又以80%的兵力驻防于靠近府城一侧③（表2-1）。北路最北端的半线汛仅设1名军官、170名守兵，象征性地巡守着半线以北400余里的广袤土地。南路最南端的下淡水汛亦仅设1名军官、140名守兵，象征性地照看着下淡水以南240余里的不毛之地。如此布防的原因，源于清廷认为在上述边疆地区布兵防守的必要性和可行性皆不大。当时自下淡水以南"悉属瘴乡"，自半线以北至鸡笼城则"皆番部"④。不仅汉人稀少，无民可护，艰苦的生存环境也令官兵望而生畏。直至康熙五十年（1711年）为搜捕海盗郑尽心，才在今台北一带的淡水八里坌增设千总1名，并在淡水至半线之间增设大甲等7塘⑤——北路防线这才从半线向北拓展约400里。

从汉民分布来看。据康熙三十五年（1696年）《台湾府志》记载，当时台湾府中路"皆汉人"；南路"诸社汉、番杂处"；北路"土番居多，惟近府治者汉、番参半"；至于东方（即内山）则"山外青山，迤南亘北，皆不奉教，生番出没其中，人迹不经之地，延袤广狭，莫可测识"⑥。由此可知，当时汉民主要聚居于府城周围，南、北两路仍属生番之地，而在东部内山，由于汉人难以进入测量，连台湾岛的实际广狭也无法确知。无人区的生存环境异常凶险。据康熙《凤山县志》记载，位于凤山县城以南52里的下淡水巡检司一带"水土毒恶"，在设县后的近30年间，历任巡检"皆卒于官，甚至阖家无一生还"，直至康熙五十一年（1712年）才有人"秩满转迁"⑦。当时边疆人居的落后状况可见一斑。

① [清]康熙《台湾府志》卷一封域志/疆界：7。

② 其中陆师3营驻于府城，水师3营驻于红毛城。

③ [清]康熙《台湾府志》卷四武备志/水陆营制：69-76。

④ [清]康熙《重修台湾府志》卷四武备志/水陆营制：151-152。

⑤ 据[清]道光《彰化县志》载："设弁带兵者曰汛，仅安兵丁者曰塘，置兵宿守者曰堆"（卷七兵防志/营制：190）。7塘分别为大甲塘、猫盂塘、吞霄塘、后垅塘、中港塘、竹堑塘、南嵌塘（[清]康熙《诸罗县志》卷七兵防志/水陆防汛：115-118）。

⑥ [清]康熙《台湾府志》卷一封域志/疆界：6-7。

⑦ [清]康熙《凤山县志》卷二规制志/衙署：12。

表2-1　康熙中叶台湾水陆营制

水／陆路营		驻扎／分防地	官	兵	其他	额制小计	实际小计
陆路营	台湾北路营	驻扎诸罗县佳里兴地方	参将1、中军守备1、千总2、把总4	1 000	马24	官8 兵1 000 马24	官8 兵940 马24
		分防半线汛	千把1	170	—		
		分防斗六门汛	千把1	85	—		
		分防下茄冬汛	千把1	85	—		
		分防目加溜湾汛	千把1	120	—		
	台湾镇标左营	驻扎台湾府北路口	游击1、中军守备1、千总2、把总4	1 000	马18	官8 兵1 000 马18	官6 兵800 马18
		分防大目降汛	千总1	140	—		
	台湾镇标中营	驻扎台湾府中路口	总兵1、游击1、中军守备1、千总2、把总4	1 000	马38	官9 兵1 000 马38	官9 兵900 马38
		分防旧社汛	把总1	100	—		
	台湾镇标右营	驻扎台湾府南路口	游击1、中军守备1、千总2、把总4	1 000	马16	官8 兵1 000 马16	官6 兵800 马16
		分防桶盘栈汛	千总1	70	—		
		分防中港岗汛	千总1	80	—		
	台湾南路营	驻扎凤山县统领营地方	参将1、中军守备1、千总2、把总4	1 000	马24	官8 兵1 000 马24	官8 兵940 马24
		分防康篷林汛	千把1	70	—		
		分防观音山汛	千把1	130	—		
		分防凤弹汛	千把1	60	—		
		分防下淡水汛	千把1	140	—		
水路营	台湾水师左营	驻扎台湾红毛城地方	游击1、中军守备1、千总2、把总4	1 000	马20、乌船2、赶绘船8、双篷艍船8	官8 兵1 000 马20 船18	官6 兵900 马20 船18
		分防鹿仔港汛	千把1	55	战船1		
		分防猴树港、笨港二汛	千把1	55	战船1		
	台湾水师中营	驻扎台湾红毛城地方	副将1、游击1、中军守备1、千总2、把总4	1 000	马34、乌船2、赶绘船8、双篷艍船8	官9 兵1 000 马34 船18	官9 兵900 马34 船18
		轮防鹿耳门汛	千总1	200	战船2		
		分防大线头、蚊港二汛	千把1	150	战船2		
		分防大港汛	把总1	60	战船2		
		分防崑身、蛲港二汛	—	60	—		
	台湾水师右营	驻扎台湾红毛城地方	游击1、中军守备1、千总2、把总4	1 000	马20、乌船2、赶绘船8、双篷艍船8	官8 兵1 000 马20 船18	官7 兵900 马20 船18
		分防打狗、岐后二汛	千把1	70	战船2		

续表

水/陆路营	驻扎/分防地	官	兵	其他	额制小计	实际小计
水路营	澎湖水师左营	驻扎妈宫汛兼防虎井等澳屿 — 副将1、游击1、中军守备1、千总2、把总4	1 000	马34、乌船2、赶绘船8、双篷艍船8	官9 兵1 000 马34 船18	官9 兵1 000 马34 船18
		分防蒔里汛兼防双头跨等澳屿 — 千把1	60	战船1		
		分防文良港汛兼防龟鳖港等澳屿 — 千把1	50	战船1		
		分防八罩汛兼防将军澳等澳屿 — 千把1	100	战船2		
	澎湖水师右营	驻扎妈宫汛 — 游击1、中军守备1、千总2、把总4	1 000	马22、乌船2、赶绘船8、双篷艍船8	官8 兵1 000 马22 船18	官8 兵1 000 马22 船18
		分防西屿头汛兼防内外堑、竹篙湾、缉马湾等澳屿 — 千把1	200	战船2		
		分防北山汛兼防瓦硐港、通梁港、赤崁等澳屿 — 千把1	200	战船1		
总计	10营	驻防10营，分防29汛（据笔者统计） — 83（总兵1、副将2、参将2、游击8、中军守备10、千总20、把总40）	10 000	马250 船90	官83 兵10 000 马250 船90	官76 兵9 080 马250 船90

注：据[清]康熙《台湾府志》卷四武备志：69-76绘制，灰色表示驻防于府城及周边的水陆营汛。

从官方地图描绘来看。在约略绘制于康熙三十五年至四十三年间（1696—1704年）的《康熙中叶台湾舆图》[①]中，自半线至下淡水之间实际不足台湾岛南北纵长1/2的区域，却占据了该图近2/3的篇幅；实际居于全岛南部的台湾府城，被绘于画面中心（图2-4）。上述区间内的城市、街巷、建筑、营盘、村庄等描绘得密集而详细；区间之外，则是番社寥落、刀耕火种的另一番景象。康熙三十五年（1696年）《台湾府志》卷首台湾府总图的变形则更加夸张（图2-5）。这些地图与真实景象之间的差距，一定程度上归因于当时的绘图技术并不十分精确，同时也反映出当时人们真实的地理认知状况。

不过，官方志书中对一府三县辖域的记载，仍然覆盖了台湾岛整个山前地带。据康熙三十五年（1696年）《台湾府志》记载，附郭台湾县辖域东西广100里、南北袤50里[②]；凤山县辖域东西广50里、南北袤495里[③]；诸罗县辖域东

① 该图长536厘米，宽66厘米，现藏台湾博物馆。

② 辖域东至保大里大脚山50里；西至澎湖水程4更，除水程外广50里；南至凤山县依仁里交界10里；北至新港（溪）与诸罗县交界40里；辖15里、4坊（[清]康熙《台湾府志》卷一封域志/疆界：6-7）。

③ 辖域东至淡水溪25里；西至打鼓山港25里；南至沙马矶头370里；北至台湾县文贤里二赞行溪125里；辖7里、2庄、12社、1镇、1保（出处同上）。

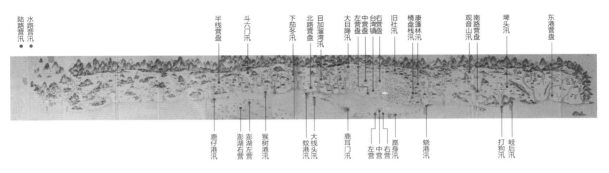

水路营汛
陆路营汛

半线营盘
斗六门汛
下茄冬汛
北路营盘
目加溜湾汛
台湾镇
左营盘
右营盘
大目降汛
康蓬林汛
桶盘栈汛
旧社汛
南路营盘
观音山汛
埤头汛
东港营盘

鹿仔港汛
彭湖右营
彭湖左营
猴树港汛
大线头汛
蚊港汛
鹿耳门汛
左营
中营
右营
崑身汛
蛲港汛
岐后汛
打狗汛

图2-4　《康熙中叶台湾舆图》中的水陆营汛

图2-5　康熙三十五年（1696年）《台湾府志》总图

西广51里、南北袤2 315里①。三县相加南北袤2 860里（约合1 637千米），超过台湾岛实际纵长（约395千米），甚至超过全岛周长（约1 139千米）。这种夸张的记载，一方面或是出于对康熙皇帝开疆辟土之丰功伟绩的奉承，另一方面或许也显示出未来必将征服全域的决心。

2.1.3　府城独大，二县空虚

清廷治台的最初20年间，凤山、诸罗二县并未在规划城址一带开展实质性建设，这一时期台湾府城市发展的总体状况是府城独大、二县空虚。这种不均衡的状况在《康熙中叶台湾舆图》中有直观反映（图2-6）：府城一带官署密布、营盘错落、街市辐辏；南路凤山县治一带仅有营盘和少量官署；而北路诸罗县治一带只有土番茅舍，不仅没有城市建设，而且连汉人踪迹亦

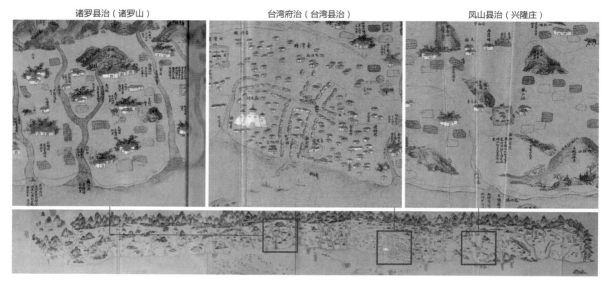

图2-6 《康熙中叶台湾舆图》所绘三座府县城市景象

难寻觅。这两座县城迟滞20年之久不开展规划建设的原因，一方面是因为当时台地缺工少料，如康熙《凤山县志》所云，"汪洋遥隔，砖石之属无所取焉，工料又数倍于内地，苟非糜金数万，难观厥成"[①]。另一方面，还因为规划城址一带汉民稀少、政事寥落，两县官员更倾向于在靠近府城的人口稠密区办公，并不急于归治。

不过，稀疏松散的行政管理成为奸盗滋生的温床。康熙四十年（1701年），诸罗县秀祐庄人刘却聚众作乱，攻陷了下茄冬汛，后来当地熟番也参与进来，整场叛乱直到两年后（1703年）才彻底平息。这次治安事件让福建省官员注意到台湾府治安的空白地带，于是明令凤山、诸罗二县官员归治。由此，两座县城才正式开始规划建设，使两县的治理重心分别向南、北两方迁移。至康熙末年，凤山、诸罗二县的人口、经济皆有渐进增长。

从人口规模来看。据《台湾府志》记载，清统一台湾之初一府三县共有汉民12 727户，16 820口[②]。至康熙五十年（1711年）前后，户数未变，口数新增2 000余。考虑到流寓、土番、偷渡、战亡等未体现在官方统计数据中，台湾府的实际人口规模应当更大。连横曾指出，初期"台湾之民已近20万"，而"（府）志之所载，仅举丁税而言尔"[③]。又康熙末年，蓝鼎元曾记述，"今民人已数百万，糖谷食货出产亦蕃"[④]。"百万"之数不知何来，但当时台湾府人口规模较初期已有大幅增长，应属事实[⑤]。

①
[清]康熙《凤山县志》卷二规制志/城池：11。

②
[清]康熙《台湾府志》卷五赋役志/户口：113–114。

③
连横《台湾通史》卷七户役志：126。

④
[清]蓝鼎元. 经理台湾疏//[清]蓝鼎元《平台纪略》附录：67–69。

⑤
陈孔立在《清代台湾移民社会研究》（1990：97）中指出，康熙二十二年（1683年）台湾人口约12万，乾隆二十七年（1762年）台湾人口约73万。

从街市数量来看。康熙三十五年（1696年）前后，台湾全府共有21处街市，其中80%（即17处）位于府城周边；凤山县境内仅有3处街市（安平镇街、半路竹街、兴隆庄街），诸罗县境内仅有1处街市（目加溜湾街）。到康熙五十六年（1717年）前后，诸罗县境内的街市数量已增至23处①。其中，诸罗县城内有3处，县南有16处，县北有4处；以县南之茅港尾街、笨港街、咸水港街最为兴盛②。当时诸罗县北境（即县城至半线之间）新增有4处街市，虽然较南境仍少，但说明这一带在人口集聚、田土开辟上已有进展。到康熙五十八年（1719年）前后，凤山县境内的街市数量增至10处③。其中，凤山县城内有1处（兴隆庄街），县北有6处，县南有3处，以安平镇街、下埤头街最为兴盛④。上述新增街市中，约有一半是依托港口而形成，反映出当时台湾经济对港口贸易的依赖（表2-2）。

2.1.4 半线以北，屡议添兵

康熙四十三年（1704年）诸罗县文武官员奉文归治诸罗山后，县城一带的军事驻防有所加强，但整个台湾府北路防线仍止于半线。此后随着流移开

表2-2 康熙年间诸罗县、凤山县街市数量及港口依赖

街市数量变化			港口型街市	
康熙三十五年	康熙五十六年 / 康熙五十八年		数量	占比
共1处	共23处			
	县北4处	打猫街、他里雾街、斗六门街、半线街		
目加溜湾街（诸罗县）	县城3处	十字街、太平街、镇安街	12处	52%
	县南16处	下茄冬街、急水溪街*、铁线桥街、茅港尾街*、麻豆街*、湾里溪街*、湾里社街*、木栅仔街*、新港街*、莲池潭街、萧垅街*、笨港街*、土狮仔街、猴树港街*、井水港街*、咸水港街*		
共3处	共10处			
安平镇街 半路竹街 兴隆庄街（凤山县）	县北6处	楠仔坑街、中卫街、阿公店街、半路竹街、大湖街*、安平镇街*	4处	40%
	县城1处	兴隆庄街		
	县南3处	下埤头街、新园街*、万丹街*		

注：*表示港口型街市。据[清]康熙《台湾府志》卷二规制志／市镇：47-48、[清]康熙《诸罗县志》卷二规制志／街市：32、[清]康熙《凤山县志》卷二规制志／街市：26-27统计绘制。

① [清]康熙《诸罗县志》卷二规制志/街市：32。

② 茅港尾街"在桥南，邑治至府一路市镇，此为最大"；笨港街"商贾辐辏，台属近海市镇，此为最大"；咸水港街"商贾辏集，由茅港尾至笨港市镇，此为最大"（[清]康熙《诸罗县志》卷二规制志/街市：32）。

③ [清]康熙《凤山县志》卷二规制志/街市：26-27。

④ 安平镇街"商贾辏集，近海街市，惟此为最大"；下埤头街"店屋数百间，商贾辏集，庄社街市，惟此为最大"；另有3处街市标注为"近年始设"。

垦之众渐过半线大肚溪以北，以至后垅、竹堑、南嵌等地，北路安防问题日益引起官方重视。康熙五十年（1711年），由于海盗郑尽心骚扰闽浙、窥伺台湾，清廷于台湾北端增设淡水分防千总（驻八里坌），并在半线至八里坌之间增设大甲等7塘，延长北路防线。不过，此7塘官兵不习水土，"无事空抱瘴疠之忧，有事莫济缓急之用"①。于是，约康熙五十三年（1714年）前后，时任诸罗知县周钟瑄提出"以大甲溪为界清革流民"之请，北路营参将阮蔡文则有"淡水一汛七塘官兵应请咨部撤回"之议②。周、阮之言皆意在将大甲溪以北划界清民、置之化外，以减少驻防的成本及风险，反映出当时台地官员宁可弃地闲田、撤兵迁民，也不愿设官经理、积极开拓的保守态度。

然而，康熙五十六年（1717年）《诸罗县志》编纂、漳州知名学者陈梦林则提出不同意见。他慨叹："天下宁有七百里险阻藏奸之地，无县邑、无官兵，而人不为恶、为顽、为盗者乎？"③并在《诸罗县志》"兵防总论"中提出"割半线以上别为一县"，再于半线、淡水、后垅、竹堑、鸡笼等地分别设防之策。他提议将半线今安营之地改为县治，并增设游击一营，镇以额兵1 000，分守备500；再于淡水设巡检一员，于后垅、竹堑设千把总分防，于鸡笼拨水师镇防。如此以使半线至鸡笼之间能有"官兵之所屯聚，往来之所周历，有司耳目之所稽察，政教之所浸灌也"④。陈梦林分县设官的设想，在当时保守治台的整体氛围中并未受到重视；但从几年后彰化县、淡水厅的增置来看，无疑颇具深谋远虑。只不过，台湾北路的区划调整需要更加强有力的外部刺激方能触动。

综观清廷治台前期的近40年，虽然统治者对这片海岛疆土的态度尚显模糊，但边疆府县必备的人员及设施仍然按部就班配置起来。总体来看，这一时期一府三县的城市格局基本形成，但空间上局限于台湾岛中南部的嘉南平原腹地，南、北两路的广袤土地仍是汉人鲜至、政教未施的"荒壤"。

2.2 中期（1723—1874年）：滨海开拓，驭控山前

清廷治台中期指雍正元年至同治十三年（1723—1874年），历时151年。台湾虽仍为一府，但进入辖域扩张、人口增加、城市创建、经济发展的重要时期。此间，台府增设了1县3厅共4个县级政区，即雍正元年（1723

①②③④
[清]康熙《诸罗县志》卷七兵防志/总论：109–114。

①

[清]蓝鼎元. 覆制军台疆经理书//
[清]蓝鼎元《东征集》卷三：
32-40。

②

[清]乾隆《重修福建台湾府志》
卷二建置：40。

③

[清]光绪《台湾通志稿》疆域志/
沿革：66。

④

[清]乾隆《重修福建台湾府志》
卷十三职官/官制：345；[清]同
治《淡水厅志》卷八职官表/官
制：203。

⑤

如雍正五年（1727年），沙辘
番乱；六年，山猪毛番乱；九
年（1731年），大田西社番乱
（连横《台湾通史》卷十五抚垦
志：319）。

⑥⑦

[清]蓝鼎元. 台湾水陆兵防疏//
[清]蓝鼎元《平台纪略》附录：
71。

⑧

[清]蓝鼎元. 谢郝制府兼论台湾番
变书//[清]蓝鼎元《平台纪略》
附录：61-62。

年）增置彰化县、淡水厅，雍正五年（1727年）增置澎湖厅，嘉庆十五年（1810年）增置噶玛兰厅；共创建了4座县厅城市。雍正六年（1728年），福建省改台厦道为台湾道，仍驻台湾府城。一府由一道专管，显示出台湾府在福建省之地位日益重要。这一时期，台湾府的人口规模从10余万余猛增至200余万，城市数量增加1.3倍，空间范围明显向北扩展，甚至转向山后。由凤山县至噶玛兰厅，台湾岛上山前及山后北部的滨海狭长地带几乎全部纳入清廷管辖，台湾北部的重要性尤其日趋彰显。

2.2.1　彰淡划界，北路充实

雍正元年（1723年），台湾府析诸罗县北境增置彰化县、淡水厅。这是清廷治台近40年来第一次调整行政区划，其根源可追溯至康熙六十年（1721年）发生的朱一贵起义。朱一贵自凤山县起事，而后迅速占领府城，但很快被福建水师远征军驱逐，叛乱遂平。事后，主持平叛的水师提督蓝廷珍指出，台地"风俗尚多浇恶，奸究未尽革心，治安之政宜严而不宜宽"。针对诸罗县地方辽远、鞭长不及的状况，他提议"划虎尾溪以上另设一县，驻守半线，管辖六七百里（之地）"；并添设半线守备一营，"带兵五百，居诸罗、淡水之中，上下控扼，联络声援"①。据此，雍正元年（1723年）巡察吴达礼、黄叔璥折奏添县。雍正皇帝允准，并赐名"彰化"，取"以彰雅化"之意②。与此同时，吴达礼等又以淡水系海岸要口、形势辽阔为由，奏请增设捕盗同知③。兵部议覆从之，遂添设淡水海防同知一员"稽查北路，兼督彰化捕务"④。

淡水海防同知初设时驻于彰化县城，但雍正年间半线以北番乱频发⑤，导致雍正九年（1731年）同知移驻彰化以北140里之竹堑，即后来的淡水厅/新竹县城址。关于移驻竹堑的原因，一方面是出于加强北路管制的考虑，如蓝廷珍所言，彰化以北六七百里皆山海奥区，"民番错杂，处处藏奸"，尤其竹堑埔宽长百余里，日无人烟，为"彰化守备兵力所弗及也"⑥。另一方面则因为竹堑是治城选址之佳处。竹堑不仅"居彰化、淡水之中"，而且"广饶沃衍，可辟良田数千顷"⑦。蓝廷珍因此建议移淡水同知驻竹堑，并增设参将一营同驻，"以扼彰、淡之要，联络百里声援"；且将百里之荒地聚民垦田，还能"岁多产谷十余万，为内地民食之资"⑧。在

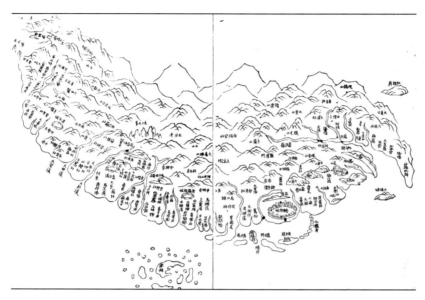

图2-7 乾隆七年（1742年）《重修福建台湾府志》总图

其主张下，雍正九年（1731年）"割大甲溪以北，并刑名、钱谷悉归（淡水同知）管理"①，淡水厅正式设治于竹堑。

　　雍正五年（1727年），又将原澎湖巡检改设澎湖厅海防通判，正式增置澎湖厅②。通判负责稽查海口，征收钱粮及断结寻常案件。

　　雍正年间新设之彰化县辖域东西广40里、南北袤90里③；淡水厅辖域东西广17里、南北袤484里④；澎湖厅在府城西北240里，辖域东西广160里、南北袤180里（皆系水程）⑤。至此，台湾岛西岸南至沙马矶头、北至鸡笼之间绵延1 094里⑥的山前滨海地带，皆已纳入台湾府管辖（图2-7）。

2.2.2　增置巡检，前沿开拓

　　彰化县、淡水厅设立以后，虽然北路的行政制度初步建立起来，但六七百里之地仍驭控难周，进一步加强管理的方式是设置"巡检"。有清一代，多在地方府州县厅及河道、盐政、少数民族地区设置"巡检"（从九品），负责捕盗讦奸、维护地方治安，有时也承担一些民政事务⑦。雍正九年（1731年）在彰化、淡水境内新设4处巡检司，分驻鹿仔港、犁头店、竹堑、八里坌四地⑧。其中，彰化县鹿仔港巡检驻

① [清]乾隆《重修福建台湾府志》卷十三职官/官制：345。

② 康熙二十三年（1684年）设澎湖巡检一员，隶台湾府台湾县。一切刑名钱谷案件，俱归台湾知县办理。雍正五年（1727年）于添设厦门道员案内改设澎湖厅海防通判一员，稽查海口，征收钱粮（[清]光绪《澎湖厅志》卷六职官：173）。澎湖厅治初驻于文澳，光绪十五年移驻妈宫城（[清]乾隆《重修台湾府志》卷一封域志/建置：4）。

③ 辖域东至南北大投山20里，西至大海20里，南至虎尾溪诸罗县界50里，北至大甲溪40里；距府200里（[清]乾隆《重修台湾府志》卷一封域志/形胜：45）。

④ 辖域东至南山10里，西至大海7里，南至大甲溪119里，北至大鸡笼城275里；距府359里（出处同上）。

⑤ 辖域东至东吉屿80里，西至草屿80里，南至南屿100里，北至目屿80里；距府240里，皆系水程，故不计广袤（出处同上）。

⑥ [清]乾隆《重修台湾府志》卷一封域志/形胜：45。

⑦ 据《清史稿》卷一百一十六志九十一职官三载："巡检司巡检，从九品，掌捕盗贼，讦奸宄。凡州县关津险要则置。隶州厅者，专司河防。"又参考：张浩《清代巡检制度研究》2007.

⑧ 除上述4处外，当时台湾府下设的巡检司还有3处，即台湾县新港司巡检司（"稽查地方，兼查大港口船只"）、凤山县淡水司巡检司（"稽查地方，兼查东港船只"）、诸罗县佳里兴司巡检司（"分驻盐水港，稽查地方，兼查船只"）（[清]乾隆《重修福建台湾府志》卷十三职官/官制：348）。

① [清]乾隆《重修福建台湾府志》卷十三职官/官制：348。

② [清]乾隆《重修福建台湾府志》卷五城池/街市：84。

③ [清]道光《彰化县志》卷二规制志/街市：40。

④ [清]赵翼.移彰化县城议//[清]道光《彰化县志》卷十二艺文志：406-407。赵翼（1727—1814年），清代著名学者，官至贵州贵西兵备道。其于乾隆五十二年（1787年）受闽浙总督李侍尧邀请入幕，《移彰化县城议》或作于此时。

⑤ [清]乾隆《重修福建台湾府志》卷三山川/彰化：68。

⑥ 该图长675厘米，宽46厘米，现藏于台北故宫博物院。约绘制于乾隆二十七至三十年（1762—1765年）。

鹿仔港（今鹿港），负责"稽查地方，兼查船只"；彰化县猫雾捒巡检驻犁头店（今台中），负责"稽查地方"；淡水厅竹堑巡检驻竹堑（今新竹），负责"稽查地方，兼司狱务"；淡水厅八里坌巡检驻八里坌（今新北），负责"稽查地方"①（图2-8）。

这4处增设巡检之地，都是北路形势扼要之处，也是当时北路为数不多的人口密集之区。它们纷纷因为增置巡检司而成为地方基层治理中心，后来甚至发展为更大规模、更高层级的城市。鹿仔港位于彰化县城西20里，为"水陆码头，谷米聚处"②。其地设巡检约十年后（约1742年）已成为台湾中部最重要的港口。乾隆四十九年（1784年）开放为与大陆对渡正口后，鹿港更是舟车辐辏，百货充盈，以至"自郡城而外各处货市，当以鹿港为最"③；其繁华程度甚至一度引发迁彰化县治于鹿港的争论④。犁头店位于彰化县城东北20里，地处大肚山以东一相对独立的开阔盆地之中，光绪年间被选定为台湾省城所在地。竹堑即淡水厅治所在地，广饶沃衍，有良田数千顷。雍正十一年（1733年）创建竹城以后，渐成一方都会。光绪元年改置新竹县。八里坌位于淡水厅城东北125里、台北盆地北部边缘，是台湾北部的重要港口，"内有大澳，可泊数百"⑤。光绪元年台北设府，甚至在台湾建省后担任临时省城，而八里坌巡检司正是台北府淡水县范围内最早设治的基层行政中心。

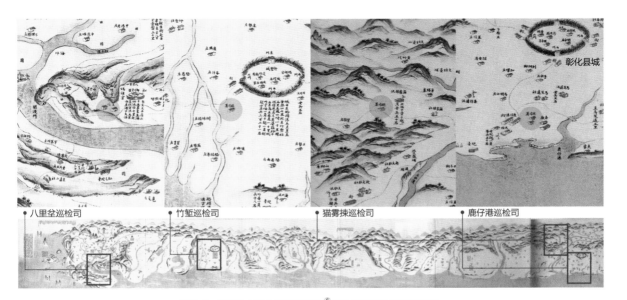

● 八里坌巡检司　　● 竹堑巡检司　　● 猫雾捒巡检司　　● 鹿仔港巡检司

图2-8　《乾隆中叶台湾军备图》⑥所绘北路四处巡检司景象

2.2.3　噶玛兰设厅，后山初辟

康熙统一台湾后的120余年间，台湾府的实际管辖范围局限于山前滨海地带，直至嘉庆年间突破性地在山后增设噶玛兰厅。噶玛兰原名"蛤仔难"，为番语。据康熙末年的巡台官员记述，"由民仔里武三日可至蛤仔难，但峻岭深林，生番错处，汉人鲜至"[①]。当时山前"俱立石为界"，由鸡笼往后山至卑南觅则"（汉民）耕种樵采所不及，往来者鲜矣"[②]。乾隆三十三年（1768年）始有汉人集众入垦噶玛兰，但为土番所杀，此后几十年间再无入垦者[③]。可知当时的噶玛兰完全由生番控制，汉人无法入垦。这种情况从《乾隆中叶台湾军备图》中亦得佐证，全图于左上角标注"蛤仔难"三小字及三十六番社名称，由于无法前往，后山景观无从描绘（图2-9）。

直至嘉庆初年，久居淡水三貂一带的漳浦人吴沙（1731—1798年），率流民、乡勇等千余人武装入垦宜兰平原，打破了后山禁地。吴沙通番语，在汉番中皆颇有威信。他以"护番垦田足众粮"为名安抚土番，自平原北端的乌石港起逐渐向南开垦，并先后兴筑4座土城安置汉民[④]。至嘉庆七年（1802年）前后，汉人势力已跨过平原中部的五围一带，并向南半部的罗东、大湖等地挺进。至嘉庆十五年（1810年）前，宜兰平原已基本完成开垦[⑤]（图2-10）。

随着汉人对宜兰平原的自发开垦，台府官员中屡屡出现将其地设官经理的提议。乾隆五十三年（1788年），台湾知府徐梦麟提议开兰，但遭到巡抚徐嗣驳回，理由是"经费无出，且系界外，恐肇番衅"[⑥]。嘉庆十一年（1806年），海盗蔡牵进犯噶玛兰地，时任台湾知府杨廷理奏请开兰，以免"弃置贻边患"。嘉庆皇帝遂命闽浙总督、福建巡抚共同商议，但未准行。次年（1807年），海盗朱渍进犯，杨廷理再请"设官经理，丈升田园"，仍不许。隔年（1808年）杨廷理又奏请设屯，仍"部驳中止"。此后，少詹事梁上国又议将噶玛兰收入版图，一为"绝洋盗窥伺之端"，二为"获海疆之利"[⑦]；嘉庆皇帝再命督、抚商议，但福建省官员仍持保守态度。

嘉庆十四年（1809年）正月，嘉庆皇帝谕闽浙总督阿林保曰："蛤仔难居民现已聚至六万余人，且盗贼窥伺时能知协力备御杀贼，深明大义。自应收入版图，岂可置之化外？况其地又膏腴，素为贼匪觊觎，若不官为经理，妥协防守，设竟为贼匪占踞，岂不成其巢穴，更添台湾肘腋之患乎？该督抚其熟筹定议，如何设官，安立厅县，或用文职，或用武营，随

① [清]黄叔璥. 番俗六考//[清]黄叔璥《台海使槎录》卷五至卷七. 黄叔璥, 康熙六十一年（1722年）六月为巡台御史。

② [清]咸丰《噶玛兰厅志》卷一封域/建置附考：4-5。

③④ [清]姚莹. 噶玛兰原始//[清]姚莹《东槎纪略》卷三：69-72。

⑤ 黄雯娟《清代兰阳平原的水利开发与聚落发展》1990。

⑥ [清]杨廷理. 议开台湾后山噶玛兰即蛤仔难节略（嘉庆十八年癸西孟秋）//[清]咸丰《噶玛兰厅志》卷七杂识：365-370。

⑦ [清]姚莹. 噶玛兰入籍//[清]姚莹《东槎纪略》卷三：72-76。

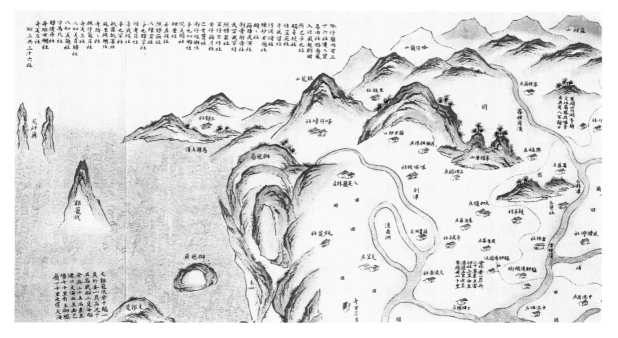

图2-9 《乾隆中叶台湾军备图》所绘"蛤仔难"景象

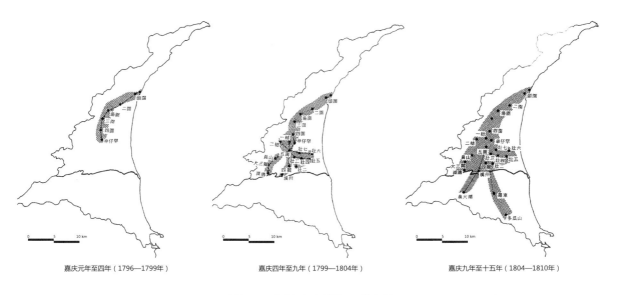

嘉庆元年至四年（1796—1799年）　　嘉庆四年至九年（1799—1804年）　　嘉庆九年至十五年（1804—1810年）

图2-10 嘉庆年间宜兰平原开发历程
（黄雯娟，1990：36-38）

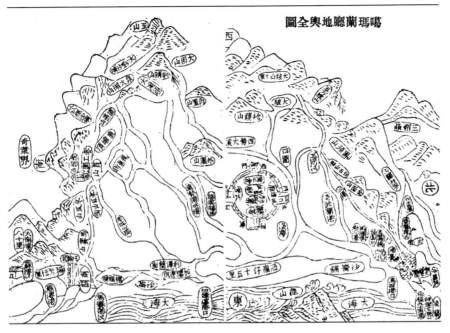

圖全輿地廳蘭瑪噶

图2-11 咸丰《噶玛兰厅志》地舆全图

①
[清]姚莹. 噶玛兰入籍//[清]姚莹《东槎纪略》卷三：72-76。

②
[清]方维甸. 奏请噶玛兰收入版图状（嘉庆十五年四月）//[清]咸丰《噶玛兰厅志》卷七杂识/纪文：331-333。嘉庆十六年（1811年）九月，时任闽浙总督汪志伊奏请于噶玛兰地方添设分防厅营并筑城建署等事。经户部审议，嘉庆十七年（1812年）二月十七日奉旨准行（[清]汪志伊. 勘查开兰事宜状（嘉庆十六年九月）//[清]咸丰《噶玛兰厅志》卷七杂识/纪文：333-335）。

③
此外还设县丞一员，驻头围；设巡检兼司狱一员，驻罗东（[清]咸丰《噶玛兰厅志》卷一封域/建置：3）。

④
辖域东至过岭仔以海为界15里，西至枕头山后大坡山与内山生番界10里，南至零工围山与生番界25里，北至三貂远壁坑与淡水厅交界65里，东南至苏澳过山大南澳界80里，西南至叭哩沙喃与额刺王字生番界30里，东北至卯鼻山与淡水洋面界水程95里，西北至宰牛寮内山与淡水界80里（[清]咸丰《噶玛兰厅志》卷一封域/疆域：6-7）。

⑤
艋舺至噶玛兰厅城230里（循海陆行），厅城东南至苏澳山大南澳界80里，共计310里（[清]咸丰《噶玛兰厅志》卷一封域/疆域：6-7）。

时斟酌，期于经久乃善。"① 至此，终于明确了将噶玛兰收入版图之大计。次年（1810年），闽浙总督方维甸利用巡台之际亲赴履勘，筹议设厅，定名"噶玛兰"②。两年后（1812年），设民番粮捕通判一员，驻五围，即噶玛兰厅治③；并定噶玛兰厅辖域东西广25里、南北袤90里，以三貂溪与淡水厅分界④（图2-11）。

从嘉庆皇帝的上谕分析，最终决定增置噶玛兰厅的理由有三：一为其土地膏腴，聚众日繁，不可置之化外；二为绝盗贼窥伺，防患于未然；三为收抚土番，期于经久。事实上，前两条理由在此前20年的弃留之辩中已被反复讨论；或许，最终促使嘉庆帝下定决心的正是他欲在台湾"期于经久"的志向。至此，台湾府辖域又向山后延伸了300余里⑤，清廷治台政策开始有所转变。

2.2.4 人居发展，防汛延伸

清廷治台中期的150余年间，伴随着县厅增置和治城建设，台湾府尤其北路地区的人居发展成效显著，在人口、街市、港口、防汛的数量规模方面都表现出明显增长。

①
[清]乾隆《续修台湾府志》卷五赋役/户口：
245-252。

②
乾隆《续修台湾府志》中未给出阖府最新人口总数，所载各县厅人口数据差距颇大：如凤山县数据仍如70年前不足4 000口；彰化县数据仍如设县之初不足150口；而诸罗县数据为乾隆二十六年（1761年）编查，成丁男妇155 280、幼丁152 009口；又设厅不久的淡水厅数据为乾隆二十九年（1764年）编审，实在烟户男妇30 342丁口；澎湖厅数据为乾隆二十七年（1762年）编查，成丁男妇11 938口、幼丁12 114口。

③
连横《台湾通史》卷七户役志：128-130。

④
陈孔立《清代台湾移民社会研究》1990：92-97。陈氏主要综合了《台湾省通志》卷二人民志/人口篇和陈绍馨《台湾的人口变迁与社会变迁》中的观点，并估算得出上述数据。

1）人口激增

这一阶段的人居发展首先表现在人口规模的增长上。乾、嘉两朝正是清代台湾人口增长最迅速的时段。在官方记载的人口数据中，初期台湾府丁口不足2万，约略保持至雍正末年，乾隆二年（1737年）始有超越；20多年后，这一数字已逼近40万[①]。由于各县厅统计口径不一或调查时间不同步，这一数字未必能反映当时真实的人口状况[②]。若考虑到乾隆年间清廷禁渡政策日渐松弛所导致的移民增长，乾隆中叶全府汉民数量可能已接近百万。至嘉庆十六年（1811年）的官方数据显示，全台民户"男女大小凡有二百万三千八百六十一口，而土番不计也"[③]；比雍正末年增长了百余倍。陈孔立（1990）研究指出，乾隆二十七年（1762年）台湾人口约为73万，乾隆四十七年（1782年）约为100万，嘉庆十六年（1811年）约为194万，道光二十年（1840年）约为250万。[④]人口的增长、田地的开辟，总体上与行政区划和城市建设方面的发展相匹配（表2-3，图2-12）。

表2-3　清代台湾人口的官方统计

时间	统计范围	户（汉民）	丁口（汉民）	出处
康熙二十三年（1684年）	台湾府（3县）	12 727	16 820	[清]康熙《台湾府志》卷五赋役志/户口：113-114
康熙三十年（1691年）	台湾府（3县）	12 727	17 450	
康熙三十五年（1696年）	台湾府（3县）	12 727	17 773	[清]康熙《重修台湾府志》卷五赋役志/户口：153-155
康熙四十年（1701年）	台湾府（3县）	12 727	18 072	
康熙四十五年（1706年）	台湾府（3县）	12 727	18 562	
康熙五十年（1711年）	台湾府（3县）	12 727	18 827	
乾隆二年（1737年）	台湾府（4县2厅）	12 727	20 127	[清]乾隆《重修福建台湾府志》卷八户役：186
			18 827	[清]乾隆《重修台湾府志》卷五赋役/户口：186
乾隆二十六年（1761年）	台湾府（4县2厅）	44 233*	378 258*	[清]乾隆《续修台湾府志》卷五赋役/户口：245-252
嘉庆十六年（1811年）	台湾府（4县3厅）	241 217	2 003 861	连横《台湾通史》卷七户役志：128
光绪十三年（1887年）	台湾省（3府）	—	约 3 200 000	连横《台湾通史》卷七户役志：129

* 乾隆二十六年（1761年）台湾府户、口数据系根据[清]乾隆《续修台湾府志》所载各县厅数据加和而得。

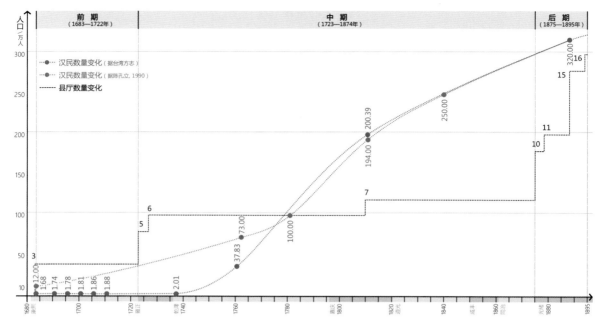

图2-12 清代台湾人口增长与政区增置
（数据来源详见表2-3）

2）街市发展

这一时期台湾府的经济发展主要体现在街市数量的增加和空间分布的扩张上。康熙五十一年（1712年）前后，台湾全府共有21处街市，其中府城有17处，南路凤山县和北路诸罗县分别有3处和1处[1]。府城独大的格局十分明显，而北路街市数量不足全府的5%。到乾隆二十七年（1762年）前后，全府街市数量已增至136处[2]。其中，府城（首县）有52处，凤山、诸罗、彰化、淡水、澎湖五县厅分别有16、45、14、8、1处。北路三县厅街市数量在全府占比接近50%，仅诸罗一县的街市数量已接近府城，足见北路经济追赶之成效。到道光十四年（1834年）前后，彰化县街市数量增至46处[3]，较乾隆二十七年（1762年）又增长2倍有余。彰化县街市中以鹿港为最，其街长三里许，"舟车辐辏，百货充盈"[4]，繁华程度仅次于府城。再到同治十年（1871年）前后，淡水厅的街市数量也增至24处，较乾隆二十七年（1762年）亦增长2倍。其中，厅城内有6处街市，厅南境有5处，北境有12处[5]——可知淡水厅北境（即竹堑以北）的经济发展趋势尤其明显。

① [清]康熙《重修台湾府志》卷二建置志/市镇：53-55。凤山县3处街市为安平镇街、半路竹街、兴隆庄街；诸罗县1处街市为目加溜湾街。

② [清]乾隆《续修台湾府志》卷二规制志/街市：84-90。

③ [清]道光《彰化县志》卷二规制志/街市：39-42。

④ [清]道光《彰化县志》卷二规制志/街市：40。

⑤ 厅北境12处街市为中坜街、南嵌街、桃仔园街、新庄街、八里坌街、芝兰街、金包里街、大鸡笼街、锡口街、南港仔街、水返脚街、公馆街；厅南境5处街市为后垅街、猫里街、吞霄街、苑里街、大安街（[清]同治《淡水厅志》卷三建置志/街里：57-65）。

3）港口增辟

台湾及澎湖列岛四面巨浸，港口是对外往来之门户，随着北路的开拓，港口数量亦有所增加。康熙五十一年（1712年）前后，全府共有15处港口，其中台湾县4处，凤山县3处，诸罗县8处[①]；北路港口数量占比53.3%。约50年后（1762年），全府港口数量增加至48处，其中台湾县7处，凤山县10处，诸罗县18处，彰化县4处，淡水厅9处[②]——北路三县港口数量占比提高至64.6%。

台湾与内地的大宗货运，最初以接济福建省的稻米为主。据乾隆七年（1742年）《重修福建台湾府志》记载，由于台地沃衍而宜谷，"闽粤民食，半仰给于斯"[③]。乾隆四十八年（1783年）福建将军永德指出，"闽省泉、漳等府各属，民间产米无多，大约取给台湾。即一切食用所需，亦借台地商贩往来，以资接济"[④]。到嘉庆时期，闽粤不仅依赖台湾稻米，也仰仗其"糖麻油米之利"。台湾农产品的辐射范围也从闽粤扩展至"北至天津、山海关，南至宁波、上海"[⑤]的更广阔地区。

随着两岸货运量的增加，官方许可的对渡正口也陆续增辟，逐渐北移。乾隆四十九年（1784年）以前，台湾全府仅有鹿耳门一处为与内地对渡之正口，对渡泉州府厦门。乾隆四十九年在福建将军永德奏请下，新开辟彰化县鹿仔港为对渡正口，对渡泉州府晋江县蚶江口[⑥]。在闽浙总督福康安、福建巡抚徐嗣曾等奏请下，乾隆五十五年（1790年）又开辟淡水厅八里坌港为对渡正口，对渡福州府五虎门。至此，形成以鹿耳门、鹿仔港、八里坌港为南、中、北三对渡正口之空间格局，反映出台府港口经济重心逐渐北移的特点[⑦]。台湾地区今天还流传着"一府二鹿三艋舺"的说法，正是这一历史变迁的凝练表述。

4）防汛延伸

这一时期为配合辖域扩张和政区增置，台湾兵防制度也有较大调整，主要表现在防线的延长和驻防营汛及官兵数量的增加。

清初建立的台湾兵防制度包括水陆10营、额定军官83名、步战守兵10 000名、马匹250、船105（表2-1）[⑧]。从驻地分布来看，当时水陆10营分别驻扎于4城，即台湾府城、凤山县城、诸罗县城（康熙四十三年后）、澎湖妈宫城；分防于半线至下淡水之间的水、陆25汛[⑨]。从官兵分布

① 台湾县4处港口为新港、大桥港、小桥港、安平镇港；凤山县3处港口为万丹港、打鼓仔港、中港；诸罗县8处港口为蚊港、笨港、中港、后垅港、竹堑港、南嵌港、淡水港、鸡笼港。

② [清]乾隆《续修台湾府志》卷一封域志/山川：7-42；卷二规制志/海防：108。其中主要服务往来商贸者有19处，北路米由笨港贩运，南路米由打鼓港贩运。

③ [清]乾隆《重修福建台湾府志》自序：17。

④⑥ [清]永德.请设鹿港正口疏//[清]道光《彰化县志》卷十二艺文志：395-396。

⑤ 连横《台湾通史》卷十三军备志：226，引姚莹语。

⑦ 道光六年（1826年）又增加彰化县海丰港、噶玛兰厅乌石港为对渡正口。

⑧ [清]康熙《重修台湾府志》卷四武备志/水陆营制：85-91。

⑨ 陆路防汛北至半线汛，南至下淡水汛；水路防汛北至鹿仔港汛，南至岐后汛。

水 路 营 制

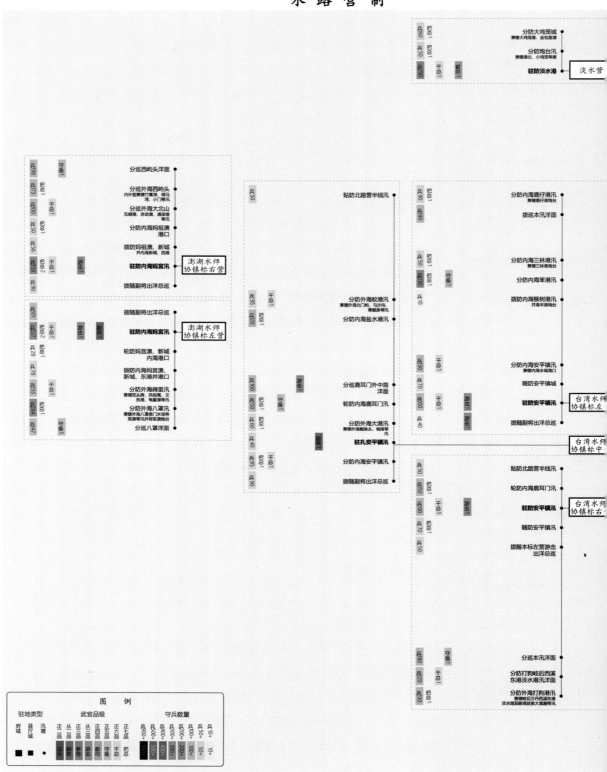

图2-13 雍正十一年（1733年）台湾水陆营制更定图示

陆 路 营 制

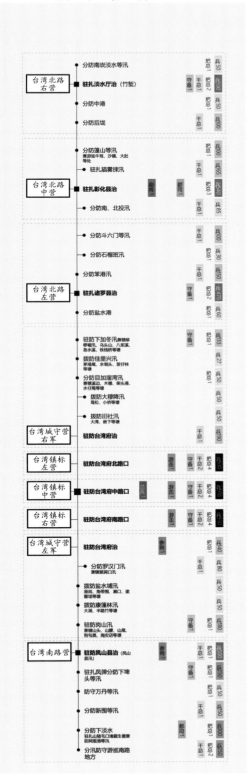

来看，陆路官兵中60.1%的军官和60.0%的守兵驻防于府城及首县；95.1%的军官和96.9%的守兵布防于半线汛至下淡水汛之间不足全岛南北纵长1/2的区域；仅有2名军官、310名守兵象征性地守卫着其余六七百里的漫长海岸线[①]。当时官方认为在上述边远地区设防的必要性和可行性皆不大，但事实上，这些地区正是暗藏祸患、叛乱频发之地。北路县厅增置后依然严峻的治安问题，导致了雍正年间的兵制更定和北路添兵。

雍正十一年（1733年）在福建总督郝玉麟等奏请下，台湾兵制进行了三方面调整[②]（图2-13，表2-4）。一是由原来10营增加至15营。即将原陆路北路1营增加至3营，又新增水路淡水1营，陆路台湾城守营左、右2营，共增5营。二是总兵力由原来额定10 000人增加至12 770人，增幅近28%；军官数由原额定83名增加至112名，增幅35%。三是布防长度增加一倍有余，即由原先半线至下淡水之间的350里扩展至北达大鸡笼城、南至下淡水的800余里。相应地，驻防地从原先的4座府县城，增加至6座府县厅城（即台湾府城、凤山县城、诸罗县城、彰化县城、淡水厅城、澎湖妈宫汛）和淡水港。

雍正十一年兵制更定的重点是北路增兵。陆路方面，将原北路1营增为左、中、右3营；官兵数量从原军官8名、守兵1 000人，增加为军官22名、守兵2 400人，分别涨幅175%和140%；并且，最高将领从正三品参将升为从二品副将。驻防面积扩大至覆盖北路诸罗、彰化、淡水三县厅全境；三营分别驻扎于诸罗县治、

---

①
据[清]康熙《重修台湾府志》卷四武备志/水陆营制：85—91数据统计。

②
[清]乾隆《重修福建台湾府志》卷十兵制：315—325。

彰化县治、淡水厅治，分防北至淡水汛、南至盐水港汛之间约700里之疆域。水路方面，新增淡水1营；增设军官4名、守兵500人；驻防淡水港，分防北至大鸡笼城、南至吞霄塘之间400余里之海岸[①]。改制后，北路水、陆4营兵力在全台占比从原先的10.0%提升至22.9%，以支撑当时北路的政区和人口增长。

① 据《乾隆中叶台湾军备图》所绘，乾隆三十五年（1770年）前后的陆路防汛最南已达枋寮口汛（"安外委1员带兵18名"），最北达大鸡笼汛（"安干总1员、外委1员、兵95名"）。

表2-4 雍正十一年（1733年）台湾水陆营制更定

	水 / 陆路营	驻扎 / 分防地	官	兵	其他	小计
陆路营	台湾北路右营（雍正十一年分）	驻扎竹堑	守备1、千总1、把总2	500	—	官7 兵700
		分防中港	把总1	50	—	
		分防后垅	千总1	100	—	
		分防南崁、淡水等汛	把总1	50	—	
	台湾北路中营（雍正十一年分）	驻扎彰化县治	副将1、都司1、把总3	540	—	官8 兵890
		驻扎猫雾捒汛	千总1	165	—	
		分防南、北投汛	千总1	85	—	
		分防篷山等汛兼游巡牛骂、沙辘、大肚等处	把总1	100	—	
	台湾北路左营（雍正十一年分）	驻扎诸罗县治	守备1、把总2	470	—	官7 兵810
		分防斗六门等汛	千总1	100	—	
		分防石榴班汛	把总1	30	—	
		分防笨港汛	千总1	150	—	
		分防盐水港	把总1	60	—	
	台湾镇标左营	驻防台湾府北路口	游击1、守备1、千总2、把总4	930	—	官8 兵930
	台湾镇标中营	驻防台湾府中路口	挂印总兵1、中军游击1、守备1、千总2、把总4	910	—	官9 兵910
	台湾镇标右营	驻防台湾府南路口	游击1、守备1、千总2、把总4	930	—	官8 兵930
	台湾城守营左军（雍正十一年添设）	驻防台湾府治	参将1、把总1	140	—	官5 兵500
		驻防岗山汛兼辖山头、山腰、山尾、狗勾崑、南安店等塘	守备1、把总1	180	—	
		分防罗汉门汛兼辖猴洞口汛	千总1	80	—	
		拨防康篷林汛、大湖、半路竹等塘	—	50	—	
		拨防盐水埔汛、港岗、角带围、濑口、涂蔜埕等塘	—	50	—	

续表

水 / 陆路营		驻扎 / 分防地	官	兵	其他	小计
陆路营	台湾城守营右军（雍正十一年添设）	驻防台湾府治	千总1	190	—	官4 兵500
		驻防下茄冬汛兼辖哆啰嘓汛、乌山头、八桨溪、急水溪、铁线桥等塘	守备1、把总1	133		
		拨防佳里兴汛、茅港尾、水堀头、茇仔林等塘	—	27	—	
		分防目加溜湾汛兼辖溪边、木栅、柴头港、水仔尾等塘	把总1	50	—	
		拨防大穆降汛茑松、小桥等塘	—	50	—	
		拨防旧社汛大湾、嵌下等塘	—	50	—	
	台湾南路营	驻防凤山县汛	参将1、千总1、把总1	500	—	官12 兵1500
		驻扎凤弹分防下埤头等汛	守备1、把总1	250	—	
		分防下淡水驻扎山猪毛口堵截生番兼防阿里港等汛	都司1、把总1	300	—	
		分防新围等汛	千总1	150	—	
		防守万丹等汛	把总1	50	—	
		分汛防守游巡南路地方	千总1、把总2	250	—	
水路营	淡水营	驻防淡水港	都司1、千总1	290	战船4	官4 兵500 船6
		分防炮台汛兼辖港北、小鸡笼等塘	把总1	50	—	
		分防大鸡笼城兼辖大鸡笼港、金包里塘	把总1	160	战船2	
	台湾水师协镇标左营	驻防安平镇汛	游击1、千总1	100	战船6	官8 兵900[a] 船24 炮台4 烟墩4
		随防安平镇城	—	70	—	
		分防内海安平镇汛兼辖内海水城海口	千总1	130	战船7	
		分防内海笨港汛	守备1、把总1	230	战船3 炮台1 烟墩1	
		拨防内海猴树港汛并海丰港炮台	—	10	炮台1 烟墩1	
		分防内海三林港汛兼辖三林港炮台	把总1	50	战船1 炮台1 烟墩1	
		分防内海鹿仔港汛兼辖鹿仔港炮台	把总1	90	战船2 炮台1 烟墩1	
		拨随副将出洋总巡	游击1	40	战船1	
		拨巡本汛洋面	—	180	战船4	

续表

水 / 陆路营		驻扎 / 分防地	官	兵	其他	小计
水路营	台湾水师协镇标中营	驻扎安平镇汛	副将1	40	—	官9 兵850 船19 炮架8 炮台7 烟墩11
		分防内海安平镇汛	千总1、把总1	85	战船7	
		轮防内海鹿耳门汛	守备1、把总1	150	战船3 炮架8	
		分防内海盐水港汛	把总1	120	—	
		分防外海蚊港汛兼辖外海北门屿、马沙沟、青鲲身等汛	千总1	95	战船2 炮台4 烟墩6	
		分防外海大港汛兼辖外海鲲身头、蛲港等汛	把总1	60	战船1 炮台3 烟墩5	
		拨随副将出洋总巡	—	90	战船2	
		分巡鹿耳门外中路洋面	游击1	160	战船4	
		贴防北路营半线汛	—	50	—	
	台湾水师协镇标右营	驻防安平镇汛	游击1、千总1	100	战船6	官7 兵850 船19 炮架7 炮台5 烟墩11
		随防安平镇城	把总1	70	—	
		轮防内海鹿耳门汛	把总1	150	战船3 炮架7	
		分防外海打狗汛兼辖岐后、万丹、西溪、东港、淡水港、茄藤港、放索、大崑麓等汛	把总1	130	战船2 炮台5 烟墩11	
		分防打狗、岐后、西溪、东港、淡水港汛洋面	千总1	120	战船3	
		拨随本标左营游击出洋总巡	—	50	战船1	
		分巡本汛洋面	守备1	180	战船4	
		贴防北路营半线汛	—	50	—	
	澎湖水师协镇标左营	驻防内海妈宫汛	副将1、游击1、千总1、把总2	227	战船7	官9 兵1 000 船18 炮台6 烟墩6
		轮防妈宫澳、新城内海港口	把总1	28	—	
		拨防内海妈宫澳、新城、东港并港口	—	78	战船1 炮台1	
		分防外海八罩汛兼辖外海八罩、挽门、水垵、将军澳等汛并将军澳炮台	把总1	284	战船2 炮台3 烟墩3	
		分防外海蒔里汛兼辖双头跨、风柜尾、文良港、龟鳖港等汛	千总1	135	战船2 炮台2 烟墩3	
		拨随副将出洋总巡	—	101	战船2	
		分巡八罩洋面	守备1	147	战船4	

续表

水/陆路营		驻扎/分防地	官	兵	其他	小计
水路营	澎湖水师协镇标右营	驻防内海妈宫汛	游击1、千总1、把总2	333	战船9	官8 兵1 000 船18 炮台3 烟墩6
		拨防妈祖澳、新城并内海新城、西港	—	56	—	
		分防内海妈祖澳港口	把总1	50	战船1	
		分巡外海西屿头、内外堑兼辖竹篙湾、缉马湾、小门等汛	把总1	173	战船1 炮台3 烟墩5	
		分巡外海大北山、瓦峒港、赤崁澳、通梁港等汛	千总1	100	战船1 烟墩1	
		拨随副将出洋总巡	—	90	战船2	
		分巡西屿头洋面	守备1	198	战船4	
总计	15营	—	113[b]（总兵1、副将3、参将2、游击9、都司3、守备13、千总28、把总54）	12 770[c]	船104[d]	—

注：据[清]乾隆《重修福建台湾府志》卷十兵志：315–325绘制。
a. 据该志载，台湾水师协镇标左营"步战守兵800名"，但所载各分项加和为900名。
b. 据该志载"武职大小共112人"，但所载各分项加和为113人。
c. 据该志载"战守兵12 670名"，但所载各分项加和为12 770名。
d. 据该志载"战船98只"，但所载各分项加和为104只。

①
14汛分别为艋舺营汛、协防营汛、北投汛、大鸡笼汛、大三貂港口汛、海山口汛、水返脚汛、马鍊汛、三爪仔汛、沪尾水师营炮台汛、北港塘汛、八里坌汛、石门汛、金包里汛；4塘分别为燦光寮塘、龟仑岭塘、暖暖塘、小鸡笼塘（[清]同治《淡水厅志》卷七武备志/兵制：160–161）。

②
[清]咸丰《噶玛兰厅志》卷四武备：161–162。

③
[清]同治《淡水厅志》卷七武备志/兵制：159。

④
连横《台湾通史》卷十三军备志：222。

⑤
[清]同治《淡水厅志》卷七武备志/兵制：161。

此后，为应对北路人口的持续增长和后山噶玛兰厅的增置，北路营制又进行过多次调整。嘉庆十三年（1808年），原淡水营改设水师游击1员（从三品），兼管水陆，驻扎艋舺；又添守备1员（正五品）、水兵352名、战船2只，分防北投等14汛4塘①。嘉庆十八年（1813年），增噶玛兰一营，设军官13名，以守备统帅，领步战兵455名；驻扎噶玛兰厅城，分防头围、罗东等汛②。至此，台湾北路防线已延伸至后山苏澳。道光四年（1824年），北路又添艋舺营参将1员（正三品），兼管兰营③。此时的台北虽未设府，但有艋舺营官兵800余人驻扎，兵力不亚于诸、彰等县。其统帅为正三品武官。此时全台总有水、陆16营，额兵14 656名④；其中北路有台湾北协左、中、右3营兵3 110名，艋舺水、陆2营并兰营兵2 214名，共5 324名⑤——北路兵力在全台占比提升至36.3%。

2.3 后期（1875—1895年）：开山抚番，覆盖全台

　　清廷治台晚期指光绪元年至二十一年（1875—1895年），历20年。此时的台湾已是列强觊觎之焦点，也成为洋务派自强革新、力图扭转颓势之前沿。在此20年间，台湾岛上增设了3个府州级政区、8个县厅级政区，即光绪元年（1875年）增置的恒春县、台北府、淡水县、卑南厅，光绪四年（1878年）增置的埔里社厅，光绪十三年（1887年）建省同时增置的台湾府、台湾县、云林县、苗栗县、基隆厅、台东直隶州①，光绪二十年（1894年）增设之南雅厅②；共创建了9座府州县厅治城。至1895年被迫割让于日本前，台湾已成为管辖4府州、15县厅的全中国最年轻的行省。

　　此一时期新增的府州县厅城市，在空间分布上不仅呈现沿海岸线的横向扩展，也表现出深入内山的纵向延伸。前者如恒春县、台北府、卑南厅、苗栗县、基隆厅等的增置，几乎将全岛海岸线都纳入版图；后者如埔里社厅、台湾府（台中）、南雅厅等的增置，在单一的滨海城市带外又增加了新的层次，加强了对中部山区的控制——整个城市体系向着覆盖全台、纵横贯通的方向发展。

2.3.1 恒春设县，变革开启

　　恒春县的设立，标志着同光之际清廷治台策略由保守转向积极。这一转变，离不开晚清重臣沈葆桢③的审时度势。个中原委，要从同治末年的中日"牡丹社事件"讲起。同治十年（1871年）十二月曾有琉球船只漂至台湾南部，其上50余船民遭牡丹社生番杀害④。同治十三年（1874年）四月，日本以"生番之地不隶中国"为借口，举兵侵台。日军自台湾岛最南端的琅峤登陆，六月占领牡丹社等番地，并诱降诸社，欲在后山建立政权。清廷大为震惊，遂派福建船政大臣沈葆桢为钦差大臣，赴台处理相关军事外交事务。

　　沈葆桢抵台后，一方面与日军交涉使其撤兵，另一方面则重新审度台湾形势，提出开山抚番、善后创制的积极治台策略。他提出的具体举措主要有四。

　　一为开山通路。沈葆桢认为，既然日本以台湾番地不隶中国为由进犯，就必须尽快开荒番境，化番为民，以绝后患。对此他提出"开山"十四策，即"屯兵卫、刊林木、焚草莱、通水道、定壤则、招垦户、给牛种、立村

①
光绪元年（1875年）改淡水厅为新竹县，改噶玛兰厅为宜兰县；光绪十三年（1887年）改原台湾府为台南府，改原台湾县为安平县，裁卑南厅（[清]光绪《台湾通志稿》疆域志/沿革：61）。

②
《光绪朝东华续录选辑》光绪二十年六月二十六日：183–184。另见第2页注释②。

③
沈葆桢（1820—1879），福建侯官人。同治十三年（1874年）授钦差大臣，赴台办理海防兼理各国事务。光绪元年（1875年）升任两江总督兼南洋大臣。

④
另有10余人逃脱后被中国政府送回日本。

①⑤
[清]沈葆桢.请移驻巡抚折（同治
十三年十一月十五日）//[清]沈
葆桢《福建台湾奏折》：1-5。

②
淮军13营官兵于同治十三年
（1874年）六月随沈葆桢一同
渡台，此后一年间入山剿匪、刊
山通道、筑城造炮、沿海设防，
于光绪元年（1875年）六月陆
续凯撤。[清]沈葆桢.遵旨筹商折
（同治十三年十二月初五日）//
[清]沈葆桢《福建台湾奏折》：
15-16；[清]沈葆桢.台南抚番就
绪准军陆续凯撤折（光绪元年六
月十八日）//[清]沈葆桢《福建
台湾奏折》：53-55）。

③
[清]沈葆桢.北路中路开山情形
折（光绪元年三月十三日）//
[清]沈葆桢《福建台湾奏折》：
32-35；[清]沈葆桢.北路中路
情形片（光绪元年五月二十三
日）//[清]沈葆桢《福建台湾奏
折》：48-50；[清]夏献纶《台
湾舆图》恒春县舆图说略：50-
54；张永桢《清代台湾后山的开
发》：68-78。

④
[清]夏献纶《台湾舆图》后山舆
图说略：75。

⑥
据光绪五年（1879年）袁闻柝
禀报，"除高山野番未经就抚
不计外，其归者中、北二路已有
三十四社，丁口二万余人。南路
七十二社，丁口约在三万以上"
（[清]光绪《台东州采访册》：
40）。

堡、设隘碉、致工商、设官吏、建城郭、设邮驿、置廨署"①。如此种种，又皆以开山通路为前提。在其部署下，随行入台的13营准军②和台营官兵分南、北、中三路挺进内山，一边开辟道路，一边探查沿途形势及番情，归化生番，建设汛塘，并为远期设治筑城勘察选址。南路自凤山县下淡水分三路通往卑南，共计开路 600余里；北路自噶玛兰厅之苏澳向南经花莲抵卑南，共计开路200余里；中路自彰化县之集集街经茅埔至璞石阁抵卑南，共计开路110余里③——如此基本奠定了联通前后山的道路格局（图2-14）。在台湾入清版图已190余年之际，才终于基于实地勘测绘制出完整的后山舆图（图2-14），正如台湾道夏献纶所言，"自光绪纪元之开山抚番始，而（后山）舆图始可得而志也"④（图2-15）。

二为抚番易俗。沈葆桢具体提出"选土目、查番户、定番业、通语言、禁仇杀、教耕稼、修道涂、给茶盐、易冠服、设番学、变风俗"等抚番十一策⑤。据不完全统计，在开山通路的过程中，归化沿途番社 60余个、番口25 000余人。至光绪五年（1879年），后山三路已归化番社106个、丁口50 000余人⑥。

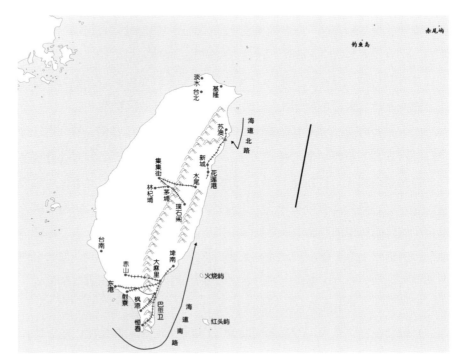

图2-14 清代后期台湾前后山交通图
（据张永桢，2013：23改绘）

图2-15 光绪五年（1879年）《台湾舆图》后山总图

三为移福建巡抚驻台湾。沈葆桢认为，在台湾积极经略之际，不仅需要提升地方治理水平，更要创立制度、新建郡邑、设官分职、创设产业；如此诸多事务，非由巡抚统领全局而难以施行，故建议"移福建巡抚驻台湾"[①]（表2-5）。值得注意的是，沈葆桢在论述巡抚事宜时已谈到"建省"之计。他说，"综（台湾）前、后山之幅员计之，可建郡者三，可建县者有十数，固非一府所能辖，欲别建一省"，但器局未成，且闽台尚不可分[②]，因此移巡抚驻台是解决这一问题的权宜之计。但从积极经略和长远谋划的目标来看，台湾建省乃未来之必然。在各方权衡下，光绪元年（1875年）改福建巡抚冬春驻台湾、夏秋驻福州[③]。台湾在地最高长官由台湾道升格为福建巡抚，充分说明了同光之际台湾在全国局势中日益提升的重要性。

四为在台湾南部增设恒春县。相较于开山通路、抚番易俗、移驻巡抚等全局性谋划，在琅峤一带"建城置吏，以为永久之计"[④]更是针对牡丹社事件的直接善后措施。同治十三年（1874年）十二月，沈葆桢奏请于琅峤增置一县，以"镇民番而消窥伺"，拟命名为"恒春"[⑤]。他经过实地踏勘，选定车城以南15里的猴洞山为县治。他指出这一带形势殊异，外有"山势回环"，内则"中廓平埔"，"似为全台收局……建城无逾于此"。奏请很快获得朝廷批准，他进而委任候补道刘璈专办筑城建邑诸事。恒春县的设立，遂成为撬动全台开山抚番大计的南路起点。

新设之恒春县东西广37里、南北袤120里；北与凤山县接壤，东、西、南三面皆滨海[⑥]。该县下辖13里，其中西南沿海6里皆为汉庄，东面4里皆属番社，东西之间3里汉、番错杂[⑦]。依照沈葆桢的规划，该县先设知县一员，

①② [清]沈葆桢. 请移驻抚折（同治十三年十一月十五日）//[清]沈葆桢《福建台湾奏折》：1-5。

③ 连横《台湾通史》卷六职官志：116。

④ [清]沈葆桢.南北路开山并拟布置琅峤旗后各情形折（同治十三年十二月一日）//[清]沈葆桢《福建台湾奏折》：5-9。

⑤ [清]沈葆桢. 请琅峤筑城设官折（同治十三年十二月二十三日）//[清]沈葆桢《福建台湾奏折》：23-25。

⑥⑦ [清]光绪《恒春县志》卷一疆域：9-10。

表2-5 沈葆桢奏请移驻巡抚的12个理由

序号	移驻巡抚的十二个理由
一	镇、道虽有专责，事必禀承督、抚而行。重洋远隔，文报稽延，率意径行，又嫌专擅。驻巡抚，则有事可以立断，其便一
二	镇治兵，道治民，本两相辅也。转两相妨，职分不相统摄，意见不免参差。上各有所疑，下各有所恃，不贤者以为推卸地步，其贤者亦时时存形迹于其间。驻巡抚，则统属文武，权归一尊，镇、道不敢各修所职，其便二
三	镇、道有节制文武之责，而无遴选文武之权。文官之贪廉、武弁之勇怯，督、抚所闻与镇、道所见，时或互异。驻台则不待采访，而耳目能周，黜陟可以立定，其便三
四	城社之巨奸、民间之冤抑，睹闻亲切，法令易行。公道速伸，人心帖服，其便四
五	台民烟瘾本多，台兵为甚。海疆营制久坏，台兵为尤。良以弁兵由督、抚、提、标抽取而来，各有恃其本帅之见。镇将设法羁縻，只求其不生意外之事。是以比户窝赌，如贾之于市、农之于田。有巡抚，则考察无所瞻徇，训练乃有实际，其便五
六	福建地瘠民贫，州、县率多亏累，恒视台地为调剂之区，不肖者执法取盈，往往不免。有巡抚以临之，贪黩之风得以渐戢，其便六
七	向来台员不得志于镇、道，及其内渡，每造蜚语中伤之；镇、道或时为所挟。有巡抚，则此技悉穷，其便七
八	台民游惰可恶，而实蠢直可怜。所以常闻蠢动者，始由官以吏役为爪牙、吏役以民为鱼肉，继则民以官为仇雠。词讼不清，而械斗、扎厝之端起；奸宄得志，而竖旗聚众之势成。有巡抚，则能预拔乱本而塞祸源，其便八
九	况开地伊始，地殊势异，成法难拘。可以因心裁酌，其便九
十	新建郡邑，骤立营堡，无地不需人才。丞倅将领可以随时扎调，其便十
十一	设官分职，有宜经久者、有属权宜者。随事增革，不至虚食之虚糜，其便十有一
十二	开煤、炼铁有第资民力者，有宜参用洋机者。就近察勘，可以择地而兴利，其便十有二

注：据[清]沈葆桢. 请移驻巡抚折（同治十三年十一月十五日）//[清]沈葆桢《福建台湾奏折》：1–5绘制。

主管"审理词讼，俾民番有所凭依，畀之亲勇一旗以资号召"；其余武员、学官、佐贰则暂为缓图，"以一事权而节糜费"[1]。首任知县于光绪元年（1875年）七月上任，兼管招抚事宜[2]。光绪五年（1879年），南路驻防兵制也相应调整：改原台湾镇标左营游击为恒春营游击，驻恒春县城；另设军官3名、守兵258名，同驻县城；城外又设车城、枫港、牡丹湾、四重溪、大树房共5汛，分驻军官5名、守兵105名[3]。

　　恒春县的设立以及由此撬动的整个"开山抚番"计划，反映出清廷的治台策略开始转向积极。这一方面是由国际斗争、列强觊觎等外部刺激所致；另一方面则是主动改变台湾岛上汉、番长期因山分治局面的内在驱动。总而言之，治理者自此开始突破地理阻隔，将台湾作为一个整体空间进行谋划，为十年后的建省大计垫石铺路。

[1]
[清]沈葆桢. 请琅峤筑城设官折（同治十三年十二月二十三日）//[清]沈葆桢《福建台湾奏折》：23–25。

[2]
[清]光绪《恒春县志》卷三职官/知县：75。

[3]
[清]光绪《恒春县志》卷四营汛：85–86。

2.3.2 台北设府，内山置厅

南路既已安顿，沈葆桢又对台湾北路进行战略调整。他在光绪元年（1875年）六月十八日的《台北拟建一府三县折》中指出"台北口岸四通，荒壤日辟，外防内治，政令难周"，于是提出"拟建府治，统辖一厅三县，以便控驭而固地方"[1]。

沈葆桢主张台北设府的理由主要有三。一是当时台北一带人口汇聚、荒埔日辟，不计噶玛兰厅已有户口42万，却仍统辖于300里之外的台南府城，未免鞭长不及、政令难周。二是台北一带港口繁荣，尤其咸丰八年（1858年）淡水开埠以后更是华洋杂处，亟待加强防范稽查。三是台北所产煤、茶、樟脑等皆有利可图，以至客民丛集、风气浮动，而淡水同知半驻竹堑、半驻艋舺，分身乏术，政教难齐。就当时台北形势考量，不析三县分治则"无以专其责成"，不设知府统辖则"无以挈其纲领"也[2]。况且沈葆桢经实地踏勘发现，台北平原不仅"沃壤平原，蔚成大观"，而且能直达海港，且有险可倚，"非特淡兰扼要之区，实全台北门之钥"也[3]。于是他果断提出于台北盆地中心之艋舺地方创建府治，命名曰"台北府"。

光绪元年（1875年）正式设立台北府，附郭淡水县；又改原淡水厅为新竹县，改原噶玛兰厅为宜兰县，并置鸡笼通判兼理煤务，皆隶台北府[4]。淡水县治于艋舺地方，辖域东西广约100里、南北袤约60里[5]。新竹县沿用淡水厅旧治（即竹堑城），辖域东西广约80里、南北袤约90里[6]。宜兰县沿用噶玛兰厅治（即五围厅城），辖域东西广约60里、南北袤约110里[7]。

沈葆桢的战略调整也兼及台湾后山及中部地区。在奏请台北设府的同一日（即光绪元年六月十八日），他还提出将台湾理番同知分驻后山卑南及中部水沙连的计划。台湾府原设南、北两路理番同知，南路驻扎府城，北路驻扎鹿港。沈葆桢认为，"今内山开辟日广，番民交涉事件日多，旧治殊苦鞭长莫及"，应将"南路同知移扎卑南，北路同知改为中路，移扎水沙连"，并"各加'抚民'字样，凡有民番词讼，俱归审讯，将来升科等事，亦由其经理"[8]。卑南即今台东，为后山之锁钥。水沙连即今日月潭一带，为中路之枢纽。不难看出，于这两处分设南路、中路理番同知，正是沈葆桢在全台范围践行开山抚番的重要抓手，意在委任专官"躬亲坐镇，以尽抚循之实，而期声教之同"[9]。经朝廷允准，光绪元年（1875年）增设南路抚民理番同

①②③
[清]沈葆桢.台北拟建一府三县折（光绪元年六月十八日）//[清]沈葆桢《福建台湾奏折》：55-59。

④
[清]夏献纶《台湾舆图》：29-46。

⑤
东北由番社绕至宜兰交界之粗坑40里；西南至新竹交界之涂牛沟60里；西北至沪尾海口30里；北至基隆交界之南港口20里（[清]光绪《台湾通志稿》疆域志形势：26-27）。

⑥
县治距府治120里；东至五指山番界70里；西至海滨10里；南至苗栗交界之中港口35里；北至淡水交界之涂牛沟南止60里（[清]光绪《台湾通志稿》疆域志形势：27-28）。

⑦
县城距府治陆程190里；东至过岭仔海边20里；西至叭哩沙番界40里；南至苏澳海口50里；北至基隆交界之草岭62里（[清]光绪《台湾通志稿》疆域志形势：28-29）。

⑧⑨
[清]沈葆桢.请改驻南北路同知片（光绪元年六月十八日）//[清]沈葆桢《福建台湾奏折》：60-61。

① 连横《台湾通史》卷六职官志：121。

② 辖域东至沿海之狮球山港25里，南至恒春县城370里，西至秀孤峦生番地界50余里，北至宜兰县界之苏澳310里（[清]光绪《台湾通志稿》疆域志形势：29—30）。

③ 辖域东至史老塆山番交界35里，南由社仔庄至云林交界之浊水溪止50里，西至集集街与台湾县交界65里，北至大甲溪头与苗栗县交界35里（[清]光绪《台湾通志稿》疆域志形势：19—20）。

④⑤ [清]刘铭传《刘壮肃公奏议》咨吏部履历：81。

⑥ [清]刘铭传. 法兵已退请开抚缺专办台防折（光绪十一年六月初五日）//[清]刘铭传《刘壮肃公奏议》：106—108。

⑦ [清]刘铭传. 条陈台澎善后事宜折（光绪十一年六月十八日台北府发）//[清]刘铭传《刘壮肃公奏议》：146—149。

⑧ 连横《台湾通史》卷六职官志：117。左宗棠（1812—1885年）曾于同治二年（1863年）任闽浙总督；同治五年（1866年）改陕甘总督。

知，驻卑南①；光绪四年（1878年）增设中路抚民理番同知，驻埔里社。卑南厅辖域东西广约75里、南北袤约68里②。埔里社厅辖域东西广约100里、南北袤约85里③。

至此，在钦差大臣沈葆桢的筹划下，同光之际的台湾政、军制度发生了一系列重大变化，其最显著者有三。一是结束了长达192年的台湾一府格局，开启了南、北二府并置的新区划格局。二是台湾最高地方长官由分巡台湾道改为福建巡抚，统领台湾军、政大权。三是积极推进"开山抚番"，分南、中、北三路打通前、后山通道，并增置县厅，加强地方管理。这些变化，反映出台湾在全国格局中已不再是可有可无的海隅弹丸，而成为不能放弃，且必须积极经略"以为经久"的战略前沿。

2.3.3 台湾建省，居中而治

牡丹社事件平息后不过几年，台湾再次成为全国战略之焦点。光绪九年（1883年）十一月，法国起兵侵略越南；次年（1884年）七月，为迫使中国接受其条件，法军又从海上进犯我东南沿海地区，台湾告急。清廷遂委任前直隶陆路提督刘铭传为督办台湾事务大臣，领兵赴台抗法④。法军先后进攻鸡笼、沪尾、澎湖等处，但在清军的顽强抵抗下最终失败。继中日牡丹社事件之后，中法战争使清廷再一次意识到台湾在全国的重要战略地位和价值。

光绪十年（1884年）九月，刘铭传补授福建巡抚⑤，但战争结束后，他立即请辞巡抚职而欲"专办台防"。他认为此时的福建与台湾已难以兼营：一方面，因为台湾形势切要，海防、抚番诸事皆须专人次第筹办；另一方面，台湾土沃产饶，以当地之财足供当地之用，处常处变均可自全⑥。换言之，台湾已具备建省的迫切性与可行性。光绪十一年（1885年）六月法军退兵之际，刘铭传折奏台湾善后之策，提出须急办设防、练兵、清赋、抚番四事⑦。七月，曾任闽浙总督、时任军机大臣的左宗棠奏言："今日之事势，以海防为要图，而闽省之筹防，以台湾为重地"，其如讲求军备、整顿吏治、培养风气、疏浚利源等紧要之事必须"有重臣以专驻之"，故建议"将福建巡抚改为台湾巡抚，所有台澎一切应办事宜，概归该抚经理"⑧。九月，军机大臣醇亲王奕譞等亦奏言："台湾要区，宜有大员驻扎。"慈禧太

后遂下懿旨："将福建巡抚改为台湾巡抚，常川驻扎。福建巡抚事，即着闽浙总督兼管。所有一切改设事宜，该督详细筹议，奏明办理。"[①]于是，刘铭传被任命为首任台湾巡抚，台湾遂成为清代中国第20个行省。

刘铭传就任台湾巡抚后，立即筹备建省、施行新政，陆续提出筹海防、清赋税、抚生番、划郡县、建省城、修铁路、置电线、开煤矿、设西学、振工商等一系列举措（表2-6）。其中对新省影响最为深远的，莫过于调整郡县、设官分职。在光绪十二年（1886年）六月十三日的奏折中，刘铭传明确提出关于新省的16条总体构想，其中第10条认为原有各县地舆太广，亟须添官分治，并应在中路彰化一带"改驻首府"[②]，即设为省城。同年九月，刘铭传亲赴中路勘察，相度形势[③]。次年（1887年）八月，他撰写《台湾郡县添改撤裁折》详述了全省区划调整的完整方案[④]。

"建置之法，形势为先，制治之方，均平为要。台疆治法，视内地为独难；各县幅员，反较多于内地。……臣铭传上年九月亲赴中路督剿叛番，沿途察勘地势，并据各地方官将境内河山阨塞、道里田园……又据抚番清赋各员将抚垦地方分条续报，谨就山前后全局通筹，有应添设者，有应改设者，有应撤裁者。

表2-6　刘铭传治台相关主要奏折

事项	奏折		时间
筹海防	《请拨兵商各轮船片》	1885年	光绪十一年五月
	《条陈台澎善后事宜折》	1885年	光绪十一年六月十八日台北府发
	《遵筹澎防请饬部拨款折》	1886年	光绪十二年三月
	《购买轮船片》	1887年	光绪十三年五月
	《台湾水师员缺并武职补署章程折》	1887年	光绪十三年十月十三日
	《奏报造成机器局军械所并未成大机器厂折》	1888年	光绪十四年
	《移设陆路副将酌拨营伍折》	1888年	光绪十四年四月十五日
	《澎湖建城立案片》	1889年	光绪十五年五月
抚生番	《条陈台澎善后事宜折》	1885年	光绪十一年六月十八日台北府发
	《剿抚滋事生番现经归化折》	1885年	光绪十一年十月二十九日台北府发
	《剿抚生番归化请奖官绅折》	1886年	光绪十二年四月十八日台北府发
	《各路生番归化请奖员绅折》	1887年	光绪十三年四月初四日
	《覆陈抚番清赋情形折》	1888年	光绪十四年十二月十六日台北府发
	《全台生番归化匪首就擒请奖官绅折》	1889年	光绪十五年二月十三日

① 《清德宗实录选辑》光绪十一年九月初五日：207。

② [清]刘铭传. 遵议台湾建省事宜折（光绪十二年六月十三日）//[清]刘铭传《刘壮肃公奏议》：279-284。

③ [清]刘铭传. 督兵剿中路叛番并就近巡阅地方折（光绪十二年九月初二日台北府发）//[清]刘铭传《刘壮肃公奏议》：208-210。

④ [清]刘铭传. 台湾郡县添改撤裁折（光绪十三年八月十七日）//[清]刘铭传《刘壮肃公奏议》：284-287。

续表

事项	奏折		时间
清赋税	《条陈台澎善后事宜折》	1885年	光绪十一年六月十八日台北府发
	《整顿屯田折》	1887年	光绪十三年八月初二日
	《覆陈抚番清赋情形折》	1888年	光绪十四年十二月十六日台北府发
	《全台清丈给单完竣敷定额征折》	1889年	光绪十五年十二月十九日
	《厘定全台官庄田园租额折》	1889年	光绪十五年十二月十九日
划郡县	《遵议台湾建省事宜折》	1886年	光绪十二年六月十三日
	《台湾郡县添改撤裁折》	1887年	光绪十三年八月十七日
	《澎湖建城立案片》	1889年	光绪十五年五月
建省城	《陈请销假到闽会商分省协款情形折》	1886年	光绪十二年五月初七日
	《遵议台湾建省事宜折》	1886年	光绪十二年六月十三日
	《督兵剿中路叛番并就近巡阅地方折》	1886年	光绪十二年九月初二日台北府发
	《台北建造衙署庙宇动用地价银两立案折》	1889年	光绪十五年七月初七日
	《新设郡县兴造城署工程立案折》	1890年	光绪十六年二月十六日
置电线	《购办水陆电线折》	1886年	光绪十二年八月二十八日
	《台湾水陆电线告成援案请奖折》	1888年	光绪十四年五月初五日
修铁路	《拟修铁路创办商务折》	1887年	光绪十三年三月二十日
	《台路改归官办折》	1888年	光绪十四年十月十六日
	《覆陈津通铁路利害折》	1889年	光绪十五年二月八日台北府发
开煤矿振工商	《调何维楷办矿折》	1884年	光绪十年
	《官办基隆煤矿片》	1887年	光绪十三年十二月
	《洋商子口半税应声明约章划清界限折》	1888年	光绪十四年三月初三日台北府发
	《英商承办基隆煤矿订拟合同折》	1889年	光绪十五年六月二十二日
	《基隆煤矿仍改归商办片》	1890年	光绪十六年六月
	《遵旨饬商退办煤矿并筹议情形折》	1890年	光绪十六年十月二十三日
	《官办樟脑硫磺开禁出口片》	1890年	光绪十六年十月二十三日
	《创收茶厘片》	1891年	光绪十七年正月
设学堂	《台设西学堂招选生徒延聘西师立案折》	1888年	光绪十四年六月初四日
	《恭报南北考试完竣折》	1889年	光绪十五年五月二十一日
	《增设府县请定学额折》	1890年	光绪十六年闰二月初七日

注：据[清]刘铭传《刘壮肃公奏议》整理绘制。

"查彰化桥孜图地方，山环水复，中开平原，气象宏开，又当全台适中之地，拟照前抚臣岑毓英原议，建立省城。分彰化东北之境，设首府曰台湾府，附郭首县曰台湾县。将原有之台湾府、县改为台南府、安平县。嘉义之东，彰化之南，自浊水溪始、石圭溪止，截长补短，方长约百余里，拟添设一县曰云林县。新竹苗栗街一带，扼内山之冲，东连大湖，沿山新垦荒地甚多，拟分新竹西南各境，添设一县曰苗栗县。合原有之彰化县及埔里社通判四县一厅，均隶台湾府属。其鹿港同知一缺，应即裁撤。淡水之北，东抵三貂岭，番社纷歧，距城过远。基隆为台北第一门户，通商建埠，交涉纷繁，现值开采煤矿，修造铁路，商民麇集，尤赖抚绥。拟分淡水东北四堡之地，拨归基隆厅管辖；将原设通判改为抚民理番同知，以重事权。此前路添改之大略也。"

"后山形势，北以苏澳为总隘，南以卑①南为要区，控扼中权，厥惟水尾。其地与拟设之云林县东西相直，声气未通。现开山路百八十余里，由丹社岭、集集街径达彰化。将来省城建立，中路前后脉络，呼吸相通，实为台东锁钥。拟添设直隶州知州一员，曰台东直隶州。左界宜兰，右界恒春，计长五百里，宽三四十里、十余里不等，统归该州管辖，仍隶于台湾兵备道。其卑南厅旧治，拟改设直隶州同知一员。水尾迤北，为花莲港，所垦熟田约数千亩。其外海口，水深数丈，稽查商舶，弹压民番，拟请添设直隶州判一员，常川驻扎，均隶台东直隶州。此后路添改之大略也。"

按此方案，全台于山前划分台湾、台南、台北3府，辖11县3厅，于山后设台东1直隶州，使县厅均衡、前后相通；又以中路新增之台湾府为省城，居中而治、扼控南北。这一"三横两纵"的新区划格局很快得到了朝廷批准，遂迅速实施。

新增府县中，台湾府（附郭台湾县）辖台湾、彰化、云林、苗栗4县之地。府城卜治于彰化县东北20里之东大墩桥孜图地方；其南至台南府城235里，北至台北府城300里，东至台东州300余里，西至鹿港海口50里②。附郭台湾县系割彰化县地而置，北与苗栗县以大甲溪为界，南与云林县以浊水溪为界，东与埔里社厅以火焰山为界，西与彰化县以同安岭为界；辖域东西广约40里、南北袤约120里③。云林县系割嘉义县、彰化县地而置，卜治于府城南60里之林圯埔地方；辖域东西广约190里、南北袤约60里④。苗栗县系割新竹县地而置，卜治于府城北120里之维祥庄地方；辖域东西广约100

① 原文为"坤"。

② [清]《台湾地舆全图》台湾府舆图说略：30。

③ 辖域东至埔里社交界之火焰山20里，西南至彰化之同安岭为界20里，南至云林之浊水溪交界55里，北至苗栗县大甲溪尾为界70里（[清]光绪《台湾通志稿》疆域志形势：17）。

④ 东至八同关番界80里，西南至嘉义交界之兴化店30里，西至五条港虎尾溪口110里，北上至埔里社交界之浊水溪30里，下至彰化县之番挖120里（[清]光绪《台湾通志稿》疆域志形势：18~19）。

①
东至十二份社番界90里，西至后垅港10里，南至台湾县交界之大甲溪50里，北至新竹县辖中港溪为界25里（[清]光绪《台湾通志稿》疆域志形势：19）。

②
东至三貂溪海边80里，西南至淡水交界之南港40里，东南由远望坑至宜兰交界之草岭60里，北至海口2里（[清]光绪《台湾通志稿》疆域志形势：29）。

③
东至沿海之狮球山港215里，西至秀孤峦生番地界50余里，南至恒春县城370里，北至宜兰县交界之苏澳310里（[清]光绪《台湾通志稿》疆域志形势：29-30）。

④
刘铭传亦对台湾营制进行调整，使与行政区划相匹配。

⑤
[清]刘铭传. 购办水陆电线折（光绪十二年八月二十八日）//[清]刘铭传《刘壮肃公奏议》：256-258。

⑥
[清]刘铭传. 台湾水陆电线告成援案请奖折（光绪十四年五月初五）//[清]刘铭传《刘壮肃公奏议》：258-260。

里、南北袤约75里①。基隆厅系割淡水县之鸡笼、石碇、金包里、三貂4堡而置，其西南与淡水县以南港为界，东南与宜兰县以草岭为界；卜治于台北府城东60里之鸡笼地方；辖域东西广约120里、南北袤约40里②。台东直隶州系升卑南厅而置，原卜治于卑南、花莲中间之水尾地方，但知州一直暂住卑南；其北与宜兰县以苏澳为界，西南与恒春县以八瑶湾为界；辖域东西广约75里、南北袤约600余里③。其余府县厅之辖域也进行了相应增减④。这一区划调整奠定了清廷治台最后10年的台湾省域城镇体系格局，其影响甚至延续至今（图2-16）。

2.3.4　铺线修路，全台联贯

刘铭传在台湾省施行的一系列新政中，与城市规划建设密切相关的还有修铁路、置电线、开煤矿、振工商等举措，旨在将这些新建立的城市与海陆港口、内山资源等更快捷地联系起来，形成整体。在刘铭传的领导下，台湾省成为洋务运动的前沿阵地，甚至诞生了不少我国近代史上的"第一次"。

1）铺设电线，联系两岸

光绪十二年（1886年）八月，刘铭传题奏《购办水陆电线折》，指出台湾"孤悬海外，往来文报，屡阻风涛，水陆电线，实为目前万不可缓之急图"⑤。他经过规划，提出了联系海峡两岸的跨海电线布置方案——即先由福州川石经水路达台北沪尾，再经陆路北至基隆，南抵彰化及台南，再由台南经水路达澎湖，总计水、陆设线1 400余里；沿线分设水线房4所（川石、沪尾、澎湖、安平）、陆路报局8处（台南、安平、旗后、澎湖、彰化、台北、沪尾、基隆）⑥。铺线工程于次年三月开工，光绪十四年（1888年）五月告成，是我国历史上第一条海底电缆（图2-17）。从前述8处陆路报局的选址来看，台北、彰化、台南分别是全省北、中、南三路之枢纽，基隆、沪尾、安平、旗后、澎湖则是全省海防最为切要的5座海口。刘铭传的电线规划与全省海防布局和城市格局相契合，为实现两岸及省内的信息快速联系提供了重要支撑。

①②
[清]刘铭传.筹造铁路以图自强折（光绪六年十一月初二日在京发）//[清]刘铭传《刘壮肃公奏议》卷二谟议略：121–124。

③
[清]刘铭传.拟修铁路创办商务折（光绪十三年三月二十日）//[清]刘铭传《刘壮肃公奏议》：268–273。

④
张海鹏，陶文钊《台湾史稿》：135。

图2-17 1887年海底电缆遗存
（中国船政文化博物馆藏）

2）修建铁路，联络三府

早在抚台以前，刘铭传就曾提出过"筹造铁路以图自强"的想法。他指出，铁路不仅利于漕务、赈务、商务、矿务以及行旅、厘捐等，"于用兵一道尤为急不可缓之图"①。他甚至提出过以京师为中心的全国铁路网规划，一使全国"声势联络、血脉贯通"，二为"显露自强之机"，以潜消外族"窥伺之心"②。但当时朝中阻力甚巨，未予采纳。几年后当刘铭传执掌台湾时，他立即重拾旧策，大力推动在新省兴建铁路。

光绪十三年（1887年）三月，刘铭传题奏《拟修铁路创办商务折》，提出修建北至基隆、南抵台南的600余里山前铁路方案。他列举了修建铁路的三项好处：一能裨益内山输货、驿递垦商；二能协助海防，运输军队及大宗补给；三则有助于建设尚无基础的台中省城③。尤其省城一项，一方面由于省城选址地近内山、不通水道，须依赖铁路运输大量建筑物料；另一方面，省城建成以后的人口货物集散也须依托铁路输送。刘铭传希望通过这条铁路线，不仅串联起既有的山前重要城市（如台北府城、新竹县城、台南府城等），也将新增的规划城址串联起来（如台中省城、苗栗县城等），将这11座山前城市实质性地联为整体，为新省的军事海防、行政管理、内山开发、对外贸易等提供支撑。铁路工程自光绪十三年（1887年）开工，至光绪十九年（1893年）相继完成"基隆—台北段"和"台北—新竹段"，共计106.7千米④，设站15处。由于刘铭传中途离任，最初的宏伟规划未能全部实现，但这条铁路是台湾岛上修建的第一条铁路，也是近代中国在边疆地区修建的第一条铁路。

①

[清]刘铭传. 官办基隆煤矿片（光绪十三年十二月）//[清]刘铭传《刘壮肃公奏议》：351-352。

3）开办煤矿，振兴工商

早前在沈葆桢的推动下，光绪二年（1876年）曾创办基隆煤矿，其在中法战争期间遭到破坏。刘铭传出任台湾巡抚后，立即重办煤矿，振兴工商。他指出，"煤炭为船厂、机局、兵轮要需，不能废弃不办"，且"闽洋官商轮船并船政、制造各局，专恃基隆煤炭，且台南北铁路办成，更需煤用"①。于是在光绪十三年（1887年）十二月撰写的《官办基隆煤矿片》中，他提出重办基隆煤矿的具体计划。不难发现，在刘铭传的新省全局谋划中，开办煤矿与铺设电线、修筑铁路、振兴船政等"自强之策"互为表里。而基隆作为煤矿产地和重要港口，尤其是刘铭传全台布局中的关键节点，被其视为"台北第一门户"。他不仅增置基隆厅，设正五品抚民理番同知驻基隆厅城，还将基隆定为全省陆路电线网、山前铁路网的北端点，最先动工建设。今天被称为台湾第二大港的基隆港，正是在刘铭传的规划下奠定了基础（图2-18）。

光绪十一年至十七年（1885—1891年）的6年间，刘铭传在全省开展了大刀阔斧的规划建设，不仅调整区划、创建城市，还建立起跨海电线、省域铁路等基础设施网络。在他的筹划下，台湾省形成山前山后两纵线、北-中-南三横路的城市空间格局。至光绪二十一年（1895年）被迫割让日本时，台湾省管辖4府州15县厅，共建立起16座府州县厅城市。

图2-18　基隆山水形势

2.4　总体特征与影响因素

纵观清廷治台200余年间在台湾及澎湖列岛上的行政区划和治城建置，从时间维度来看，前、中期190年间共有7座治城规划建设，平均建置间隔为27.1年/城；后期20年间共有9座治城规划建设，平均建置间隔为2.2年/城，仅为前、中期的1/12。故时间上总体呈现出前、中期缓慢发展、被动应对，后期快速建置、主动经略的特点。从空间维度来看，清廷治台前130年间，辖域范围和城市分布皆局限于狭长的山前滨海地带，虽然嘉庆十五年（1810年）后扩展至后山，但仍限于滨海平原地区。清廷治台后20年间，辖域范围迅速扩张，深入内山。新增的9座治城中大部分选址于山区，反映出城市选址的新趋势。故空间上总体呈现出自南向北、由海入山的渐进开发过程。

探究产生上述变化的深层原因，主要有以下四个方面。

2.4.1　内乱外侵刺激

清代台湾的几乎每一次政区增置和治城创建，都是内部叛乱或外部侵略刺激所导致的结果（图2-19）。清廷治台前、中期，这种刺激因素主要是岛内的汉番叛乱。如雍正元年（1723年）彰化县、淡水厅的增置是康熙末年朱一贵起义的结果。雍正九年（1731年）淡水厅移治竹堑是此前大甲溪以北番乱频发的结果。嘉庆十五年（1810年）噶玛兰设厅是当时海盗屡次进犯的结果。而到清廷治台后期，导致区划调整和治城创建的主要因素转变为外国势力的觊觎和侵犯。如光绪元年（1875年）设恒春县、台北府、卑南厅等是中日牡丹社事件引发的应对善后之策。光绪十一年（1885年）台湾建省及省域范围的区划调整和治城创建，则是中法战争刺激下清廷加强防御、积极经略的结果。后期外部势力侵犯对清政府形成的刺激，显然较前、中期的内部叛乱更加强烈，终于促使其从"牵一牵、动一动"的被动应对转向了积极主动经略。

不过，无论是内部威胁或外部刺激，安全防御始终是清廷治台200年间不曾松懈之要务。这也成为影响清代台湾城市选址及规划建设的最重要因素之一。

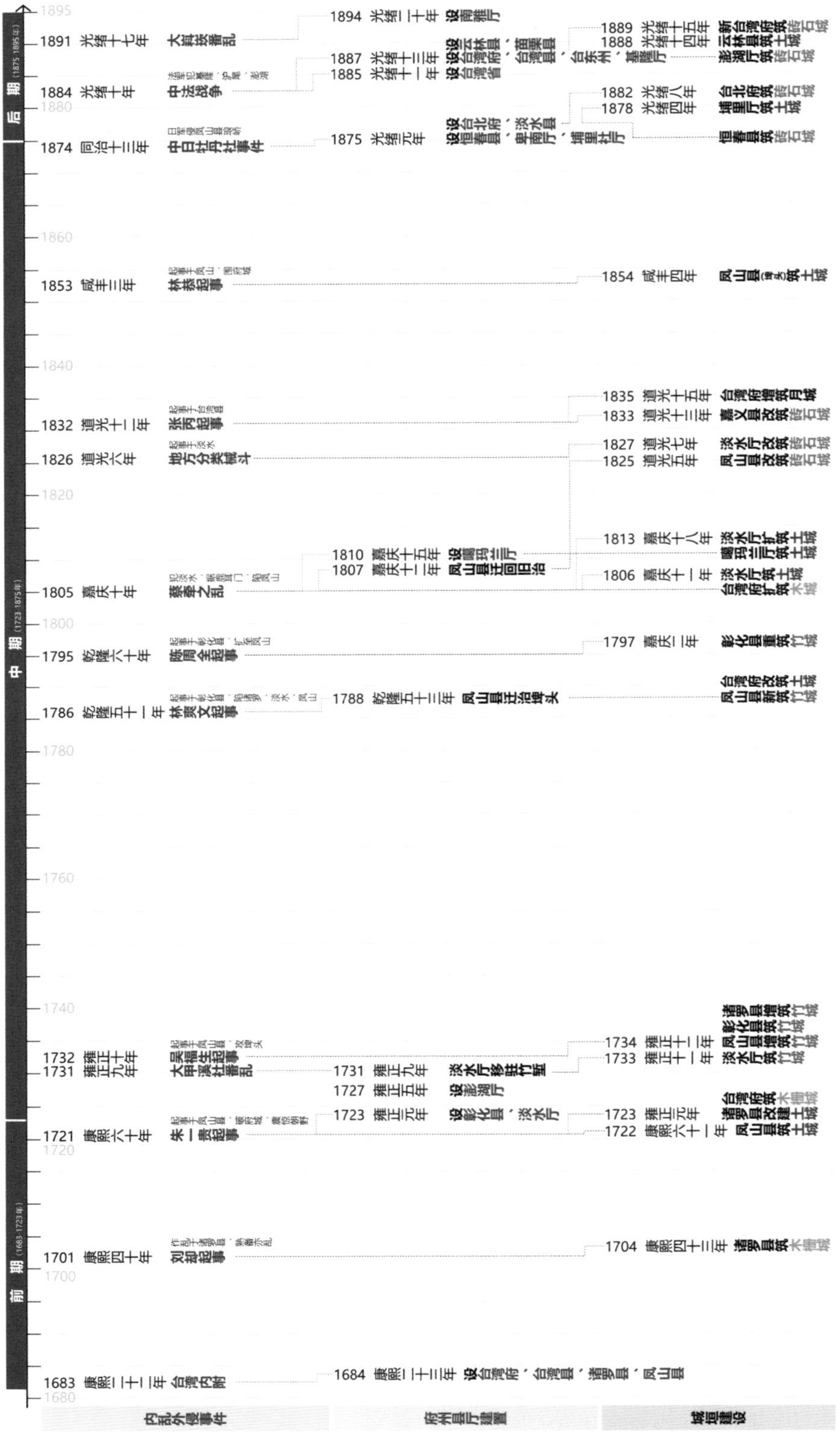

内乱外侵事件 / 府州县厅建置 / 城垣建设

1895 后期（1875—1895年）

1891 光绪十七年 **大嵙崁番乱**

1884 光绪十年 **中法战争**〔中法战争·"划界"·澎湖〕
　　　　　　　　1887 光绪十三年 **设云林县、苗栗县** 〔台湾府·台湾县〕
　　　　　　　　1885 光绪十一年 **设台湾省**
　　　　　　　　　　　　　　　　1889 光绪十五年 **新设台湾府城** 〔筑土城〕
　　　　　　　　　　　　　　　　1888 光绪十四年 **云林县、澎湖厅筑石城**
　　　　　　1894 光绪二十年 **设南雅厅**

1874 同治十三年 **中日甲午社寮事件**〔日军牡丹社事件·琉球〕
　　　　　　1875 光绪元年 **设台北府、恒春县、卑南厅、埔里社厅**
　　　　　　　　　　　　　　1882 光绪八年 **埔里社厅筑土城**
　　　　　　　　　　　　　　1878 光绪四年 **恒春县筑石城**

1860

1853 咸丰三年 **林恭起事**〔起事手凤山·围攻城〕
　　　　　　1854 咸丰四年 **凤山县（新）筑土城**

1840

1832 道光十二年 **张丙起事**〔起事手台湾县〕
　　　　　　1835 道光十五年 **台湾府筑月城**
　　　　　　1833 道光十三年 **嘉义县改筑石城**

1826 道光六年 **地方分类械斗**〔起事手淡水〕
　　　　　　1827 道光七年 **淡水厅改筑石城**
　　　　　　1825 道光五年 **凤山县改筑石城**

1820

　　　　　　1813 嘉庆十八年 **噶玛兰厅筑土城**
　　1810 嘉庆十五年 **设噶玛兰厅**
　　1807 嘉庆十二年 **凤山县迁回旧治**
　　　　　　1806 嘉庆十一年 **台湾府、淡水厅筑城**

1805 嘉庆十年 **蔡牵之乱**〔起事手·澎湖口·起石斗〕 中期（1723—1875年）

1800

1795 乾隆六十年 **陈周全起事**〔起事手彰化·凤山〕
　　　　　　1797 嘉庆二年 **彰化县筑竹城**

1786 乾隆五十一年 **林爽文起事**〔起事手彰化·淡水·凤山〕
　　1788 乾隆五十三年 **凤山县迁治埤头**
　　　　　　　　　　　台湾府改筑竹城、凤山县新治筑土城

1780

1760

1740

1732 雍正十年 **大甲西社番乱**〔起事手凤山·埤头〕
1731 雍正九年 **淡水番乱**〔起事手凤山·埤头〕
　　　　　　1734 雍正十二年 **凤山县增筑竹城**
　　　　　　1733 雍正十一年 **淡水厅增筑竹城**
　　1731 雍正九年 **淡水厅移驻竹堑**

1721 康熙六十年 **朱一贵起事**〔起事手凤山·台湾府·彰化·淡水〕
　　1723 雍正元年 **设彰化县、淡水厅**
　　　　　　1723 雍正元年 **台湾府改筑竹城**
　　　　　　1722 康熙六十一年 **凤山县筑土城**
　　1727 雍正五年 **设澎湖厅**

1720

1701 康熙四十年 **刘却起事**〔作乱手诸罗县·诸番乱〕
　　　　　　1704 康熙四十三年 **诸罗县筑城**

1700

1683 康熙二十二年 **台湾内附**
　　1684 康熙二十三年 **设台湾府、台湾县、诸罗县、凤山县**

1680

图2-19 清代台湾政区建置、城垣建设与内乱/外侵事件关联

2.4.2 山川形势制约

①
陈正祥《台湾地志》1993：52。

清代台湾行政区划和治城建设的空间变化虽然深受清廷治台态度之影响，但更主要是受到台湾天然山川形势的制约。

台湾岛总体上呈现西部平坦、中东部高峻的地形地貌特征。全岛仅31%的面积在海拔100米以下，而有32%的面积在海拔1 000米以上，中央山脉最高峰海拔3 952米[①]（图2-20、图2-21）。受制于内山地理阻隔，清廷治台前130余年间的统辖范围局限于山前滨海一线的狭长地带，最宽处为70~80里，最窄处不足20里。当时内山为番地，立土牛为界，长期禁止汉人开垦。最早建立的5座治城，全部位于山前较为开阔的几处小平原：凤山县城选址于高雄平原，台南府城、诸罗县城卜治于嘉南平原，彰化县城坐落于浊水溪

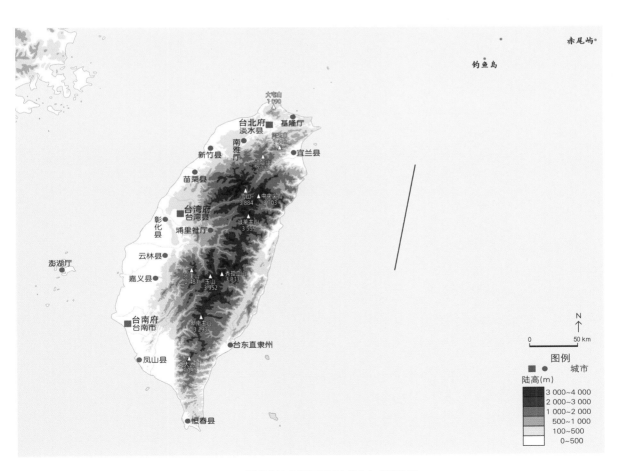

图2-20 清代台湾府州县厅城市分布与自然地形

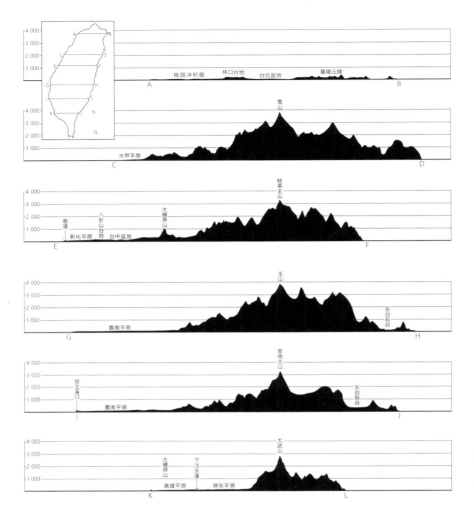

图2-21　台湾岛地势横剖面
（据陈正祥，1993：53图改
绘，原图高距放大至5倍）

冲积扇北部小平原，淡水厅城定基于新竹平原；其总体上表现出自南向北渐
次跨越东西向溪流阻隔，在新发现的地理单元中心建立城市的过程。这些城
市与其山水环境的关系大都呈现"背山面海"模式。虽然嘉庆十五年（1810
年）台湾府辖域突破性地拓展至后山地区，但噶玛兰厅城的山水格局仍未超
越传统的"背山面海"模式。

　　待到同光之际，内忧外患的窘迫局面促使清廷施行"开山抚番"，台
湾的行政区划和治城建设才开始伸入内山。这一时期，山区中较为开阔的
盆地地形成为治所城市的首选：恒春县城选址于恒春半岛南端的小盆地，
台北府城卜治于台北盆地，埔里社厅坐落于中部山区的埔里小盆地，新台
湾府城（台中）定基于台中盆地。这些城市的选址和布局表现为典型的

"盆地模式"。

　　总体来看，整个山前滨海平原的区划和城市格局在清廷治台的前50年已基本建立。各县厅皆东以内山为界，西以海岸为缘，南北分别以二层行溪、新港溪、虎尾溪、大甲溪等东西向河流划界（图2-16、图2-22）；城市就选址于山海之间、两溪夹流的适中之地。此后区划及治城历70余年而扩展至后山，又历60余年才深入内山；新增县厅于是多以山岭划界，城市选址于群山环抱、盆地之中。天然山水形势的复杂崎岖，深刻影响着清代台湾的整体开发进度，也决定着治所城市的选址分布和空间格局。

（a）　　　　　　　　　　　　　　　　　　（b）

（c）　　　　　　　　　　　　　　　　　　（d）

（e）　　　　　　　　　　　　　　　　　　（f）

图2-22　台湾主要东西向河流

（a）曾文溪；（b）浊水溪；（c）大肚溪；（d）大甲溪；（e）头前溪；（f）淡水河

2.4.3 族群治理需要

台湾久为少数民族聚居之地，虽然宋、元、明曾在此有不同形式的行政建置，17世纪又曾有荷兰人、西班牙人等殖民开垦，但总体上未改变少数民族散布全岛的原始面貌。永历十六年（1662年），郑成功从荷兰人手中收复台湾建立明郑政权，永历十九年（1665年）"立屯田之制以拓番地"，于是山前渐增汉人足迹[1]。土番失地，移居内山，"筑土牛以界之"[2]。汉番始划界而居。

清廷于康熙二十二年（1683年）接管明郑辖域，仍与土番沿山分界而治。但在汉番交界地带有山有田，则"天生自然之巢穴，盗贼逞志之区"[3]，一直存在治安隐患。康熙六十一年（1722年）震惊朝野的朱一贵起义虽由汉民发动，亦有土番参与，他们趁机滥戮良民，为害甚巨。事后，闽浙总督觉罗满保提出"划界清民"之策，即以内山外10里为界，将其中人家全部迁出，田地荒置；并沿山通筑土墙，深挖濠堑，"永为定界"，以使"奸民无窝顿之处，而野番不能出为害矣"[4]。时任台湾总兵蓝廷珍以工程过大、扰民过度为由，提出反对。觉罗满保遂改"沿山各隘立石为界"[5]，使汉民禁入番地。由此可见，当时清廷只愿将内山封为禁地，以绝后患，却无半点"开山"之意。从之后的北路县厅增置也能看出，清廷谨守番界，只向北部山前平原扩张。

不过，汉民小规模入垦番地的情况屡见不鲜，生番叛乱滥杀汉民之事亦时有发生。乾隆三十一年（1766年），台湾府始设南路理番同知，次年又设北路抚民理番同知，算是将日益复杂的汉番事务正式纳入地方管理体系。只不过，前者驻于台湾府城，后者驻于彰化县城，虽为理番专官，却并不临近番界。汉番划界分治，仍是此后相当长时间内清廷奉行的理番之策[6]（图2-23）。

嘉庆年间汉民成功垦拓宜兰平原后，引发在番地设官经理之议。在长达20年的争论中，清廷仍持保守态度，不为潜在的新增土地和赋税所动，只求少生事端[7]。至嘉庆十四年（1809年）皇帝明确开兰之意，些许透露出在台湾期于经久的积极信号；然而此后的60余年间，并无其他类似的番地开拓计划。

直至同治末年，牡丹社事件引发的中日冲突，终于使清廷深刻意识到内山番地的重要价值和归抚番民的迫切意义。在钦差大臣沈葆桢的谋划下，开

①② 连横《台湾通史》卷十五抚垦志：313。

③④ [清]蓝鼎元. 覆制军迁民划界书//[清]蓝鼎元《东征集》卷三：40–43。

⑤ 连横《台湾通史》卷三经营纪：55。

⑥ 连横《台湾通史》卷十五抚垦志：321。

⑦ 嘉义教谕谢金銮曾言，"古之善筹边者，却敌而已，开疆辟土利其有者，非圣王所欲为也"（[清]谢金銮. 蛤仔难纪略//[清]咸丰《噶玛兰厅志》卷七杂识：360–365），代表了当时的主流观点。

图2-23 《乾隆中叶台湾番界图》[1]局部

①
又名《台湾民番界址图》，长
666厘米，高48厘米，绘于清乾
隆二十五年（1760年），现藏
台湾"中央研究院"历史语言研
究所傅斯年图书馆。图中红、蓝
线为汉、番分界。

②
[清]刘铭传.遵议台湾建省事宜
折（光绪十二年六月十三日）//
[清]刘铭传《刘壮肃公奏议》：
219-284。

③
连横《台湾通史》卷十五抚垦
志：312。

始在台湾积极实行开山抚番。光绪元年（1875年），移南路理番同知驻于后山卑南；后又设中路理番同知驻于内山埔里社。建置卑南厅和埔里社厅的意义，不仅在于设专官处理抚番、通路等具体事务，更在于在政教未施的内山番地建立城邑，传播文明，谋求进一步的拓展。再到光绪十一年（1885年）建省后，刘铭传继续坚定推行开山抚番，具体提出"清赋税、抚生番、设职官"等措施[2]，作为全省新政的重要支撑。

清代台湾人居开发的另一面，即是对岛上原住番民的治理和对内山番地的开拓。故连横指出，"自开辟以来，官司之所经划，人民之所筹谋，莫不以理番为务"。但"清廷守陋，不知大势，越界之令，以时颁行。……（至）牡丹之役，船政大臣沈葆桢视师台湾，奏请开山，经营新邑；及刘铭传任巡抚，尤亟亟于理番，设抚垦总局，以治其事，而台湾番政乃有蓬勃之气焉"[3]。综观之，对汉、番族群的治理与平衡，贯穿于清代台湾行政区划和治城建设的整个过程之中。

2.4.4　资源开发驱动

清代台湾行政区划和治城建置的演变，也深受官方对其资源禀赋之价值认知与利用态度的影响。

清廷治台前、中期，台湾物产以稻米为主，除自足之外，还给运福建军民。当时全省水陆官兵不下10万人，而本地所产稻米不足，故多仰赖台府供给。按雍正年间制度，台湾岁运福建兵眷米谷85 297石，遇闰加运4 298石[①]。据乾隆七年（1742年）《重修福建台湾府志》记载，"闽粤民食，半仰给于斯"[②]。又乾隆四十八年（1783年）福建将军永德有言，该省泉漳等府食谷"大约取给台湾，即一切食用所需，亦借台地商贩往来，以资接济"[③]。这种以农产品为主的商贸往来，与当时台湾西部平原产粮、海港运输的空间模式正相匹配。当时清廷既缺乏深入内山发掘资源的动力，也碍于番禁，不愿冒险滋事。因此，这一阶段台湾岛上与资源开发相关的主要空间变化，是伴随粮产区的北拓而逐步形成南、中、北三组"港口—治城"组合。三座港口分别是陆续开通为对陆正口的鹿耳门港（1684年）、鹿仔港（1784年）和淡水港（1790年）；三座所依托的治城，即一定腹地的中心城市，分别是南路台湾府城、中路彰化县城和北路台北府城[④]。

随着国际局势的改变，尤其第二次鸦片战争后台湾开埠，一些早前未被重视和利用的资源（如煤矿、樟脑、硫磺等）开始被重视，甚至被西方列强所争夺，由此深刻影响到清廷对台湾的价值判断和治理态度。以煤矿为例，台湾产煤以基隆最盛，清代前期有私采，后被官方禁止。道光、咸丰年间，西方国家开始对基隆煤矿有所关注：道光二十八年（1848年），英国人曾到基隆查勘煤矿并请准开采；咸丰四年（1854年），美国人亦来查勘并谋建军港以开采利用。台湾开埠以后[⑤]，对基隆煤矿的开采之声日盛。同治九年（1870年）经官方查勘，许本地煤户开采，主要运往福州、厦门供轮船使用。同治十三年（1874年），沈葆桢力主办矿，并奏请减税惠商，以广台煤销路[⑥]。光绪八年（1882年），台湾道刘璈整顿煤务，订立章程，并在上海设立台湾煤务分局，推广台煤。光绪十一年（1885年）建省后，刘铭传奏请设立煤务局，新置机器，外聘矿师，大力开采；并将煤矿开发与铁路、海防、工商等其他省域规划互相联动，助力全局。再以樟脑为例，清代前期封禁番地，不许私制樟脑。雍正三年（1725年）台湾南、北二路各设军工

①
连横《台湾通史》卷二十粮运志：409。

②
[清]乾隆《重修福建台湾府志》自序：17。

③
[清]永德. 请设鹿港正口疏//[清]道光《彰化县志》卷十二艺文志：395-396。

④
乾隆五十五年（1790年）淡水港被增设为对渡大陆正口时，台北尚未设府。但当时台北盆地内已设有县丞，驻新庄，渐成一方都会。

⑤
自1858年至1860年前后，台湾岛上实有沪尾、基隆、安平、旗后4港开埠。

⑥
[清]沈葆桢. 台煤减税片（同治十三年十二月五日）//[清]沈葆桢《福建台湾奏折》：13-15。

①

[清]刘铭传.官办樟脑硫磺开禁出口片//[清]刘铭传《刘壮肃公奏议》：368–371。

②

再以硫磺为例，台湾产硫以台北为盛。康熙三十六年（1697年），福州火药局即派人赴台勘察，但当时淡水尚未开辟，硫矿仍处禁地，未准开采。此后台地官员曾于同治二年（1863年）、八年（1869年）两次奏请开采，清廷又于六年（1867年）、九年（1870年）两次禁止，理由大概是"所产未巨，恐耗经费"（连横《台湾通史》卷十八榷卖志：377）。至台湾建省后，刘铭传奏请设立脑磺总局，将樟脑与硫磺产销皆归官办，"谋殖地利"。

③

据不完全统计，台湾建省后设于台北府城内外的新式局所有：台湾通商总局、全台清赋总局、电报总局、脑磺总局、铁路总局、邮政总局、支应局、捐输局、善后局、官银局、法审局、官医局、军器局、军装局、火药局、硝药局、伐木局、蚕桑局等（连横《台湾通史》卷十六城池志：361–363）。

料馆，以伐木造船为主业，附带伐樟熬脑，但规模较小。道光五年（1825年）于艋舺设军工厂及军工料馆，兼办脑务，统管内山散制樟脑。台湾开埠后，樟脑出口量渐增，于是同治九年（1870年）官方始设厘金局征收脑厘。建省后，刘铭传奏请设全台脑磺总局，由官方收买出卖，发执照出口，以利国计民生[①]。脑磺总局设于台北府城，又分别于北路之大嵙崁（后为南雅厅治）、中路之彰化县城、南路之恒春县城设分局，使工商业布局与省域城市格局相辅相成[②]。

综上，清廷治台前、中期以"守土治乱"为要务，对资源开采并不重视。一方面，其农业生产不仅自足，还能兼给内地，无须顾及其他；另一方面，内山番禁也客观上抑制了对矿产资源的开发热情。因此，当时的行政区划和城市建设聚焦于山前滨海地带，与其小农经济和两岸关系相吻合，在近百年相对稳定的背景下逐步形成南、中、北三组"港口—治城"中心城市组合。而到清廷治台后期，一方面，西方势力对台湾资源的关注日益加强；另一方面，清政府中的洋务派官员也主动认识到台湾内山资源的价值和意义，因而促使清廷转变思路，开始积极开山、利用资源。这一时期增置的近山县厅，如恒春、埔里社、卑南、基隆等，不仅承担着抚番、通路、安防的功能，也被赋予更充分利用内山资源的使命。尤其煤炭脑磺资源丰富，又坐拥良港、商贸发达的台北，更加受到洋务派官员的青睐。刘铭传虽然将台湾省城勘定于台中，但他创设的各种新式局所、工厂等大多布置于台北[③]。台北府城确实在清廷治台的最后七八年间，实际承担着全省行政中枢之职能。这其中不能小觑资源开发对城市发展的深层驱动。

第 3 章 山水格局：从「山前模式」到「盆地模式」（上）

无论清廷治台的态度保守或积极，政区建置的速度急迫或迟缓，城市的规划建设都受到真实地理环境的支撑与制约。清代台湾16座府州县厅城市的选址和布局，依托其山水环境特色而表现出明显的类型化特征。本章及第4章考察这些城市如何选择适宜的山水环境作为基址，如何应对山水环境的外部特征与内在秩序进行规划建设，在此过程中又遵循着怎样的理念、方法与技术。

3.1 台湾地形与城市选址模式

台湾岛总体呈南北狭长形态[①]。其中、东部几乎全被山脉覆盖，近2/3的面积在海拔100米以上，近1/3面积在海拔1 000米以上[②]。仅西部山前沿海地带较为平坦开阔，由南至北可划分为高雄平原、嘉南平原、浊水溪冲积扇、彰化小平原、大甲平原、新竹平原等几个小单元。东部山后则逼近大海，仅有宜兰、花莲、台东几处较开阔地带。光绪年间的福建巡抚丁日昌曾称"台湾地势其形如鱼，首尾薄削而中权丰隆，前山犹鱼之腹，膏腴较多，后山则鱼之脊也"[③]，形象地道出了台湾岛地理形势的总体特色（图2-20）。

清代台湾16座府州县厅城市中，前、中期190余年间建置的7座治所城市中有6座位于山前滨海地带，它们背倚中央山脉的西侧分支余脉，面向台湾海峡——在城市选址和总体布局上表现出典型的"山前模式"[④]。后期20年间增置的9座治所城市中虽然也有少数延续"山前模式"，但由于当时人居开发已进入山区，大部分新城选址于山间盆地——在城市选址和总体布局上表现出典型的"盆地模式"[⑤]。无论哪种模式，这些城市的选址、规划、建设过程中都表现出因应山水形势的积极态度和清晰的技术步骤，创造出各具特色的城市山水格局（图3-1）。

下文分别选取属于"山前模式"的诸罗县城、凤山县城、彰化县城、淡水厅城、噶玛兰厅城5例，以及属于"盆地模式"的恒春县城、埔里社厅城、台北府城、台中省城4例，考察两种模式下城市因应山水的选址规划建设过程，总结其模式特征[⑥]。

在每个案例研究中，着重关注以下四方面问题：一、城市选址过程中基于何种原则或考量而选择了特定的山水环境；二、城市规划建设（如定基、

① 与大陆隔海峡相望。台湾海峡长约400千米，最宽处约400千米，最窄处约130千米。

② 陈正祥《台湾地志》1993：52。

③ [清]丁日昌. 筹商大员移扎台湾后山疏（光绪三年）//《道咸同光四朝奏议选辑》：86-89。

④ 即诸罗县城、凤山县城、彰化县城、淡水厅城、噶玛兰厅城。其中，噶玛兰厅城位于台湾岛东部，即通常所说的后山地区，但其选址规划仍表现出典型的"山前模式"。

⑤ 此外，还有少数城市的选址和总体布局表现为"海港模式"，如台湾府城（台南）、澎湖厅城、基隆厅城。详见笔者2024年在*Planning Perspectives*发表的论文*Conformity and variety: city planning in Taiwan during 1683-1895.*

⑥ 属于"山前模式"者还有云林县城、苗栗县城、卑南厅城；属于"盆地模式"者还有南雅厅城。但这些城市的建设时间较短，格局不如前述案例典型，暂不展开讨论。

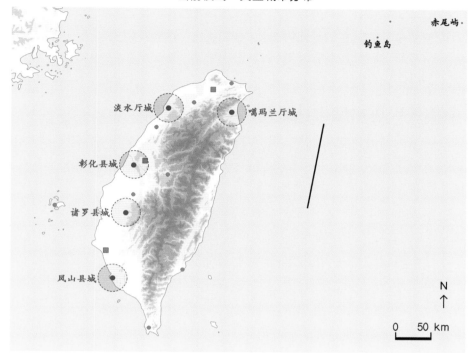

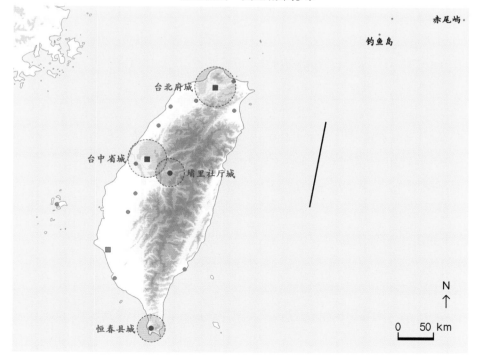

图3-1 清代台湾"山前模式""盆地模式"典型城市分布

划界、择向等）过程中如何应对或利用其山川形势特色；三、在几十年乃至上百年的城市发展历程中，其山水格局是否发生过变化，为何又如何变化；四、哪些群体主导和参与着城市的选址规划及山水格局建构，各遵循着怎样的理论与方法。

3.2 "山前模式"典型城市选址与山水格局建构

清廷治台前120余年间治所城市的选址布局以"山前模式"为主：康熙年间创建的诸罗县城"负山面海，内拱神州而西向"[①]，凤山县城"左倚龟山，右联蛇山"[②]；雍正年间创建的彰化县城"揖鲸海而枕狮山"[③]；淡水厅城"西通大海，东倚层峦"[④]；嘉庆年间创建的噶玛兰厅城虽已转至后山，仍是"后耸华峰，前缠溪涧"[⑤]——山海之间是它们共同的选址原则，背山面海是它们共同的布局特点。形成这一模式，一方面源于对自然地形的被动应对；另一方面也是西控海口、东防山番的主动选择。不过，这些城市在具体的选址规划和山水格局建构方面，亦各具特色。

3.2.1 诸罗县城：诸山罗列，踞中高坐

康熙二十三年（1684年），清廷在台湾府北路设诸罗县，卜治于诸罗山西麓。诸罗县以山命名，"取诸山罗列之义也"[⑥]。在此之前，明天启四年（1624年）颜思齐、郑芝龙等由笨港登陆台湾后，曾在诸罗山以西的嘉南平原上聚居屯垦，与土番分疆划界[⑦]。明郑时期（1662—1683年）曾在这一带设天兴县（后改天兴州），但当时的县治在诸罗山以南80里的佳里兴[⑧]，诸罗山一带只有驻军。因此，清代的诸罗县城是一座全新选址创建的新城。

1.归治前的山水形势认知

诸罗县建置后的最初20年间，由于规划治所诸罗山一带"民少番多，距县辽远"[⑨]，该县文武职官暂居于靠近府城的佳里兴办公。诸罗山一带虽未立即开展县城规划建设，但城市选址已基本确定，规划者对其山水格局也有初步判断。

从约略绘制于康熙三十五年（1696年）的《康熙中叶台湾舆图》来看，

① [清]康熙《诸罗县志》卷一封域志/山川：6。

② [清]乾隆《重修凤山县志》卷二规制志/城池：29。

③ [清]道光《彰化县志》卷一封域志/形胜：19。

④ [清]同治《淡水厅志》卷一封域志/形胜：39。

⑤ [清]咸丰《噶玛兰厅志》卷二规制志/城池：23。

⑥ [清]康熙《诸罗县志》卷一封域志/建置：5。又洪敏惠《诸罗街巷旧地名初探》（1993）指出，"诸罗"地名由来有两种说法：一是由番语"猪勝社"谐音而来；二是取"诸山罗列"之义。笔者推测，或先有番语之名，后有汉人根据其地形特点赋予"诸山罗列"之义，遂得名。

⑦ 邱奕松《郑芝龙与诸罗山》1981。

⑧ 在府城北约40里，即今台南市佳里区。

⑨ [清]康熙《诸罗县志》卷一封域志/建置：5。

图3-2 《康熙中叶台湾舆图》所绘"诸罗山"一带景象

诸罗山是一座平地突起、山形圆润的山峦。其左（北）有牛稠溪，右（南）有八掌溪；山前（西）为开阔的滨海平原，其上汉庄、番社散布，且有诸罗山塘驻兵把守[1]；山后（东）则内山群峰耸峙。规划城址就位于诸罗山西麓、牛稠溪、八掌溪夹流之间的高爽地带（图3-2）。

康熙三十五年（1696年）《台湾府志》中仅记载了诸罗县境内的11座山峦，但已经明确出现了"此拱辅邑右者""此拱辅邑左者"[2]的表述，说明当时不仅已经大致确定了城址范围，还明确了城市坐东向西、枕山面海的基本朝向。

2. 县城规划与山水格局建构

由于刘却叛乱[3]历时三载才最终平息，福建省于康熙四十三年（1704年）责令诸罗县文武官员归治诸罗山。县城这才正式开始规划建设。

知县宋永清、参将徐进才、儒学丁必捷共同赴诸罗山一带勘察地形，确定了城垣位置。宋永清曾阐述县城选址与诸罗山的关系："余前署诸篆，躬履村落，备观形势……则（诸）罗山其天险也……凡设县安营，丛于（诸）罗山，雄其壁垒……是罗山为全台锁钥"[4]。由此可知，县城选址于诸罗山

[1]
[清]康熙《诸罗县志》卷二规制志/衙署：27。

[2]
[清]康熙《台湾府志》卷一封域志/山川：14-17。

[3]
康熙四十年（1701年）起事于诸罗县。

[4]
[清]宋永清. 形势总论//[清]康熙《重修台湾府志》卷一封域志：26-28。

西麓的重要原因是倚其天险，雄其壁垒。明确选址后，他们共同划定了城垣范围及四门位置，"定县治广狭周围六百八十丈，环以木栅，设东、西、南、北四门，为草楼以司启闭"①。

县城中主要官方建筑如县署、学宫等，则因形就势规划布局。县署系康熙四十三年（1704年）"相土县内之中"而定基，两年后（1706年）施工建设②。学宫系康熙四十三年由宋永清与诸生"度地议建"，先于"城内外卜吉三处，听诸生自择其尤"，最终"定基于城之西门外"③。确定这一最终选址的重要因素之一，是县城南30里的玉案山，其"位踞离明，方幅苍翠"，恰为学宫之对山④。此后，其他官署、仓库、坛庙、寺观等陆续规划建设起来⑤。至康熙五十六年（1717年）首修《诸罗县志》时，县城已规模初备（图3-3）。

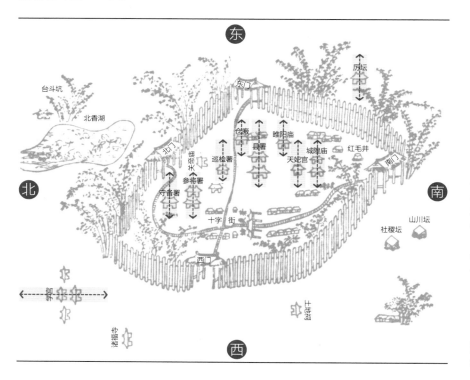

图3-3 康熙《诸罗县志》县城图

在设县30余年、建城13年后首修的这版《诸罗县志》中，对县城的整体山水格局进行了完整表述。它开篇仿照康熙三十五年（1696年）《台湾府志》，言台湾之总体山势自福州之五虎门渡海，由鸡笼屿入台，但之后首次提出了台湾府以大鸡笼山为"祖山"，以大遯山为"少祖山"的说法。而后，"大遯（山）之势趋入内山……群萃南下，奔七百余里，倏停而驻，有

①②
[清]康熙《诸罗县志》卷二规制志/城池：25。

③
[清]康熙《诸罗县志》卷五学校志/学宫：67-68。

④
[清]康熙《诸罗县志》卷一封域志/山川：8。

⑤
康熙四十三年（1704年）建北路营栅，在城内，驻兵480名。次年（1705年）建参将署、守备署，在北门内；建教场，在北门内、西门外各一处。四十六年（1707年）建诸福寺，在西门外。四十八年（1709年）建睢阳庙（元帅庙），在县署左。五十二年（1713年）建关帝庙，在县东北角。五十四年（1715年）建城隍庙，在县署左；建社稷坛、山川坛，在城外西南隅。五十五年（1716年）建邑厉坛，在城外北隅。五十六年（1717年）建天妃庙，在县署左。康熙四十年至五十一年（1701—1712年）陆续建县仓51间、社仓8间。[[清]康熙《诸罗县志》卷二规制志/衙署：27；仓廒：28-29；卷四祀典志/坛祭：61-64；卷七兵防志/水陆防汛：115-116；卷十二杂记志/寺庙：281-283）。

挺拔圆秀而特立者，曰大武峦山，则邑治之主山也"①。诸罗县的山水格局
遂由此展开（图3-4）：

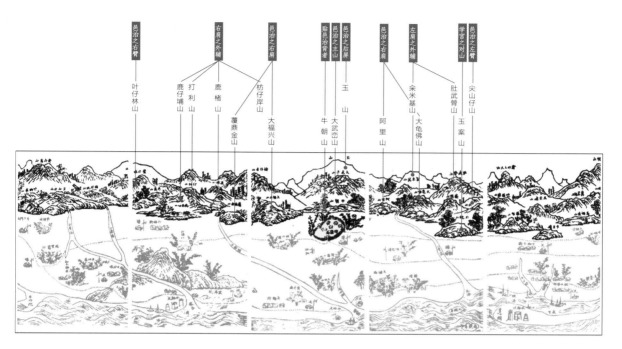

图3-4 康熙《诸罗县志》所绘县城山水形势

"……大武峦山则邑治之主山也。三峰并列，远护众山，奇幻莹澈，
高出大武峦之背者，为玉山，是邑主山之后屏（山终岁为云雾所封，见之日甚
鲜）。由大武峦逶迤而西，穿原隰二十里许，横岗如带，近贴邑治之背者，
为牛朝山。土刚面阳，西向作邑。其下山自右而旋左，蛇伏于草地，尾有小
山逆于水口（玉山之水，由此达于八掌溪），近依邑治，如锁钥焉。

其峙于东北者曰大福兴山（一名大目根）与覆鼎金山（方言谓"釜"为
"鼎"，山圆净如釜之覆，故名），同为邑治之右肩。又东而枋仔岸山（在玉山之
北）、鹿楮山（在大武峦之东北）、打利山（在鹿楮山之北）、鹿仔埔山（在打利
山之西南），则右肩之外辅也。其峙于东南者曰阿里山（山极辽阔，内社八：大
龟佛、唩啰婆、肚武膋、奇冷岸、籴米基、踏枋、鹿楮、干仔雾）与大龟佛山（在阿里
山之东南），同为邑治之左肩。又东而肚武膋山（在玉山之南）、籴米基山（在
大龟佛山之东北），则左肩之外辅也。

环邑四顾，诸山森立，如踞中高坐。旁执干羽列仗于两阶之下而敞其
前，自东而旋于北，为邑之右臂者，曰叶仔林山，与大武峦接。稍北为鼎盖
梁山……与鼎盖并峙者，为梅仔坑山。笋拔于梅仔坑山之北为奇冷岸山（山之

①
[清]康熙《诸罗县志》卷一封域
志/山川：6-17。

西有汉人耕种其中）。前而南为尖山仔山，山皆南面，若延仁以俟人之右顾。自东而折于南，回顾于北者，为邑之左臂，曰玉案山（旧名玉枕）。位踞离明，方幅苍翠，是学宫之对山也，横铺如青玉之案。玉案之后有火山（山在谷中，多石隙。泉涌，火出水中。）。……玉案之东北，巉岩陡绝，为嵌头山。……玉案之西南，以形名者为笔架山。……又西为半月岭（形如上弦之月，故名）。皆邑左之外障于南而回顾于北者也。"

这段文字采用典型的堪舆术语，建构起以诸罗县城为中心的大尺度山水格局——即以大武峦山为"主山"，以玉山为"后屏"，以大福兴山等为"右肩"，以阿里山等为"左肩"，以枋仔岸山等为"右肩之外辅"，以肚武膋山等为"左肩之外辅"，以叶仔林山为"右臂"，以玉案山为"左臂"，以牛朝山卸落平岗而西向作邑。在这段表述中，县城周围方圆约100里范围内的25处标志性山峦被识别、筛选、命名，并纳入一个带有特定人文意涵的山水空间结构之中。在此结构中，群山仿佛巨人张开双臂，左右环抱；县城则如踞中高坐，威严端庄。县城周边原本繁杂松散的山水要素，经过人为的梳理组织而建立起严整、清晰的空间秩序。此秩序的核心，正是诸罗县城。

这一城市山水格局的建构，显然是基于专业人员对县城周边大范围地形的详细勘察和梳理。修志者指出，"兹卷或躬亲游历，或遣使绘图，三复考订，乃登记载"[1]。看来，这一过程中不仅有实地勘察，还有专门的测量绘图和文献考订[2]。那么，这一格局建构于何时？修志者言，"右山川所纪，较《郡志》加详，亦多与《郡志》异……即如大武峦为县治主山……而《郡志》皆不载"[3]。由此可知，此山水格局应形成于台湾府志纂修之前，否则修志者无须诟病《郡志》未收录"诸邑主山"一事。这里提到的《郡志》指的是康熙五十一年（1712年）周元文版《重修台湾府志》。由此推测，前述山水格局或至少是其中的主要内容，应是在《重修台湾府志》修撰前已经形成并流传；这一时间甚至可上溯至康熙四十三年（1704年）县城选址规划之初（图3-5、图3-6）。

由于采用了大量堪舆术语，这段表述应该是先由地理先生总结凝练，再由地方官员修订认可，最后经过修志者的文字润饰而存录于官方档案之中，成为一种地方集体共识。此外，康熙《诸罗县志》中的这段山水格局表述，是清代台湾官方志书中首次运用堪舆术语对城市山水格局进行整体性的梳理与叙述[4]，它对后来台湾府县方志中同类内容的表述逻辑与体例产生了深刻影响。

①③
[清]康熙《诸罗县志》卷一封域志/山川：17。

②
康熙《诸罗县志》卷首"山川总图"分18版详绘县境内山川形势，另有4版详绘"山后形势"，对境内主要山脉、溪流、城市、庄社、塘汛等皆有描绘。

④
乾隆七年（1742年）《重修福建台湾府志》几乎完全继承了《诸罗县志》中的山川叙述。乾隆十二年（1747年）《重修台湾府志》在前志基础上仅增加了距离信息（[清]乾隆《重修福建台湾府志》卷三山川：56—61；[清]乾隆《重修台湾府志》卷一封域/山川：17—23）。

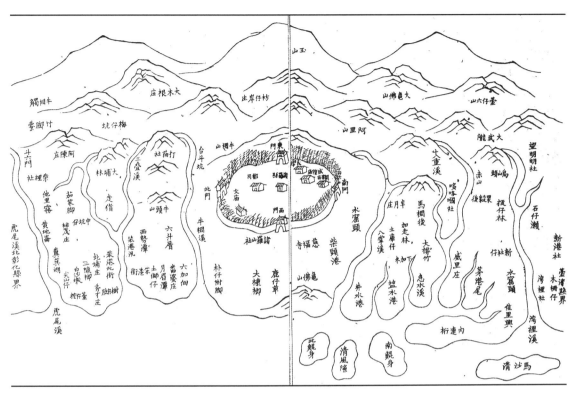

图3-5 乾隆《重修福建台湾府志》所绘诸罗县城山水形势

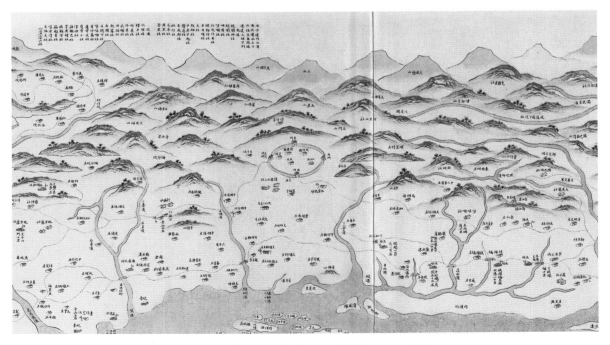

图3-6 《乾隆中叶台湾军备图》所绘诸罗县城山水形势

3. 山水格局的实际地形核查

将康熙《诸罗县志》记载的山水格局落位于现代地形图中，25座山峦中的大部分可以被识别。它们处于以县城为中心、半径约50里的空间范围内，呈现出中干清晰、左右两支微微聚拢环抱的总体形势（图3-7、图3-8）。

大尺度上（半径约50里范围），县城西侧山势由海拔1 800余米缓缓卸落至100米左右，并大致分为南、中、北三支向东延伸，微呈聚拢之势。中支即光仑山—大湖尖山—牛朝山一路，与《诸罗县志》中的"主山"一路基本相符。北支即梅山—叶子寮山—覆鼎金山一路，与《县志》中的"右肩—右臂"一路基本相符。南支即阿里山—头冻山—尖山仔山一路，与《县志》中的"左肩—左臂"一路基本相符。三个分支大约汇聚于以县城为中心、半径约15里的范围内。中支结束于海拔百余米的牛朝山，县城倚其西麓而建，正符合《县志》中所说的"土刚面阳，西向作邑"[1]。三支之间，汇为牛稠溪、八掌溪两条溪流，自东向西入海，为县城一带提供了丰沛的水源[2]。

中小尺度上（半径约15里范围），在牛朝山西麓的二溪夹围之间恰有一块三角形高地，比周围地势明显高出数米。诸罗县城即定基于此。并且，无论是早期的木栅城，还是后来的土城或砖石城，几乎都沿此高地边缘围筑，形如桃子，故诸罗（嘉义）县城又有"桃城"之称[3]。在此三角形高地与牛朝山之间，有一道宽约百米的土梁相连，至今还留有"龙过脉"的老地名，提示着地形之殊异和选址之巧思。

上述地形特征，想必在康熙二十三年（1684年）卜治诸罗山时已被规划者发现，并据此确定了县城的大致范围及朝向。待到康熙四十三年（1704年）奉文归治时，又对选址周围更大范围的山水环境进行了详细的勘察、命名和梳理，并建构起城市山水格局，相关表述收录于后来的官方志书中。

结合方志记载与实际地形来看，诸罗县城遵循着中国古代城市选址中"倚山""夹溪""踞高"的基本原则。背倚高山，旨在使城市总体处于安全而高爽的地形，以同时达到防御、防洪、宜建的目的。选择中干清晰、分支聚拢环拱的特定山形，除了实现心理上的居中保障外，更是为了追求二水夹流之势。这种水形不仅意味着更充沛的水源，也提示着二水之间有理想宜居的高地。

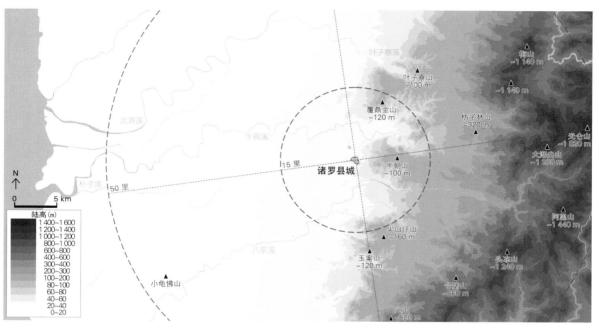

图3-7 诸罗县城山水地形（50里范围）

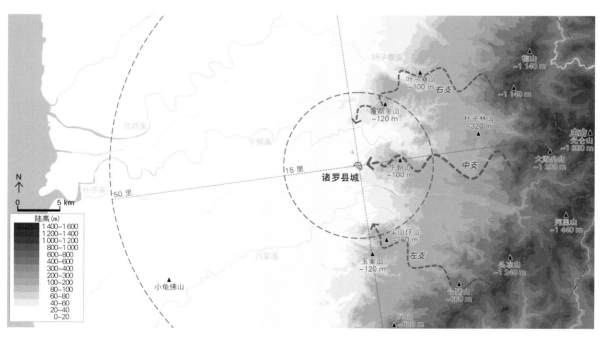

图3-8 康熙版诸罗县城山水格局在实际地形中的反映（50里范围）

对整体山水格局的认知，深刻影响着诸罗县城的择向与布局。县城中主要官方建筑如县署、参将署、守备署、仓廪、城隍庙等，多枕山面海，坐东向西。这种对当地自然山水秩序的遵循，又恰与朝向省城福州府的政治秩序不谋而合，为其朝向提供了更强有力的支撑，因此《诸罗县志》中特别强调"邑治负山面海，内拱神州而西向"也[①]。唯独学官以城南玉案山为对山，坐北而面南，符合学官的择向偏好[②]。

综上，诸罗县城的选址规划表现出典型的"山前模式"。它不仅在择向布局方面成为清廷治台前、中期山前滨海城市的代表，也在山水格局建构与表述方面成为后续同类城市仿效的典范（图3-9～图3-13）。

①
[清]康熙《诸罗县志》卷一封域志/山川：8。

②
详见孙诗萌《自然与道德：古代永州地区城市规划设计研究》2019：178-186。

图3-9　诸罗县城东门旧址（现为环岛）

图3-10　自诸罗县城东门东望牛朝山

图3-11　诸罗县城古迹导览

图3-12　诸罗县城隍庙碑文

图3-13　诸罗县城隍庙（吴凤北路东侧）

3.2.2 彰化县城：由武而文，百年建构

不同于诸罗县为开台初设之县，彰化县是在清廷治台的第40个年头从诸罗县地析出而置。彰化县城的前身是半线汛，曾是台湾府北路防线最北端的军事据点。县城则是在军事营寨的基础上逐步规划建设起来。

1．设县以前，半线营汛
彰化县城一带旧名"半线"，最早指平埔族的半线社[①]。明郑时期曾在此驻军，有营垒。清代沿用明郑故营设为"半线汛"[②]，地属诸罗县。

康熙二十三年至五十一年间（1684—1712年），半线一直是台湾府北路防线的终点。该汛驻防千总（正六品）1员、守兵170名，承担着半线以北400余里广袤土地的安防任务，战略地位颇为重要[③]。由于北路叛乱频发，康熙五十一年（1712年）将北路营守备（正五品）调至半线，并在半线至淡水之间增设7塘加强驻防[④]，使半线的军事地位进一步提升。

半线之所以被设为军事重镇，一方面是凭借其居于府城至淡水之"中"的区位优势；另一方面则与其独特的山水形势密切相关。半线东倚八卦山脉[⑤]，北临大肚溪。八卦山脉是一条东南—西北走向、绵延50余里、海拔高度100~400米的条状山脉。其北与大肚山对峙，发源于内山的大肚溪从二山之间穿流，向西入海。从全台地形来看，宽阔的嘉南平原在北部受到八卦山脉的压迫而逐渐收束。由此跨过大肚溪往北行，只剩山海夹迫之间的一条狭窄通道。大肚溪本身则是内山生番进入滨海平原的要道。因此，八卦山脉西北端靠近大肚溪的半线一带，正是同时扼控南北滨海通道和东西内山通道的战略要地（图2-20、图3-14）。

从局部地形来看，东南而来的八卦山脉行至大肚溪渐渐卸落，海拔高度从400余米降至100余米，山势微微转西。在其端头突起一座海拔80余米的小山，《诸罗县志》中称其"**孤峰秀出，曰寮望山**"[⑥]。踞此山之巅，近可瞰彰化平原，远可观大肚溪北，是一处视野开阔、高度适宜的天然军事瞭望台。枕此山之麓，地势高爽，平原沃野，且临近天然良港（鹿仔港），正乃安营立寨、戍兵屯田之佳处（图3-15）。

除驻军外，半线一带的平壤沃土也吸引汉民聚居垦拓。康熙三十五年（1696年）前后，半线一带仅有编户汉庄二甲[⑦]；至康熙五十六年（1717年）

① 《康熙中叶台湾舆图》中绘"半线社"于八卦山以东。《诸罗县志》卷首山川总图中绘"半线社"于八卦山以西。陈亮州《历史递嬗中的八卦山名》（2007）认为，该社位于今彰化市基督教医院旁彰山宫一带。

② [清]康熙《诸罗县志》卷七兵防志/水陆防汛：117。

③ 当时半线汛驻兵多于诸罗县其他汛塘，如佳里兴驻兵120名，目加溜湾驻兵100名，下茄冬驻兵85名，斗六门驻兵85名。

④ [清]康熙《诸罗县志》卷七兵防志/水陆防汛：115-117。

⑤ 康熙《诸罗县志》中统称八卦山脉为"大武郡山"。道光《彰化县志》载，"寮望山，俗名八卦山"（例言）；"望寮山，一名定军山，一名八卦山"（卷一山川）。寮望山、定军山、八卦山、八卦亭等皆指此山。

⑥ [清]康熙《诸罗县志》卷一封域志/山川：9。

⑦ [清]康熙《台湾府志》卷二规制志/保甲：39。清代十户为一甲。

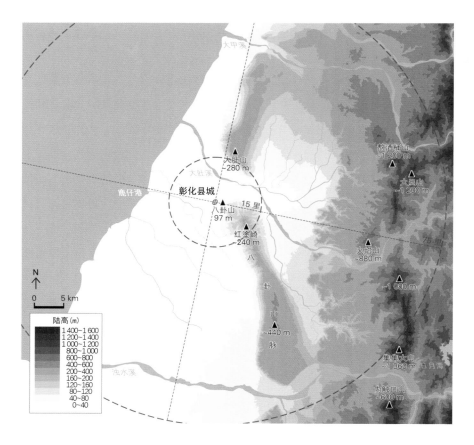

图3-14 彰化县城山水地形
（75里范围）

前后，已人口荟聚，形成街市，并设有传递公文的半线铺，贮存兵米民谷的半线庄仓、半线社仓，周边也出现了官方组织建设的陂塘、津渡等设施[①]。

2. 县城规划的三个阶段

台湾北路严峻的治安挑战以及彰化平原农耕渐盛、人口渐繁的人居条件，共同促成了雍正元年（1723年）彰化县的增置[②]。县治选址于半线地方，在原有的军事营寨基础上重新规划建设[③]。以雍正元年（1723年）设县、十二年（1734年）建竹城、嘉庆十四年（1809年）建土城（后改砖石城）为时间节点，彰化县城的规划建设过程可大致划分为三个阶段。

1）衙学散建，格局草创

第一个阶段自雍正元年设县至十二年建竹城之前（1723—1734年）。此期间县城内有官方设施的零星建设，也有街巷民居的自发生长，但由于未筑

①
[清]康熙《诸罗县志》卷二规制志/仓廒：29；坊里：30；街市：32；津渡：33；邮传：44。当时诸罗县北境共设11铺，大肚铺为最北一铺，半线铺次之。半线庄仓，以贮半线至竹堑兵米。

②
[清]道光《彰化县志》卷一封域志/建置沿革：2；《清世宗实录选辑》雍正元年八月八日：4。

③
[清]道光《彰化县志》卷二规制志/城池：35。

①
[清]道光《彰化县志》卷五祀典
志/寺观：156。观音亭即开化
寺，位于后来县署之右。该建筑
保留至今，为该县重要古迹。详
见图3-24。

②
[清]同治《淡水厅志》卷三建置
志/廨署：51。

③
[清]道光《彰化县志》卷四学校
志/学宫：113。

④
[清]道光《彰化县志》卷二规制
志/官署：37。

⑤
[清]道光《彰化县志》卷三官秩
志/列传：100。

⑥
[清]道光《彰化县志》卷二规制
志/城池：36。

⑦
[清]乾隆《重修福建台湾府志》
卷五城池：77。

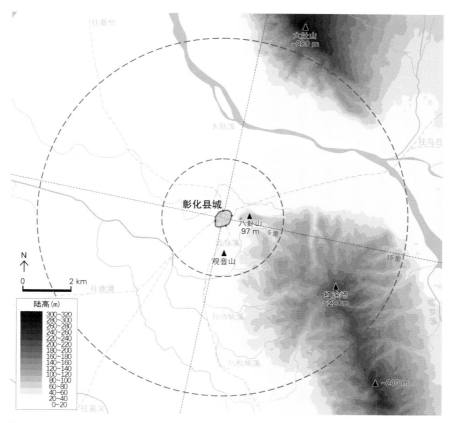

图3-15　彰化县城山水地形（15里范围）

城垣，县城的整体规划不甚清晰。雍正二年（1724年），知县谈经正于城中心创建了第一座官方建筑观音亭，南向①。同年，淡水同知王汧于县城南街创建淡水公馆②。雍正四年（1726年），知县张镐于县城东门内创建学宫，南向③。雍正六年（1728年），知县汤启声于观音亭左创建县署，南向④。不过，从县署定基于城中丁字街正北、学宫先于县署建设但选址于其东南方位来看，设县之初应该已经存在对县城整体空间布局的初步规划。

2）度地划界，创建竹城

第二个阶段自雍正十二年创建竹城至嘉庆十四年改建土城之前（1734—1809年）。由于彰化周边屡发番社变乱、围困县城之事，雍正十二年（1734年）知县秦士望以"邑无城池，难资保障"为由，"相度形势"，创建竹城⑤。他仿效诸罗县筑竹城之法，"于街巷外遍植莉竹为城"，其外再"环凿深沟，以为城濠"⑥。竹城周围779丈⑦，开东、西、南、北四门。筑城的同时，秦士望还在县城南门内重修关帝庙，在东门内创建城隍庙，在西门外造渡桥以利行人，在东门外创建养济院收养麻风残疾之人[①]。通过此次规划，县城的空间边界确定下来，城内外的行政、文教、防御、交通、祭祀、救济等基本设施也初步建立起来。

此后，县城内外的规划建设在竹城框架下日益充实。乾隆三年（1738年），北路副将靳光瀚于协镇署后创建天后圣母庙[②]。乾隆十年（1745年），淡水同知曾日瑛于县文庙左创建白沙书院[③]。乾隆二十四年（1759年），知县张世珍扩建文庙，开凿泮池，增建教谕署、训导署[④]。此后，又陆续于城西建威惠王庙，于城西北建定光庵，于城东建岳帝庙，于东门外建留养局，于北门外建邑厉坛[⑤]等。乾隆五十一年（1786年）、六十年（1795年）相继发生林爽文之乱、陈周全之乱，彰化竹城遭到严重破坏。嘉庆二年（1797年），知县胡应魁重修竹城，"仍依故址栽植莿竹"，并于四门增建城楼[⑥]（图3-16）。

3）改筑砖城，重塑格局

第三个阶段即嘉庆十四年（1809年）规划土城以后。乾隆晚期彰化竹城屡遭毁坏，不足捍卫。故至嘉庆年间，当地士绅已产生了改建土城的想法，并聘请地理先生进行规划。地理先生审度地势，指出彰化山水形势的特

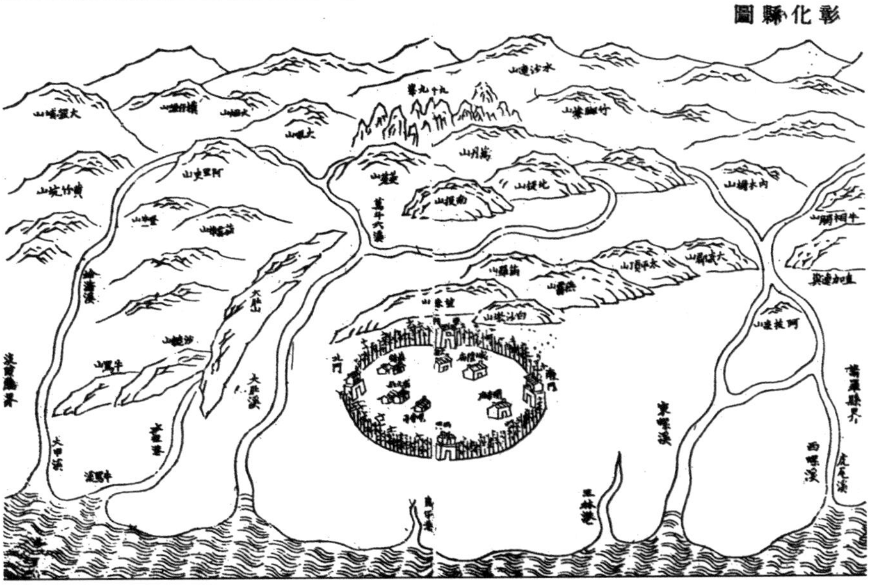

①
[清]道光《彰化县志》卷二规制志/养济：61；卷三官秩志/列传：100；卷五祀典志/祠庙：153-155；卷十二艺文志：451-452。

②
[清]道光《彰化县志》卷五祀典志/祠庙：154。

③
[清]道光《彰化县志》卷四学校志/书院：143。

④
[清]道光《彰化县志》卷四学校志/学宫：113-114。

⑤
[清]道光《彰化县志》卷二规制志/官署：37；养济：62；卷五祀典志/祠庙：155；寺观：157。

⑥
[清]道光《彰化县志》卷二规制志/城池：36。

图3-16 乾隆《重修台湾府志》所绘彰化县城山水形势

①
[清]汪楠.请建彰化城垣批回札//
[清]道光《彰化县志》卷十二艺
文：398-399。

②
[清]方维甸.请捐筑彰化县城垣并
建仓疏//[清]道光《彰化县志》
卷十二艺文：396-397。

③
[清]道光《彰化县志》卷三官秩
志/文秩：79。

④
[清]道光《彰化县志》卷二规制
志/城池：36。

⑤
[清]王绍兰.彰化县城碑记//[清]
道光《彰化县志》卷十二艺文：
445-446。

点为"露足送迎，无甚起伏，酷肖出土蜈蚣"，如欲建城，"当取蜈蚣守珠之势，将八卦山概围入城"，以防止奸宄占据高处而窥伺城中。方案固然理想，但围山入城不仅工费浩繁，也难骤成。地方士绅经过合议，提出了退而求其次的第二方案，即于八卦山高处建造炮台，再将竹城向东扩展而与炮台相连。其方案指出，"以城式而窥之，若葫芦高悬以吸露；就地形而度之，似蜈蚣展须以照珠"，如此使"山顶与山麓声势联络"，并可居高四顾，掌控全局①。此方案中，规划城垣总长为1 028丈。嘉庆十四年（1809年）趁闽浙总督方维甸巡台之际，以王松、林文濬为首的彰化士绅正式呈送了以上方案及图纸，请捐建土城（图3-17）。

总督方维甸于是率同总兵武隆阿等赴彰化县"登山亲勘"。他认为士绅所提的方案"尚属扼据形势"，故于嘉庆十五年（1810年）四月据情入奏，寻获朝廷批准②。嘉庆十六年（1811年），彰化县筑城工程兴工，由知县杨桂森主持③，由地方绅民共同出资，四年后（1815年）告成。建成的彰化城垣周围922丈有余，防御设施齐备④。其规模是雍正十二年（1734年）竹城的1.2倍，但并没有延伸至八卦山顶。八卦山顶上单独增建了炮台，名为"定军山寨"，与县城成"椅角之势"⑤（图3-18、图3-19）。定军山寨周围60

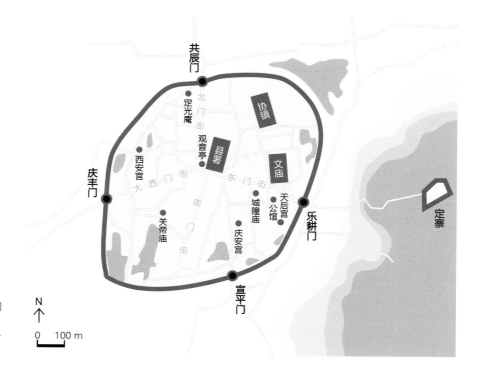

图3-17　清代彰化县城空间
复原示意
（据彰化县文化局，2004:3-
15/16改绘）

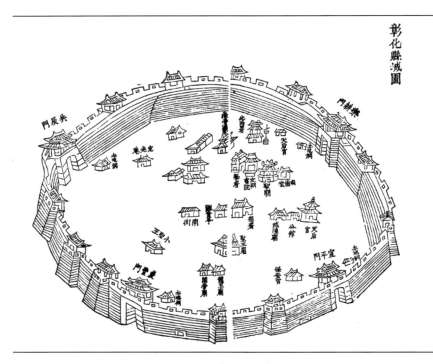

图3-18 道光《彰化县志》县城图

图3-19 道光《彰化县志》"定寨望洋"图

①②
[清]道光《彰化县志》卷二规制
志/城池：36-37。

③④
[清]康熙《诸罗县志》卷一封域
志/山川：8-9。

⑤
[清]乾隆《重修福建台湾府志》
卷三山川：61-62。

丈，雉堞、炮台、水洞、门楼等齐备，并挖外濠内沟以固防御①。最终建成城垣的形态和材质均较报批方案发生了变化，是因为在建设过程中遇到了较大的技术挑战。知县杨桂森在与地方绅民商议后，放弃了原先"围山筑城"的方案，并将土城改为砖石城②。

本轮城市规划中，先有地方士绅倡议修建土城，并委托地理先生提出规划方案，绘制图纸，呈送官府；后有省、府两级官员在此基础上亲履查勘，调整规划，并落实建设。道光《彰化县志》"城池"篇中明确引用了"葫芦吸露""蜈蚣照珠"等表述，说明地理先生的规划方案获得了上至省府、下至绅民的广泛共识。这版规划不仅为此后百余年间彰化县城的发展奠定了空间结构，也明确了其总体城市山水格局。

3．山—城关系的三个阶段

与彰化县城规划建设的三个阶段相呼应，人们对县城所处山水环境的认知和山水格局建构也大致经历了三个阶段的变化。

1）军事瞭望，认知有限

第一个阶段即雍正十二年（1734年）创建竹城之前。八卦山一直被称作"瞭望山"，反映出其突出的军事功能性。康熙五十六年（1717年）《诸罗县志》曾记载，"大武郡以北广漠平沙，孤峰秀出者，曰瞭望山"③。当时的半线汛正是利用此"孤峰秀出者"作为天然军事瞭望台，并在其山麓地带建立营盘（图3-20）。雍正元年（1723年）设县后，瞭望山对于县城的军事属性仍未改变。

这一时期人们对县城周边山水环境的了解非常有限：如康熙《诸罗县志》中所载后来位于彰化县境的山峦仅有17座④，而彰化设县后，乾隆七年（1742年）《重修福建台湾府志》中记载的彰化县境山峦仅比25年前的《诸罗县志》增加了1座⑤。并且，这些山峦的命名大部分来自附近番社名，较少反映山峦本身的形态、方位等地理特征。这说明彰化设县后尚未对县境内的山川地形开展过详细的实地调查。

2）八卦亭山，功能转变

第二个阶段即雍正十二年创建竹城至嘉庆十四年规划土城之前（1734—

图3-20 康熙《诸罗县志》所绘"寮望山"一带景象

1809年）。作为竹城规划的必要步骤，规划者对县城周边的山水形势进行了详细勘察，并初步梳理其山水格局。在乾隆七年（1742年）《重修福建台湾府志》"山川"篇中，所记载彰化县境的山川数量虽然较前志变化不大，但出现了关于县城与特定山水要素之空间关联的表述，如"大武郡山……横亘二十余里，结（彰化）县治""大肚山，与寮望山对峙……护彰化县治"等[①]。这些山水要素并不局限于寮望山周边的三五里范围，而涉及方圆几十里的更广阔范围。虽然这些只言片语尚不足以支撑起一个完整的山水格局，但它们透露出人们对于县城与其山水环境关系的理解和需求开始发生变化。

这种变化还反映在寮望山上的建设及其名称变化上。大约在竹城创建的同时，在寮望山之巅建起了一座纪念平定大甲社番乱的"镇番亭"。这座亭显然是作为县城的"镇亭"而建，被赋予了镇守地方平安之意。亭所在的寮望山也就自然被视为县城之"镇山"，被纳入当时所认知的城市山水格局中。大概是因为这一做法出自地理先生之手且带有明显的堪舆意味，至迟在乾隆中叶，彰化坊间开始改称"寮望山"为"八卦亭山"，后又简化为"八卦山"[②]。由此推断，雍正十二年（1734年）知县秦士望规划竹城时很可能已经委托地理先生对城城周围的山川地形进行了考察和梳理，并提出了以寮

①
[清]乾隆《重修福建台湾府志》卷三山川：61-62。

②
参考陈亮州《历史递嬗中的八卦山名》2007。

①
[清]道光《彰化县志》卷一封域志/山川：7-8。康熙《诸罗县志》中记载同一空间范围内的山峦共17座，乾隆七年（1742年）《重修福建台湾府志》为18座，乾隆十二年（1747年）《重修台湾府志》为27座，乾隆二十七年（1762年）《续修台湾府志》为47座。道光《彰化县志》所载山川数量较前志大幅增加，说明当时开展了更大范围的地形勘察工作。

望山为县城"镇山"、以镇番亭为"镇亭"，从而象征性地镇守地方平安的方案。镇山、镇亭的说法没有在官方记录中大肆宣扬，但其本质却被民间敏锐地捕捉，从而使"八卦山"之名传播开来。

从"寮望山"到"八卦山"的名称转变，反映出山对于城的意义从军事寮望的单一功能，转向了兼顾防御、文化、景观的综合功能。"八卦山"人文意涵的核心是保一方平安，其中包含着对地方长治久安的向往和对百姓生活福祉的寄托，已不同于早前单纯的军事防御功能。促成这一转变的原因，既有县城人口汇聚、经济发展的普遍需求，也有城市规划和山水格局建构的专业引导，其中离不开地方官员和地理先生的共同努力。

3）山水格局，全面建构

第三个阶段即嘉庆十四年（1809年）规划土城以后。彰化地方士绅在筹备土城规划时，专门聘请地理先生对县城周边的大尺度山水地形进行了详细考察，并梳理其脉络，总结其特色，建构其格局。两年后官方进行正式规划时，又对周边地形进行了详细勘察，并调整和确定了城市山水格局，最终通过官方志书中的完整文字表述形成集体共识。

嘉庆年间建构的这版县城山水格局，完整地记录于道光十二年（1832年）《彰化县志》中。有以下三个突出特点。

第一，从以县城为中心、半径约75里的空间范围内挑选出若干标志性山川，建构起一个"祖山—少祖山—父母山—主山"齐备、主干脉络清晰的大尺度山水格局（图3-21、图3-22）。道光《彰化县志》"山川"节中记载了县城方圆百里范围内大小82座山峦，并对它们的地理特征、空间关系、脉络格局等进行了详细描述[①]。正是在如此广泛的地形勘察基础上，规划者从中提取出"大乌山（祖山）—集集大山（少祖山）—红涂崎（父母山）—八卦亭山（主山）"的来龙主干，并将山—城关系凝练为"葫芦吸露""蜈蚣照珠"模式，为城市的选址规划提供了依据。据《彰化县志》载：

"（彰化）邑治负山面海，拱神州而西向。丛于东而发轫于北，延袤于南。全郡绵亘千有余里，而彰化适居其中。……自大迤山以南，山势渐趋入内，烟霏雾结，峰峦莫数，奔腾而南下者三百余里，乃特起大山，独立空际，如鹤立鸡群一样。以其高大而郁然，名之曰大乌山，是邑之祖山也。……由大乌山分脉南下，则从福骨、万雾二社、斗截等山逶迤曲折至水里社，乃

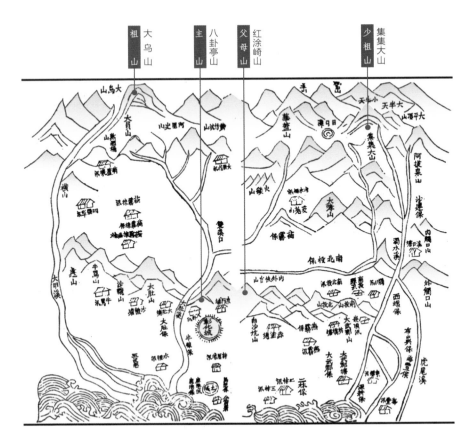

图3-21　道光《彰化县志》
所绘县城山水形势

起高峰，旋转而行，至集集大山，圆秀特立，则邑治之少祖山也。……由集
集大山出脉，诸山联络，向西狂奔，在浊水溪之北，势若万马奔驰，不可羁
勒。至浊水庄后，穿洋过峡，约十里开平。……自过平至松柏坑，屈尺址，
乃起峰峦，别抽一枝南下，以塞水口（俗称外触口）。其大干则由南逆北，
旋起旋伏，上皆平坦，可垦为园。……中干向北而行，两旁分支下垂。统大
势观之，恍如蜈蚣一样（或谓瓜藤龙）。自牛港岭至同安寮，上俱开平。至
米粉寮山，细束蜂腰而过，陡起二坪，转落鹤膝，乃起大坪，曰红涂崎（俗
呼跌死猿，奇险可畏），即四方大土屏也。彰化诸山，分脉皆从此出，是邑
治之父母山也。由红涂崎山分支……至八卦亭山而止，则邑治之主山也。
（《诸志》云：高峰秀出者曰望寮山……即今之八卦亭山，一名定军山，距
县城东门不过数百武也）。"[①]

　　第二，在上述范围中，重点将红涂崎（父母山）至八卦山（主山）之间
约15里范围的山川脉络梳理清楚，论证县城落脉问题（图3-23）。《彰化县

①
[清]道光《彰化县志》卷一封域
志/山川：7-8。

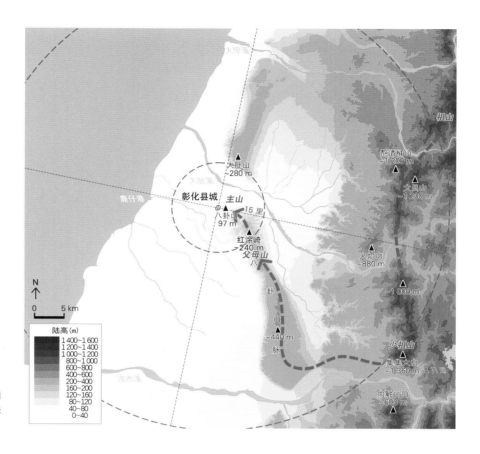

图3-22　嘉庆版彰化县城山水格局在实际地形中的反映（75里范围）

①
[清]道光《彰化县志》卷一封域志/山川：7-8。

②
[清]道光《彰化县志》卷一封域志/山川：11。

志》"山川"节中明确记载了这一空间范围内的29座山峦，并依据其空间关系梳理出自红涂崎发脉的八个分支。这些分支形如八卦，或许是八卦山得名的另一来由。在这"开平列帐"的八个分支中，八卦亭山一支最为绵长——这成为县城最终选址落脉于八卦山西麓的重要依据。据《彰化县志》载：

"由红涂崎山分支：向东北去者……其分支向西北者，至乌头坑山又分为二：其一自北逆折而南……开屏列帐。复从东出西者……乃顿土屏。自是而出者……由姜仔寮山分支向南者……由乌头坑山分支北行者……又转西而南者……此皆邑治之护卫也。而观音山蔚然秀拔，以作学宫之朝拱。其由草子山向北而行，至十六份山，门屏束峡，自市仔尾转北面南，至八卦亭山而止，则邑治之主山也。"①

　　第三，在以县城为中心、半径约5里的主山格局范围内，明确了以县南3里之观音山为邑治之"朝山"②、学宫之"朝拱"，为城中主要官方设施的择向布局提供了依据（图3-23）。

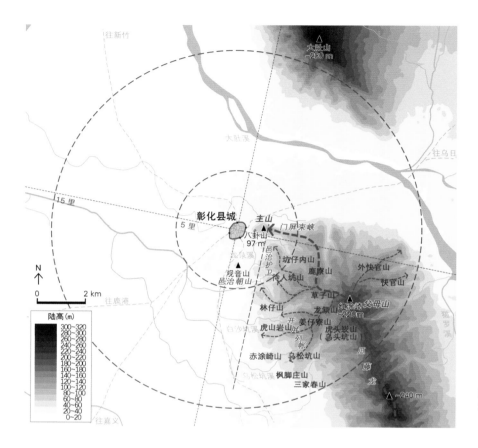

图3-23　嘉庆版彰化县城山水格局在实际地形中的反映（15里范围）

4．山水格局的实际地形核查

将嘉庆年间建构的城市山水格局落位于现代地形图中，大部分标志性山峦可被识别，其脉络关系颇为清晰。

大尺度上，"祖山"大乌山位于彰化县城东北约100里，海拔高度2 000余米。"少祖山"集集大山位于县城东南约75里，海拔高度1 360余米。"父母山"红涂崎位于县城东南约15里，海拔高度240余米。"主山"八卦山位于县城以东2～3里，海拔高度约85米。这一来龙格局将以县城为中心、半径约75里范围内的山川走势梳理出来，为县城的选址落脉提供了依据（图3-22）。

中尺度上，嘉庆年间山水地形勘察的重点和山水格局建构的重心，都在红涂崎至八卦山之间半径约15里的空间范围内。规划者基于对发脉于红涂崎的八个分支的识别与比较，判定了由草子山向北转西、至八卦亭山而止的一支为县城来龙正脉。从实际地形来看，这一支较其他分支更为绵长，也明显

①
[清]道光《彰化县志》卷一封域
志/形胜：19。

②
城内主要官方建筑如县署、典史
署、北路副将署、都司署等，皆
为南向（[清]道光《彰化县志》
卷二规制志/官署：37-38）。

更为突出。这意味着其西麓坡地更为开阔平缓，县城选址于此不易受到其他分支的遮挡。发散的分支之间形成多股山涧，汇为溪流，为县城及其周围的广阔农田提供了水源。

小尺度上，观音山位于县城以南3里偏西，海拔高度40余米。从实际地形来看，县署主轴朝南而偏西，与观音山方向基本吻合。文庙主轴朝南而偏东，也与观音山方向基本吻合。"朝山"或"朝拱"或为虚指，并不精确。不过，细察县署主轴与15里范围内八卦山形的关系，则发现其顺应了八卦山西缘向东北—西南方向微微倾斜的整体走势，以避开遮挡追求更好的朝向。《彰化县志》言其朝对观音山，或许只是为这一择向偏转寻找一个更显见且易于接受的理据罢了。

就城市选址而言，彰化县城同样遵循着中国古代城市选址"倚山""夹水""踞高"的基本原则。大尺度上，县城依托于西北—东南走向、绵延50余里的八卦山脉；中小尺度上，县城倚靠该山脉西北端头、海拔近百米的小山。县城选址于该山西麓海拔20～40米的平缓坡地上，俯瞰西侧彰化平原及海口。县城南、北各有发源于八卦山两侧的两条溪流夹围，中间地势高爽，视野开阔。县城规划布局总体上遵循着"背山面海"模式：《彰化县志》称其"揖鲸海而枕狮山"①，可知县城的心理格局是坐东向西的；但其实际朝向是坐北朝南②，主轴线又随地形走向而略偏西，以避开八卦山的遮挡而追求更开阔的视野。

就城市山水格局建构而言，虽然其选址在设县之初已基本确立，但山水格局的建构却经历了近百年的酝酿。城址继承自北路营盘，最初主要是基于军事防御考虑。至雍正十二年（1734年）创建竹城之际，作为城市规划的必要步骤而开始梳理周边山水形势，于是形成特定山水要素"结县治""护县治"的认识，并建立起以八卦山为"镇山"、以镇番亭为"镇亭"的初步格局。再到嘉庆年间规划土城时，才对县境内山川地形进行了全面而详细的勘察和梳理，并建立起一个主干清晰、结构完整的城市山水格局。

建构这一格局的目的之一，是为城市的选址落位、主要官方建筑的择向布局提供依据。它反映出，此时的彰化县城已经摆脱了军事据点的单一属性，成为一方之政治、经济、文化中心，因此在满足基本功能之外，这座城市还需要复合的人文意涵。彰化县城之所以在其建置90余年后才形成这版完整清晰且多方共识的城市山水格局，一方面，是因为基础性的大范围地形勘察需要一定的人口财赋支持（设县之初尚不具备此条件）；另一方面，则是因为城市发展到一定阶段后，出现了更高级、更复合的精神文化需求。人们希望城市的后续规划建设能更加符合自然山水秩序，以获得自然伟力的庇护；也希望通过一个共识性的空间格局，获得地方社会中更多群体的支持与资助（图3-24～图3-28）。

图3-24 彰化县城中心观音亭（开化寺）

图3-25 彰化县城南门（宣平门）旧址

图3-26 自彰化县城东门街（中华路）西望八卦山

图3-27 自八卦山顶俯瞰彰化县城

图3-28 彰化县文庙（东门街北侧）

3.2.3　淡水厅城：官民共塑，格局渐成

①
[清]郁永河《裨海纪游》卷中。

②
[清]康熙《诸罗县志》卷七兵防
志/水陆防汛：115—118。

③
[清]同治《淡水厅志》卷八职官
表/官制：203。

④
[清]乾隆《重修福建台湾府志》
卷十兵志：315—325；[清]乾隆
《续修台湾府志》卷9武备/营
制：369。

淡水厅虽与彰化县同期建置，但其地起初比半线更为荒凉。康熙三十六年（1697年），渡台开采硫矿的郁永河曾这样记述半线以北的景象："至今大肚、牛骂、大甲、竹堑诸社，林莽荒秽，不见一人。"^①从同时代的《康熙中叶台湾舆图》来看，后来成为淡水厅治的竹堑一带，当时仅有番社若干，尚无汉庄（图3-29）。直到康熙五十一年（1712年）半线以北增设七塘，竹堑一带始有驻军^②。雍正元年（1723年），台湾府北路增设淡水同知，负责"稽查北路，监督彰化捕务"，初驻彰化县城。雍正九年（1731年）为进一步加强北路治安管控，划大甲溪以北刑名、钱谷"专归淡水同知管理"，并移驻竹堑^③。竹堑由此开启了作为县级政区治所的历史——雍正九年至同治十三年间（1731—1874年）为淡水厅治，历144年；光绪元年至二十一年间（1875—1895年）为新竹县治，历21年。淡水厅城（后新竹县城）即在此100余年间逐步规划建设起来。

1. 依托汉庄，创建竹城

雍正九年（1731年）淡水厅治移驻竹堑后，并未立即规划建设县城。两年后（1733年）北路增兵，于竹堑驻北路右营守备（正五品）1员、千把总3员、守兵500名^④，使竹堑的防御条件有所加强，厅城的规划建设这才拉开

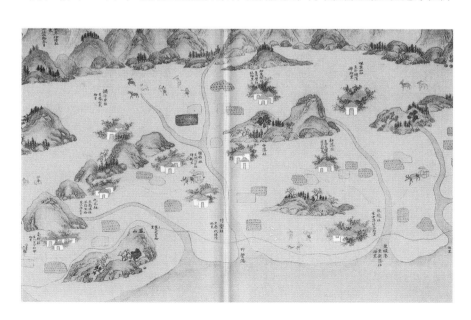

图3-29　《康熙中叶台湾舆图》所绘"竹堑"一带景象

序幕。这里反映出县、营之间相互依存的密切关系，正如诸罗知县周钟瑄所言："置营不置县，则民无以立；置县不置营，则县无以立。县官者，所以鑢□衔绺乎斯民，使不至于为乱；置营者，所以坐镇而折柴骜之气、落宵小之胆，使其自不敢为乱者也。"①

此时的竹堑一带，已有汉民聚居和农田开垦，对厅城的选址产生了深刻影响。在康熙五十年（1711年）前后，福建同安人王世杰率众入垦竹堑，从后来淡水厅城东门大街、暗仔街一带开始逐渐向西北海边开垦②。至雍正十一年（1733年）规划厅城时，暗仔街、太爷街以北已开垦为农田，并开凿有隆恩圳等水圳③。厅城于是选址于既有的汉人街庄以南更高爽、开阔的空地。

淡水同知徐治民主持了厅城的初始规划，确定厅城规模为"周围四百四十丈"，并划定城基，"环植莿竹，设东西南北四门，俱建门楼"④。他还主导了城中主要官方建筑的布局：厅署选址于城中地势最高处，坐东向西⑤；守备署选址于城内偏东；较场设于南门外等。此后几十年间，厅城内外又陆续建设关帝庙（在东门内）、社稷坛、风云雷雨山川坛（在东门外）、天后庙（在北门外）、巡检署、仓廒、监仓、城隍庙、淡水公馆、明志书院（西门内）等⑥（图3-30）。

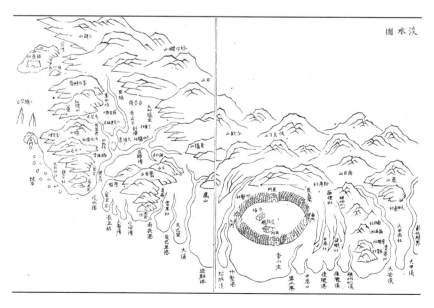

图3-30 乾隆《重修福建台湾府志》所绘淡水厅城山水形势

① [清]康熙《诸罗县志》卷七兵防志：120-121。

② 李正萍《从竹堑到新竹：一个行政、军事、商业中心的空间发展》1991：8-9；[清]光绪《新竹县采访册》卷三水利：143。

③ 嘉庆年间民筑土围的北半部城濠就是依托隆恩圳开凿。

④ [清]同治《淡水厅志》卷三建置志/城池：43；[清]乾隆《重修福建台湾府志》卷五城池：77。

⑤ 关于淡水厅署的始建时间，乾隆《重修福建台湾府志》（卷十二公署：344）、乾隆《重修台湾府志》（卷二规制/公署：64）、道光《淡水厅志稿》（卷二/公署：76）三者说法不一。笔者认为，既然厅署位于厅城的中心，且占据全城地势最高处，若非徐治民于雍正十一年（1733年）规划竹城之初即选定此址，则几十年后难得此中心高地。或许规划竹城时先确定了厅署位置及范围，并草创间架临时办公，待到乾隆七年（1742年）才按照厅署规制扩建。

⑥ [清]乾隆《重修福建台湾府志》卷九典礼/祠祀附：313-314；[清]乾隆《续修台湾府志》卷二规制：68-69、卷七典礼/祠祀：334；[清]道光《淡水厅志稿》卷二/学校：80；祠庙：90-91；[清]同治《淡水厅志》卷三建置志/公署：53；[清]夏瑚. 淡水公馆记（乾隆二十八年）//[清]同治《淡水厅志》卷十五文征：374。

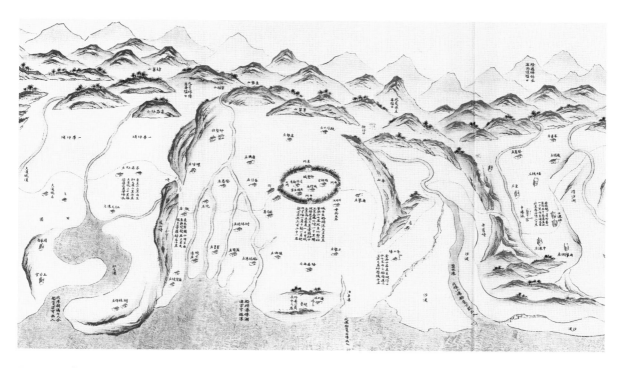

图3-31 《乾隆中叶台湾军
备图》所绘淡水厅城山水形势

雍正年间创建竹城时是否已经有初步的山水格局建构？《台湾府志》
和《淡水厅志》中语焉不详[1]。但从乾隆七年（1742年）《重修福建台湾府
志》中的"小凤山……为竹堑右臂"之语来看，规划者似乎已对周围山水要
素有所考察，并形成厅城背山面海的朝向概念。《乾隆中叶台湾军备图》中
的淡水厅城段落，更清晰地描绘出一个枕山面海、左右环抱的城市山水格局
（图3-31）。相比于实际地形，这一格局略显夸张，是经过人工修饰和刻意
表现的产物。但上述证据都表明，雍正十一年（1733年）规划时已经形成了
有关厅城山水形势的认知，明确了背山面海、坐东向西的总体朝向，只是尚
未落实于更完整的文字表述。

2．官民共画，增筑砖城

创建竹城后，厅城内的官民建筑日渐充实。嘉庆十一年（1806年），淡
水厅民众为防海盗自发筑起土围自保。六年后（1812年），淡水同知查廷华
又将土城"加高镶宽"，并植竹、开沟，阔三丈余[2]；设东、西、南、北四木
栅门，原竹城的四座城门楼保留不动[3]。这一官民相继建设的土城周围1 400
余丈，较竹城扩大了两倍多。至道光初年，厅城虽有竹、土两道城垣，但经
年日久，不甚坚固。于是道光六年（1826年）值闽浙总督孙尔准巡台之际，

---

[1]
主要因为林爽文一乱，案卷
全失。

[2]
[清]同治《淡水厅志》卷三建置
志/城池：43。

[3]
[清]道光《淡水厅志稿》卷二/城
池：66。

图3-32 淡水厅城迎曦门遗存

淡水同知李慎彝携绅耆郑用锡、林国华等，奏请"改建城垣，以资捍御"①。

申请获批，遂开展新一轮城市规划。第一步即是勘察地形，划定城基。同知李慎彝"随带弓手、绘匠查勘竹堑地势，就应建城基处所丈量周围"②。时任台湾道孔昭虔也"亲临履勘，度定基础"③。考虑到原有竹城规模太小、土城又太大，于是重新勘定新城的规模、基址，"乃拆毁内外，更定周围四里，计八百六十丈"④；并建四门城楼，东曰迎曦门，西曰挹爽门，南曰歌薰门，北曰拱辰门。迎曦门今仍保存完好（图3-32）。整个工程于道光七年（1827年）六月兴工，九年（1829年）八月报竣，由官民共同捐建⑤。

事实上在官方开展规划之前，淡水厅士绅郑用锡等已聘请专业人士进行了初步规划，"就其旧规，增其式廓，绘图踏界，划限插标"⑥，并配图说，奏请于厅、府、道、督。只是，这版民间规划究竟在多大程度上影响了后来的官方规划，今天已无从得知（图3-33～图3-35）。

3．地师参与，格局重塑

除了道厅官员、地方士绅外，道光年间的这次厅城规划还有地理先生的参与。他们至少梳理出以厅城为中心、半径约50里范围内的52座标志性山川⑦，并采用典型的堪舆术语和范式建构起一个庞大的城市山水格局，为城市选址的正义性提供依据（图3-36、图3-37）。

①②
福建布政使司札淡水厅（道光七年三月十六日）//[清]《淡水厅筑城案卷》：7-10。

③
[清]道光《淡水厅志稿》卷二/城池：66-67；[清]孔昭虔.分巡台澎兵备道札淡防厅（道光七年三月十二日）//[清]《淡水厅筑城案卷》：6-7。李慎彝，道光六年至九年（1826—1829年）任同知（[清]同治《淡水厅志》卷八职官/文职：211）。

④
[清]同治《淡水厅志》卷三建置志/城池：44。

⑤
此后道光二十二年（1842年），同知曹谨为防洋事，与绅民筹依旧址加筑土围，为厅城外蔽，周围1 495丈，官民士商捐建。先建四门城楼，又建小门四，共计八门。城外植竹开沟，一如旧制（[清]同治《淡水厅志》卷三建置志/城池：44-45）。

⑥
[清]郑用锡等.郑用锡、林平侯等呈（道光六年十一月十四日）//[清]《淡水厅筑城案卷》：1-3。[清]李慎彝.署北路淡水同知禀（道光七年三月初九日）//[清]《淡水厅筑城案卷》：4-6。

⑦
该志所载山峦数量比乾隆七年（1742年）《重修福建台湾府志》中所载同一范围内的山峦数量增加了3倍余，并且详细记述了诸山的形态特征、位置关系及空间走向。

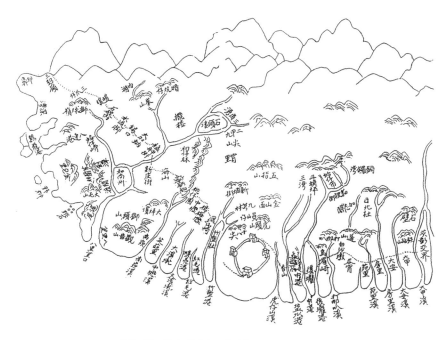

图3-33　道光《淡水厅志稿》所绘厅城山水形势

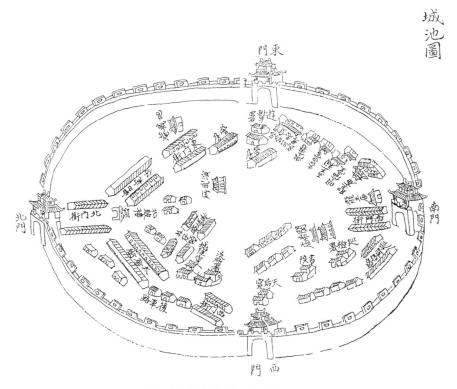

图3-34　道光《淡水厅志稿》厅城图

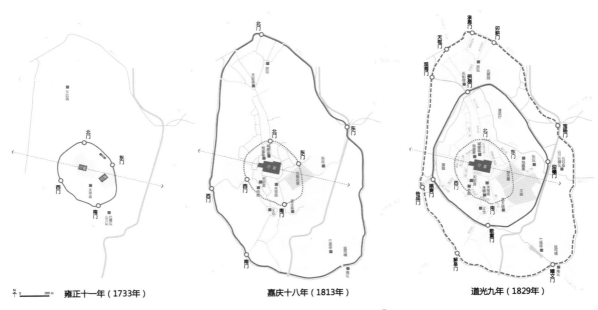

北门 东门 西门 南门 雍正十一年（1733年）

嘉庆十八年（1813年）

道光九年（1829年）

图3-35 清代淡水厅城空间变迁示意[1]

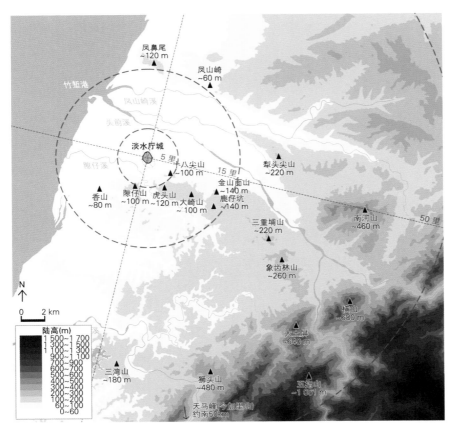

图3-36 淡水厅城山水地形（50里范围）

① 笔者参考李正萍《从竹堑到新竹：一个行政、军事、商业中心的空间发展》（1991：23）、黄兰翔《清代台湾"新竹城"城墙之兴筑》（1990年）等绘制。李正萍以《1904年新竹城图》为底对清末新竹县城形态进行了复原；黄兰翔对雍正十一年（1733年）竹城、嘉庆十八年（1813年）土城、道光七年（1827年）石城的形态做了分别复原。但李正萍、黄兰翔对土城城门位置持不同观点。

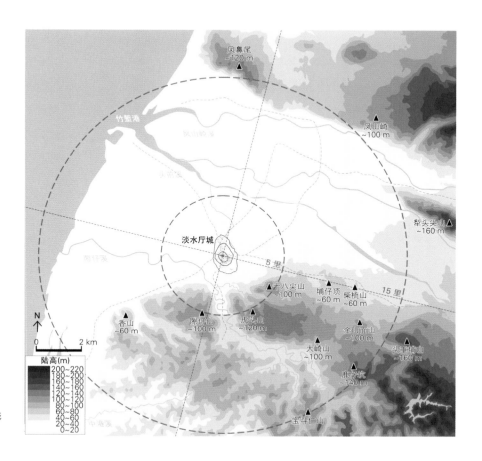

图3-37 淡水厅城山水地形
（15里范围）

据道光《淡水厅志稿》记载："五指山，为厅治之祖山。其山秀削苍翠，排列回顾，去厅治可三十余里。山势自中港山后突起天马峰，高耸挺拔（在厅治南，两峰相骈，头高尾低，形家谓之'天马峰'，与五指山皆在圣庙案前），折西北而来，擘干分支，森罗护卫。卫于北者为横山，又北为南河山，厅治之右肩也。卫于南者为狮头山，又南为三湾山，厅治之左肩也。五指第三峰低伏过峡，遥望若缕，缭绕纡徐，俄起土屏，横亘约五、六里。其右则西北为象齿林山、三重埔山、员山仔山。……其左则南下大埔，袤长可十许。……

金山面山，为厅治之少祖山。自五指山第三峰过脉之土屏抽束，逶迤西行，顿起峰峦，圆净宽展，细草芊绵。其北为荌力埔山、牛寮仔山，厅治之右翼也。其南为鹿仔坑山，为大崎山，为葫芦堵山，厅治之左翼也。由金山面西下，忽化阳脉，平原广衍，可六七里。渐出渐高，中开一窝，土人名为出粟湖，湖广十余丈，周围皆平冈。中复分三支：一支为中仓（势不甚宽展）；南一支为大仓岭（势闪侧弯曲），下连阡陌，遥接南门。北一支降下，细束湾秀，土人名曰'丝线过脉'，其北上之护卫过脉者为风吹辇崎，由丝线过脉崛起峥嵘，星峰挺秀，遂结虎头山（势雄伟正大）。虎头山之北，崎列者为十八尖山。虎头山下为外教场，其北下横斜小阜为枕头山，其南旁斜横小阜为中冢。由外教场西下而屋宇参差、烟火相望者，为巡司埔庄，在城东南隅。城西面大海，万顷杳冥，近海村墟、沙墩、小阜，嵚崎错落，亦皆有致，以上皆厅治来龙团结处。

牛寮仔山，在厅治东北。……南河山，在五指山北。……皆厅治右砂之拱卫也。大崎山，在厅治南。……皆厅治（左）砂之拱卫也。"①

从这段引文来看，淡水厅城以其东南40余里的五指山为"祖山"，以五指山北之横山等为"右肩"，以五指山南之狮头山等为"左肩"，以九芎林山等为"右砂之拱卫"，以鹿厨坑山等为"左砂之拱卫"——上述诸山皆位于以厅治为中心、半径约50里范围内，形成环拱厅治的"第一个层次"。而后，厅城以其东南10里的金山面山为"少祖山"，以金山面山北之茭力埔山等为"右翼"，以其南之鹿仔坑山等为"左翼"——上述诸山皆位于以厅治为中心、半径约15里范围内，形成环拱厅治的"第二个层次"。再后，由金山面山西下，周围平冈复分三支：其中支蜿蜒迂回，突起虎头山而止；其南、北又各有十八尖山、隙仔山、枕头山、中冢山等小阜形成分支——上述诸山距厅城仅3~5里，形成环拱厅城的"第三个层次"。这三个层次的山势层层递进，环抱聚拢，使厅城选址的独特性完全彰显出来（图3-38）。

淡水厅城主要官方设施的选址立向，与这一山水格局密切相关。嘉庆年间淡水厅创建文庙时②，曾请邑中"邃于堪舆之术"的郭尚安为文庙规划择向。据道光四年（1824年）淡水同知吴性诚《捐建淡水学文庙碑记》载，"文庙之风水关于文运之盛衰，非扶舆磅礴之所结，山川灵秀之所钟，无以为卜吉地也。暨有郭尚安者，邃于堪舆之术……凡（学宫）大小之规模、坐向之方位，皆其指画"③。又《淡水厅志稿》言"天马峰与五指山皆在圣庙案前"④，可知文庙以天马峰和五指山为文笔。查实际地形，淡厅文庙主轴正指向厅城东南约45里之五指山（图3-38）。虽然不能确定郭尚安规划与《淡水厅志稿》所载厅城山水格局的关联⑤，但文庙轴线的确与此山水格局吻合，说明此格局已形成较普遍的共识。

回顾此前乾隆七年（1742年）《重修福建台湾府志》中小凤山"为竹堑右臂"⑥之语，以及《乾隆中叶台湾军备图》中的形势描绘，可以猜测，这

①
[清]道光《淡水厅志稿》卷一/山川：32-34。

②
嘉庆二十二年（1817年）同知张学溥于城内东南创建学宫；道光四年（1824年）同知吴性诚报竣（[清]道光《淡水厅志稿》卷二/学校：78-79）。

③
[清]吴性诚. 捐建淡水学文庙碑记（道光四年）//[清]道光《淡水厅志稿》卷四/艺文：206-208。

④
[清]道光《淡水厅志稿》卷一/山川：32。

⑤
郭尚安规划文庙大约是在嘉庆二十二年（1817年）前后。相对完整的厅城山水格局表述形成于道光十四年（1834年）以前。郑用锡《淡水厅志稿》完稿于道光十四年（1834年），但未刊行。

⑥
[清]乾隆《重修福建台湾府志》卷三山川：63-64。

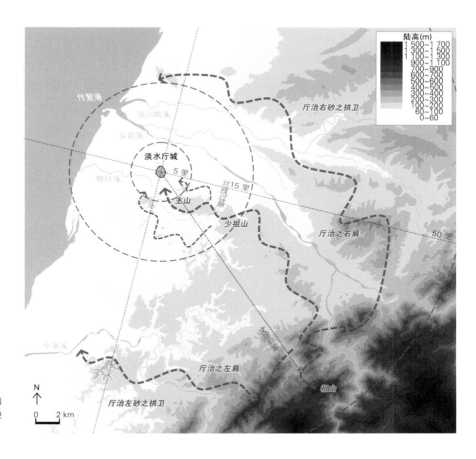

图3-38　道光版淡水厅城山水格局在实际地形中的反映（50里范围）

①
陈正祥《台湾地名词典》1993：
271。

个三面环山、前案后屏、左辅右护、厅城居中的空间格局或许在雍正十一年（1733年）创建竹城之前已有认知。随着地方官民对城市规划建设提出更高要求，并且有能力对周围更大范围山川地形开展勘察梳理，一个更庞大、更完整的城市山水格局才最终确立（图3-39～图3-43）。

4. 山水格局的实际地形核查

将道光版厅城山水格局落位于现代地形图中，大约有四分之三的山峦仍可辨认，这一层层环护、枝干分明的格局面貌遂清晰呈现出来（图3-36、图3-38）。

从实际地形来看，淡水厅城位于一个北、东、南三面丘陵环抱、向西开口的楔形平原（新竹平原）之中①。以县城为中心约50里范围内，东南侧山势自海拔千余米的五指山（海拔1 061米）、尖笔山（海拔1 120米）、鹅公髻山（海拔1 540米）等向西北方向分支卸落。其中，经大土屏北走而西折的一支，即"五指山—大土屏—象齿林山—金山面山—大崎山—虎头山"一路最为高耸绵长，正是传统堪舆中追求的"来龙绵远"。这一支行至鹿仔坑至大崎山之间，山势似断而连，即《淡水厅志稿》中形家所谓的"**丝线过脉**"。此后山势再向西绵延，突起为虎头山、十八尖山、隙仔山、香山等海拔百米之小山，形成一半径约5里的环合之势。在此环合之中，不仅地势高爽，且有南、北二水夹流：北为发源于油罗山的头前溪[1]，南为发源于金山面山等的隙仔溪（今名客雅溪）——厅城，即选址于此诸山环合、二水夹流的高爽地带（图3-37）。

①
陈正祥《台湾地名词典》1993：
316。

图3-39 自头前溪远望淡水厅城祖山五指山

图3-40 淡水厅城挹爽门旧址

图3-41 淡水厅城北门旧址

图3-42 自十八尖山俯瞰淡水厅城及凤山崎

图3-43 淡水厅城护城河东段

①

[清]黄叔璥. 番俗六考//[清]黄叔璥《台海使槎录》卷五至卷七。黄叔璥为首任巡台御史。

②④

[清]姚莹. 噶玛兰原始//[清]姚莹《东槎纪略》卷三：69-72。姚莹（1785—1853年），嘉庆二十四年（1819年）调任台湾知县，道光元年（1821年）任噶玛兰厅通判。

③

吴沙，漳浦人，久居台北三貂一带，通番语，在番、民中皆有威信，官府亦惧之。他以"护番垦田足众粮"为名安抚土番。

这一半径约5里的第三层次环合山势，即《淡水厅志稿》所谓"厅治来龙团结处"。这些小山，不仅为厅城限定出一个清晰的发展边界，还主要提供了以下四种便利：一为厅城提供背山屏障、心理依凭；二提供高爽地势和适宜建设的平缓坡地；三提供充沛的水源；四也提供风景宜人、适宜游憩的近城风景区。由"少祖山""右臂""左臂"等组成的第二层次环合山势（距厅城15里左右），除提供相对稳定的小气候外，也提供心理上的稳定感和庇护感。

相较于前述诸罗、彰化二城，淡水厅城的规划布局依然遵循着"背山面海"原则。不过，由于竹堑一带的海岸线已经转为东北-西南走向，故厅城朝向垂直于等高线而呈东南-西北走向。五指山虽为厅城祖山，但由于其在东南方位，厅城并不以之为背屏，而是作为学宫文笔。由此观之，城市的大尺度山水格局建构主要是为其选址提供逻辑依据和心理保障，而具体的空间布局择向则更主要受到中小尺度山水环境的影响。

3.2.4　噶玛兰厅城：地处适中，坐坎向离

不同于诸、凤、彰、淡四县厅，嘉庆年间建置的噶玛兰厅实际位于台湾后山。但从城市与山水环境的关系来看，噶玛兰厅城的选址规划仍属"山前模式"。

1．从"蛤仔难"到"噶玛兰"

噶玛兰旧名"蛤仔难"，系番语。嘉庆朝以前，蛤仔难既无民垦，亦未设官，尚属化外之地。《康熙中叶台湾舆图》中最左侧高山处注有"蛤仔难三十六社在此山后，至北港社水陆三日"之语，但无图像（图3-44）。康熙末年黄叔璥著《番俗六考》云，"由民仔里武三日可至蛤仔难，但峻岭深林，生番错处，汉人鲜至"[①]。雍乾时期的噶玛兰仍由生番占据，其间或有汉人入垦，但皆"为番所杀"[②]，不能成功。直至嘉庆初年，当台湾岛上的山前土地已基本完成开垦，汉人终于冒险进入宜兰平原继续开拓。

嘉庆元年（1796年），久居台北三貂一带的吴沙（1731—1798年）正式率流民、乡勇等千余人武装入垦宜兰平原[③]。他首先在乌石港以南兴筑土围，名"头围"（今头城）。而后两三年间逐渐向南开拓，增筑"二围""三围""四围"3座土城[④]。嘉庆七年（1802年）前后，汉人势力进一

①
[清]杨廷理. 议开台湾后山噶玛兰即蛤仔难节略(嘉庆十八年癸酉孟秋)//[清]咸丰《噶玛兰厅志》卷七杂识：365-370。详见本书2.2.3节。

②
[清]姚莹. 噶玛兰入籍//[清]姚莹《东槎纪略》卷三：72-76。

③⑤
[清]方维甸. 奏请噶玛兰收入版图状(嘉庆十五年四月)//[清]咸丰《噶玛兰厅志》卷七杂识/纪文：331-333。

④
据方维甸调查，当时宜兰平原有漳人42 500余丁、泉人250余丁、粤人140余丁、熟番五社990余丁、归化生番三十五社4 550余丁。

图3-44 《康熙中叶台湾舆图》所绘"蛤仔难"一带景象

步拓展至"五围"一带，并继续向南开辟罗东、溪洲、大湖、冬瓜山等地。至嘉庆十四年（1809年）前后，宜兰平原已基本完成开垦。

与此同时，台湾官员中也屡有将其地纳入版图、设官经理之议。但当时主流观点认为"经费无出，且系界外，恐肇番衅"，一直未能准行①。直至嘉庆十四年（1809年）正月，嘉庆皇帝谕闽浙总督阿林保："蛤仔难居民现已聚至六万余人，且盗贼窥伺时能知协力备御杀贼，深明大义。自应收入版图，岂可置之化外？……该督抚其熟筹定议，如何设官，安立厅县，或用文职，或用武营，随时斟酌，期于经久乃善"②，终于明确了在噶玛兰设官经理之大计。

2. 厅城选址与规划

嘉庆十五年（1810年），时任闽浙总督方维甸为落实设厅之事，于巡台之时亲赴履勘，详定噶玛兰入籍事宜③。经过一番勘察筹划，方维甸在当年四月撰写的《奏请噶玛兰收入版图状》中明确提出了开兰的五项要务：一为确定厅名，将"蛤仔难"改为"噶玛兰"；二为勘察地形，将宜兰平原的规模、形态、水系、港口、聚落等情况一一查明；三为调查人口，将汉番户口数目调查清楚④；四为清丈土地，将未垦荒埔分化地界，将已垦田地丈量升科；五为选址治城，初定以员山东北"地处适中"之处"设官安营"⑤。据此，初步的地形勘察和治城选址在这一阶段已经完成。

①
[清]方维甸.奏请噶玛兰收入版图状（嘉庆十五年四月）//[清]咸丰《噶玛兰厅志》卷七杂识/纪文：331-333。

②
杨廷理由拔贡生候补知府，嘉庆十五年（1810年）四月被委办开兰事宜（[清]道光《噶玛兰志略》卷八职官志/噶玛兰通判：306）。

③
[清]杨廷理.议开台湾后山噶玛兰即蛤仔难节略（嘉庆十八年癸酉孟秋）//[清]咸丰《噶玛兰厅志》卷七杂识：365-370。杨廷理记述其于嘉庆十五年四月初四日"面奉委札，并发《（开兰）章程十八则》"，但《噶玛兰厅志》和《噶玛兰志略》中均未收录此《十八则》原文。

④
[清]汪志伊.双衔会奏稿//[清]道光《噶玛兰志略》卷十三艺文志：390-410；[清]汪志伊.勘查开兰事宜状（嘉庆十六年九月）//[清]咸丰《噶玛兰厅志》卷七杂识：333-335。杨廷理提出《（开兰）章程十八则》在嘉庆十五年四月，其筹划时间与方维甸提出《奏请噶玛兰收入版图状》同步。汪志伊于次年即嘉庆十六年（1811年）调任闽浙总督，同年九月呈奏《勘查开兰事宜状》及《二十则》。从《十八则》到《二十则》，筹划设厅及规划厅城的相关工作又进行了一年多。

方维甸对于噶玛兰一带的山形水势已有颇为清晰的认知："其地三面距山，东临大海，平原宽广，形若半规。南有苏澳，可进大船。北有乌石港，仅容小艇。中有浊水大溪，出山东注……绕过员山，经五围之东，由乌石港入海。"[①]在此范围中，他指出"员山东北，地处适中"，可以"设官安营"，即定为厅治。当然，方维甸的选址只是划定了一个大致范围，具体的厅城规划则由时任候补台湾知府杨廷理[②]主持。

在方维甸的委任下，杨廷理很快提出了《（开兰）章程十八则》[③]，包括了筑城、建署、设坛、立学等厅城规划建设的具体构想。后经继任总督汪志伊等审定修改，最终形成《二十则》恭呈御览[④]（表3-1）。《二十则》中明确提出了厅城选址于"地处适中"的五围地方——其地"为东、西势适中之地，局面宏敞，山川形势脉络分明"。但五围原来仅有民筑土围，现在作为厅城，必须"建筑城垣，以资捍卫"。于是，规划明确"城基坐北向南，

表3-1 《开兰二十则》目录

一	划分地界，以专责成也
二	设立文职，以资治理也
三	安设营汛，以资巡防也
四	栽竹为城，以资捍卫也
五	建造文武衙署、兵房及仓廒、库局、监狱，以资办公也
六	建造坛庙，以妥神灵也
七	田园按则升科，征收正供，备支兵糈也
八	折征余租，以顺舆情，以副支给经费也
九	未垦荒埔，应分别原管、新分，勒限开透，勘丈征租，以裕国赋也
十	加留余埔，以资归化社番生计也
十一	编设书役澳甲，以资办公也
十二	编设文武员弁廉俸及兵丁月饷、各役工食，以便支给也
十三	请颁给文武员弁印信钤记，以昭信守也
十四	分别添、撤隘寮，及划定内山地界，堆筑土牛，以杜衅端也
十五	预筹进山备道，以便策应缓急也
十六	行销官盐，以裕引课也
十七	编查保甲，设立族正，以资稽查约束也
十八	设立通事、土目，约束番黎也
十九	安设铺司，递送文报，以速邮传也
二十	请拨备公银两，以备地方缓急也

注：据[清]道光《噶玛兰志略》卷十三艺文志：390-410绘制。

表3-2 《开兰二十则》中厅城规划建设相关细则

四	**栽竹为城，以资捍卫也** 查五围为东、西势适中之地，局面宏敞，山川形势脉络分明。通判、守备均于该地驻扎，必须建筑城垣，以资捍卫。据该镇、道、府详称，现定城基坐北向南，南北相距一百八十丈，东西相距一百八十丈，城身周围计长五百四十丈，东、西、南、北四门建造城楼四座。议请密栽该地所产之九芎树为城，饬令各结首同挑沟筑基各事宜，分段赶办。……
五	**建造文武衙署、兵房及仓廒、库局、监狱，以资办公也** 查五围设立通判一员、巡检兼司狱一员、守备一员、存城把总一员，头围设立县丞一员、千总一员，溪洲安设把总一员，共应建大小衙署七处。城内安兵二百一十五名，连外委、额外外委二员公所，共应建兵房四十八间；四门堆口四处，每处建兵房三间，共兵房十二间。……又噶玛兰现垦田园，年征正、耗谷四千五百余石，每年除碾给兵米之外，尚剩谷一千七百余石，加之次年征收谷石，辘轳收放，存谷总在五千石左右，应建仓廒十间，以资收贮。又通判署应架阁库一间；羁禁罪囚，应设监狱五间；营中收贮军装、铅药，需用库局五间。据该镇、道、府议请一律建盖，以资办公，需用工料若干，由地方官分案勘估，造册详请动项兴建等情。臣等查文武衙署为临民之所，营汛兵房、炮台堆口有关巡防及兵丁住宿，监狱以羁禁罪囚，仓廒为积贮攸关，库局系收贮钱粮、军装、铅药必需之所，俱属紧要，应请均如所请，饬令地方官迅速分案勘估，详请动项兴建。……
六	**建造坛庙，以妥神灵也** 查开辟地方，凡祀典应祀神明，皆应建庙供奉，以光典礼，俾小民祈报，亦得藉抒诚敬。除应建文庙、武庙，据该镇、道、府以噶玛兰民人业儒尚鲜，现在淡水厅属因应试生童较多，另详请设学校，所有噶玛兰童生将来应附入淡水考试，酌量人数，定额取进，以广教化，毋庸在地建造外，据请，应于城外择地建山川坛一座、社稷坛一座，需用工料银两，由地方官勘估，请领兴建。又天后宫一座、城隍庙一座，所需工料，或官为之倡□，或绅士劝捐，毋庸请销公项等情。臣等查山川、社稷二坛，天后、城隍二庙，皆系祀典所载，应如所请建造。……应请将应建四处坛庙工程核实勘估，一并动项兴建，以昭划一而杜弊窦

南北相距一百八十丈，东西相距一百八十丈，城身周围计长五百四十丈，东、西、南、北四门，建造城楼四座"；并"议请密栽该地所产之九芎树为城，饬令各结首同挑沟筑基各事宜，分段赶办"[①]。不仅厅城的朝向、规模、形态、材质、城门数量及位置等皆有明确，其他如应建之衙署、兵房、仓廒、库局、监狱、学校、坛庙的数量形式等亦有详细规划（表3-2）。规划既定，同年杨廷理先"创筑土城，环以九芎树"[②]；两年后（1812年）通判翟淦再增莿竹，并建东、西、南、北四门[③]（图3-45）。

3. 厅城山水格局及朝向之辩

城市规划的重要内容之一是确立朝向。就噶玛兰厅城的规划过程而言，这一步骤颇经历了一番波折，且深受地理先生之影响。

在嘉庆十五年（1810年）四月杨廷理提出的初版厅城规划中，定厅署及城市总体朝向顺应当地民居，坐西而向东。该方案也经过台湾总兵武隆阿实地踏勘并认可[④]。但时任淡水同知朱潮协同安地理先生梁章读提出了不同

[清]汪志伊. 双衔会奏稿//[清]道光《噶玛兰志略》卷十三艺文志：390-410。

② [清]道光《噶玛兰志略》卷三城池志：256。

③④ [清]咸丰《噶玛兰厅志》卷二规制/城池：21-22。

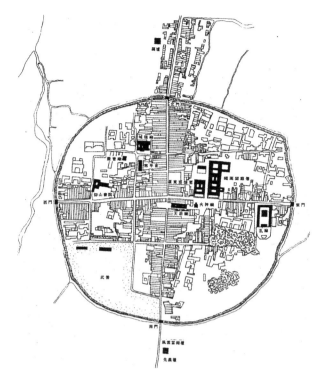

图3-45　清代噶玛兰厅城空间复原推想
（何志梧，1988：48）

①
[清]咸丰《噶玛兰厅志》卷二规制/城池附考：22。朱潮，嘉庆十四年（1809年）任淡水同知（[清]同治《淡水厅志》卷八上职官/同知：210）。

②③
[清]道光《噶玛兰志略》卷十四杂识：459-460。

意见，并撰写《图说》"改请坐北朝南"①。梁章读认为，兰厅龙脉自西北"乾"位而来，略转至"辛"位落脉，于西南"申"位突起员山，而后"拓开平阳数十里"，其水源则分为南、北两支。如若厅城坐西向东，则将带来四点弊端：一是"山头破碎，无主（山）可依"；二是"前水过旺，前案低微"；三是"坤申之水脉，上无分而下无合"；四是"龙虎反背，二峰反为劫地"②，以至将来有不测之患。将梁章读的说法对应到实际地形上，大概是说：厅城西侧群峰起伏，并无一山堪当主山；厅城以东侧大海为朝对则太过空旷，低矮的沙堤不足以为案；南侧浊水溪川流直下，水势过于湍急；南、北山势左低右高，与龙虎形势不符。总而言之，若厅城坐西向东，则格局不正，于厅不利。梁章读因此建议：将厅城朝向改为"坐坎向离"（即坐北朝南），以东侧大海为"青龙"，以西侧群山为"白虎"，以北侧高山为"主山"，以南侧群峰为"秀案"，如此建造城郭，则"土镇中央，水在东方"，方能使"民安物阜，财丁吉祥，大兴文运，俗美醇良"③。梁章读的方案得到了官方的认可和采纳——在汪志伊最终确定的厅城规划中，城基厅署已调整为坐北向南。从实际建成的噶玛兰厅城来看，厅署、文庙、城隍庙等建筑也皆为南向^①。

在梁章读之前，宜兰平原上的聚落民居建设还曾得到另一位地理先生的指点。嘉庆三年（1798年），漳州地理先生萧竹友应吴沙之邀渡台勘察兰中形势，并选址兴建"四围"^②。萧竹友在《甲子兰记》中记述了这次相地过程，以及他所理解的噶玛兰山水形势："兰山正干逶而迤，特结罗纹最罕奇。后耸华峰三叠翠，前缠溪涧九环漓。青龙挺秀生文笔，白虎排衙列战旗。十里沙堤沧海案，双边护峡养龙池。坐乾纳甲龟峰起，放水从丁转艮移。勘美佳城文武贵，财丁富盛万年基。"^③"四围"是吴沙开垦宜兰平原后建立的第四座土城，其位置在后来的"五围"厅城北偏东六七里。萧竹友诗中所描绘的山水格局，正是针对"四围"而言的。他"取乾、巽、艮、坤"为四围"定其方位"^④，即以西北方三貂岭为来龙，以滨海沙堤为前案，使"四围"坐乾而向巽（即坐西北而向东南）。

从四围遗留至今的街巷格局来看，其朝向与萧竹友的说法基本一致：山势正是由其西北侧的大陂后山（今名九华山）入脉，面向东南。杨廷理提到的五围"民居皆东向"，或许就是受到萧竹友相地的影响。不过，当若干年后五围被选定为厅城基址时，梁章读为它建构起一个全新的山水格局和城市朝向，深刻影响了此后百年间噶玛兰厅城（后宜兰县城）的规划建设。

关于噶玛兰厅的"主山"，也曾有过一段有趣的讨论。由于自宜兰平原四望以西南方向二百余里之玉山最为高耸雄伟，噶玛兰人一直认为邑内诸山皆发脉于玉山，便以玉山为主山，甚至"有不以（之）为主山而不乐且怪者"^⑤。不过随着对周边山川地形的逐渐了解，人们发现玉山"远在兰疆三日生番界外"，于是担心万一玉山番地将来归属于他邑，则"我认彼外附之地为主山，岂不反成笑柄耶"。对于这种担忧，陈淑均在纂修《噶玛兰厅志》时回应，兰为"海疆之地，既以海为宗，自不必寻山作主"^⑥。这与此前梁章读对兰地"山头破碎，无主（山）可依"^⑦的判断也基本一致。因此，无论是道光《噶玛兰志略》或咸丰《噶玛兰厅志》中，皆未明确记载兰厅之主山，与台地其他府县之惯例颇有不同。这段趣事反映出，清代地方社会对当地的山水格局通常是十分在意的，但在客观自然条件无法满足主观意愿时，亦不妨变通而为。既然无主山可求，不如因形就势调整格局和规划——这正是中国传统城市规划因地而制宜、因时而变通的例证。

① [清]咸丰《噶玛兰厅志》卷二规制/公署：23-24；卷四学校/书院：139；[清]道光《噶玛兰志略》卷七祀典志：296。

② [清]姚莹.噶玛兰原始//[清]姚莹《东槎纪略》卷三：69-72。

③ [清]萧竹友.甲子兰记//[清]咸丰《噶玛兰厅志》卷一封域/山川附考：18。

④ [清]咸丰《噶玛兰厅志》卷二规制/城池附考：22-23。

⑤⑥ [清]咸丰《噶玛兰厅志》卷一封域/山川：13-14。

⑦ [清]道光《噶玛兰志略》卷十四杂识：459-460。

4．山水格局的实际地形核查

虽然《噶玛兰厅志》中未像前述县厅那样形成一段完整的山水格局表述，但从实际地形来看，其山水格局清晰而鲜明，厅城的选址规划遵循着"山前模式"的基本原则（图3-46、图3-47）。

从实际地形来看，厅城位于南、北二山夹合、东向大海开口的三角形平原之中（陈正祥，1993：771）。三角形的一条边（北边）是浊水溪以北呈西南—东北走向的高耸山脉；其间海拔高度在千米以上的高峰有十余座，以阿玉山（海拔1 419米）、大礁溪山（海拔1 260米）、小礁溪山（1 140米）、烘炉地山（海拔1 120米）、三条仑（海拔1 000米）等最具标志性，构成噶玛兰厅与淡水县之间的天然分界。三角形的第二条边（南边）是浊水溪以南略呈西北—东南走向的山脉，其高度略低于北侧山脉。三角形的第三条边（东边）是沿海岸线的狭长沙丘，几乎呈正南北走向，略内凹呈弓形。平原内有南、北两条主要河流，皆自西向东，由山注海。南侧的浊水溪（今名兰阳溪）自内山发源，从两山之间冲出，汇合两岸诸溪而入海。北侧的清

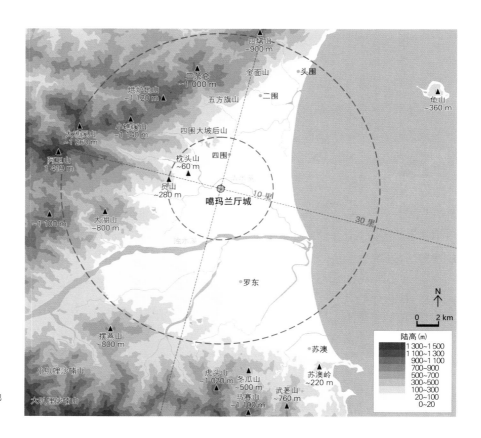

图3-46 噶玛兰厅城山水地形（30里范围）

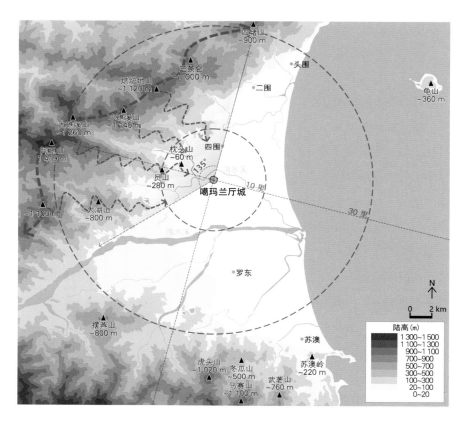

图3-47 噶玛兰厅城选址形势分析

水溪（今名宜兰河）自阿玉山、大小礁溪山一带发源，在员山、枕头山以东合流，又迂曲向东汇入浊水溪而入海。噶玛兰厅城正位于这一三角形平原的中部偏北，清、浊二溪夹流之间，更靠近清水溪、员山和枕头山一侧。

噶玛兰厅城的选址着重于对"倚山""夹水""居中"原则的综合考量。从实际地形来看，以厅城为中心半径约30里范围内，西北侧山势由海拔1 400余米迅速卸落至海拔200余米，大致分为四支：大湖山一支、阿玉山—员山一支、大礁溪山—小礁溪山一支、烘炉地山—四围大陂后山一支。这四支在卸落过程中微微聚拢，其走势的延长线大约会合于厅城一带。这意味着厅城一带能拥有西向约135度的宽阔汇水面，使诸川汇聚，水源充沛。在这四支山脉之中，最为高耸绵长的阿玉山（海拔1 419米）一支向东卸落20里后突起员山（海拔280余米）。此山略呈南北向，形态特异——《志略》云"一峰卓立，西瞰大溪"[①]。员山东偏北不远处又突起一小丘，名为枕头山（海拔60余米）——《志略》云"平壤中岞起二峰，形如两枕然"[②]。大山忽止而突起小丘，说明地势仍高但坡度已趋缓，其下水流聚汇而迂曲慢行，

①
[清]道光《噶玛兰志略》卷二山川志：250。又[清]咸丰《噶玛兰厅志》称其"一拳奋立，西瞰大溪"（卷一封域/山川：10）。

②
[清]道光《噶玛兰志略》卷二山川志：250。

为城市及农田提供着丰沛但不过于湍急的水源。不仅如此，这一选址还正处于山海之间的"适中之地"，符合官方对厅城选址的一般要求。

总体来看，噶玛兰厅城的选址规划由时任台湾最高地方长官闽浙总督、台湾总兵、台湾知府等共同勘定，同时也得到地理先生基于大尺度山水格局识别和建构的优化建议，是官方选址原则和民间形势认知的共同结果，表现出对山形、地势、水源、区位等的综合追求（图3-48～图3-51）。

图3-48 自噶玛兰厅城西郊远望员山及枕头山

图3-49 噶玛兰厅城西门外清水溪（今宜兰河）

图3-50 噶玛兰厅署旧址（今阳明交大医院）

图3-51 自乌石港东望海中龟山

3.2.5 凤山县城：新旧反复，山水调适

凤山县与诸罗县同期建置，凤山旧城（兴隆庄）也与诸罗县城同期选址规划建设，属清代台湾府最早创建的一批城市。但与诸罗县不同的是，凤山县于乾隆五十三年（1788年）移治新址（埠头街），重新规划建设新城，并

重新建构其山水格局。200余年间，凤山县在两座城址、两种山水格局之间多次切换，成为清代台湾城市史、规划史上最特殊的案例之一。新、旧二城的选址规划皆属"山前模式"，却也各有其空间特征和规划意图。由于整个规划过程的戏剧性，笔者将凤山县城作为"山前模式"的最后一例讲述，以期更充分展现清代台湾城市选址的复杂性和"山前模式"的多样性。

1. 凤山旧城的选址规划建设

凤山县地在明郑时期属万年县（后改万年州），县治在府城南20里的二层溪畔[①]。清代于南路设凤山县，卜治兴隆庄[②]。因其地东南侧有丘陵名凤山（及凤鼻、凤弹诸小山），县故而得名[③]。

不过，一方面由于兴隆庄一带汉人尚稀、政事不多，另一方面由于工料匮乏、条件不足[④]，在设县后的最初20年间该县文武官员一直寄居府城办公。县城未立即开展总体规划，仅有兵营和少量官方建筑建设，这其中，凤山县学是最早兴建的一座。康熙二十三年（1684年），首任凤山知县杨芳声在莲池潭北创建县学[⑤]。据康熙《凤山县志》记载，其地"前有莲池潭，为天然泮池。潭水澄清，荷香数里。凤山对峙，案如列榜。打鼓半屏插于左右，龟山蛇山旋绕拥护。真人文胜地，形家以为甲于四学"[⑥]。莲池潭一带的山水形势极符合古代学宫的选址偏好，正是这一形势殊异，促成了凤山县学在城垣尚未兴筑的情况下先行创建。这段引文中还透露出一点信息，即当时对县城一带的山水格局已有勘察和梳理，得益于地理先生（形家）的帮助[⑦]。稍晚绘制的《康熙中叶台湾舆图》中，便能看到时人对凤山县山水格局的理解（图3-52）。

康熙四十三年（1704年），福建省要求凤山县文武官员归治兴隆庄，县城正式开始规划建设。在知县宋永清的主持下，同年先建县署，再修学宫，又增建典史署、参将署、守备署等[⑧]。此后又陆续增建仓廒、坛庙、义学等[⑨]。受清初台湾不筑城政策影响，这一时期的凤山县城未建城垣，城市空间边界尚不清晰。

当时对县城山水格局的认识已有所发展，并落实于文字。据康熙五十八年（1719年）《凤山县志》记载：

> "龟山，是邑治之左肩。……
>
> 蛇山，是邑治之右肩。……

---

① [清]康熙《凤山县志》卷一封域志/建置：2。

② [清]康熙《凤山县志》卷二规制志/城池：11。即今高雄左营。

③ [清]康熙《凤山县志》卷一封域志/建置：3。"取其名曰凤山，盖因其地而称也。"

④ [清]康熙《凤山县志》卷二规制志/城池：11。"汪洋遥隔，砖石之属无所取焉，工料又数倍于内地，苟非縻金数万，难观厥成。"

⑤ [清]康熙《凤山县志》卷八职官志/官秩：231。

⑥ [清]康熙《凤山县志》卷二规制志/学宫：14。

⑦ [清]康熙《台湾府志》"山川"节中记录有凤山县21座山峦的名称、位置、形态信息。

⑧ [清]康熙《凤山县志》卷二制志/衙署：12；学宫：14。[清]宋永清. 新建县署记/[清]康熙《凤山县志》卷九艺文志：141–142。

⑨ [清]康熙《凤山县志》卷二制志/衙署：12；学宫：14；义学：23；仓廒：24、卷三祀典志/坛：41–42；庙：45；卷九艺文志：144。

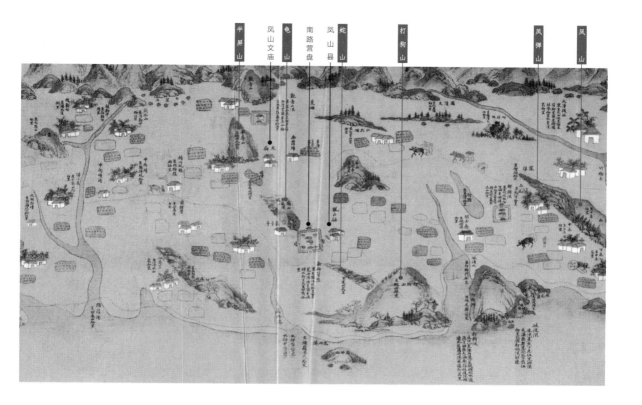

图3-52 《康熙中叶台湾舆图》所绘"兴隆庄"一带景象

① [清]康熙《凤山县志》卷一封域志/山川：5。

凤弹（山），文庙视此为案山。……

凤鼻（山），悉皆环拱于邑治之前，而为邑之对山也。……

潆底山……率皆近而为邑右之外辅也。……

七鲲身，则又远而外辅于邑治之西北，而为全台之拱卫也。……

赤山、观音山、七星山、尖山、小冈山、大冈山，是为邑治之分支，而与台湾之猴洞诸山、诸罗之南马仙山相界者也。……

小琉球，是又邑治之外辅。"①

　　这里虽未像同期的《诸罗县志》那样形成一整段叙述，但"左肩""右肩""案山""对山""外辅""分支"等术语足以说明当时已形成一个初步的山水格局认识：即县署以凤鼻山为对山，以龟、蛇二山为左右拱卫，学宫以凤弹山为案山等主要山水轴线已经形成。此格局在《凤山县志》卷首"山川图"中有更直观的描绘（图3-53）。

2．创筑城垣与山水格局建构

　　康熙六十年（1721年）朱一贵起事于凤山，先攻陷尚无城垣的兴隆庄

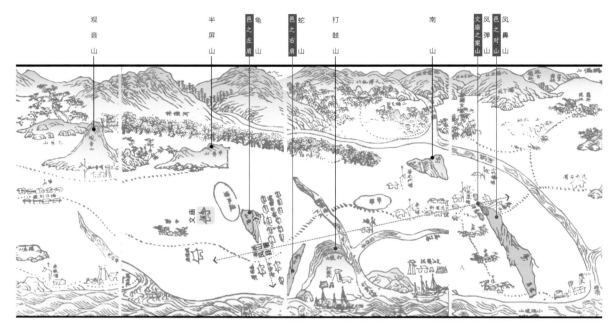

图3-53 康熙《凤山县志》所绘县城山水形势

县治，又攻占府城自立为王。虽然叛乱很快得到平息，但兴隆庄县治和南路营盘均遭到严重破坏。于是康熙六十一年（1722年），知县刘光泗创筑凤山县土城。按其规划，城垣周围810丈，设东、西、南、北四门。县城"**左倚龟山，右联蛇山**"①，联山为城。这一方面是借用天然山体以节省筑城功料，另一方面则旨在形成更庞大坚固的区域性防御工事，拱卫府城。雍正十二年（1734年），知县钱洙"奉文环植莿竹，围绕三重"②，形成了如乾隆七年（1742年）《重修福建台湾府志》凤山县图描绘的城垣形态（图3-54）。凤山县城内外也陆续增建官署、学校、仓库、坛庙、祠寺等③，至乾隆二十九年（1764年）前后已是栋宇鳞次，街市繁华（图3-55）。

与城垣规划同时开展的，是对县城周边更大范围的山水地形勘察和山水格局梳理。乾隆二十九年（1764年）《重修凤山县志》中对这一山水格局有较为完整的记述。

"县治诸山，自东北绵亘而来，势皆西南向。大乌山高耸特起，为县治<u>少祖</u>（北界嘉祥里，西南界观音山里，诸山发脉于此）。……侧而西，平埔三十里突起嵯峨，为半屏山，县左辅也（形似列屏，拱卫县东北）。穿莲池潭里许为龟山，县治在焉（龟峰趋莲池潭，拱文庙，麓盘纡城内，山林丛茂）。更转而西，高山盘郁为蛇山（面护县城，背峙海表）。……蛇山之腰，转折而南，崔巍腾跃

①②
[清]乾隆《重修凤山县志》卷二
规制志/城池：29-30。

③
雍正元年（1723年）于县治北门内创建烈女节妇祠。雍正四年（1726年）知县萧震移建义学于县城东厢内；次年（1727年）创建关帝庙。雍正十二年（1734年）知县钱洙移建典史署于县署左（原在龟山麓）；并于西门外蛇头埔置义冢。雍正年间分别于县治北郊龟山之阴创建社稷坛、风云雷雨山川城隍坛、邑厉坛，于东郊创建先农坛。乾隆二年（1737年）指挥施世榜修葺文庙。乾隆五年（1740年）知县程芳、十二年（1747年）知县吕钟琇、十七年（1752年）知县吴士元等先后增拓县署。乾隆十一年（1746年）知县吕钟琇增建朱子祠、义学后堂，移建教谕宅。乾隆十七年（1752年）知县吴士元重建明伦堂、名宦祠、乡贤祠，创建训导宅；移建忠义孝悌祠于城内（原在北郊）。乾隆二十四年（1759年）在原有仓

廒26间基础上又增建监仓5间。乾隆二十五年（1760年）知县王瑛曾增建四门炮台；二十七年（1762年）于北门内龟山顶重建天后庙；二十八年（1763年）于东门内重建关帝庙。至乾隆二十九年（1764年），城内形成县前街、大街、下街仔、南门口街、总爷口街、北门内街等6条街市。（[清]乾隆《重修凤山县志》卷二规制志/公署：32-34；仓廒：42-44；卷五典礼志/坛庙：140-144，147，154；卷六学校志/学宫：157-174；书院（义学）：181）

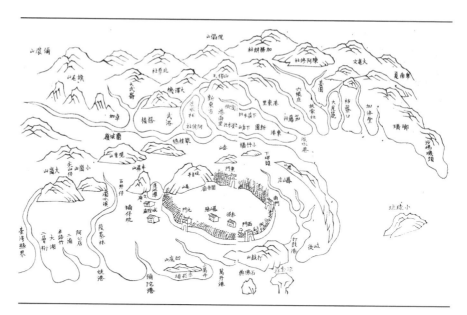

图3-54 乾隆《重修福建台湾府志》所绘凤山县城山水形势

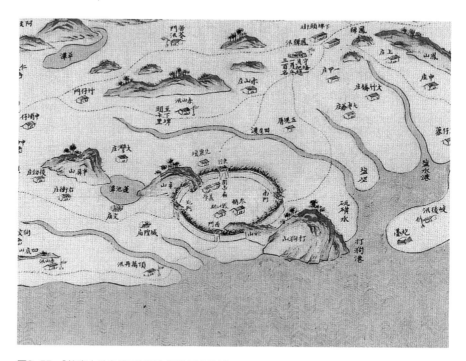

图3-55 《乾隆中叶台湾军备图》所绘凤山县城

为打鼓山（面拱县城，背峙大海）。上有文峰插汉，秀削凌霄为打鼓峰，县右翼也（县与文庙皆以此峰为文笔，形家称胜地焉）。……稍转为旗后山，则鼓山余脉，山背有石佛屿（孤立海中，不与山连），皆障县罗城也。

县西北二十里为漯底山，其顶平衍，县枕山也。

由大乌山分支折而南下，层叠盘纡为尖山（民番杂居），再分支奔放特起为朝天岭（高入云霄，造其巅者，极南穷北皆在指顾间），绵亘而下为金山。其北为眠牛山，委折转内为大滚水山。平原起伏，陡立数峰为七星山。峰峦壁立，峻峭秀媚为观音山。其东北为虎头山，转西南为鬼埔山。此县东北内局拱辅也。……

南支转内为赤山，趋南小山历落，不可纪名，皆赤山分支。其高起横列为凤山，旁有二小峰，形若飞凤展翅（县治命名取此）。上有凤鼻山，旁有凤弹山，皆县治及学宫拱案也。……

其东北一支为兰坡岭（台、凤交界）。……

外支……" ①

相比于45年前的康熙《凤山县志》，乾隆《重修凤山县志》中的山川叙述主要发生了两点变化（以下简称前者为《旧志》，后者为《新志》）。一是所记载山川的数量和深度都有了显著增加。《旧志》载县境山峦33座，仅录其名称、形态及相对关系②。《新志》载县境山峦55座，数量上增加了2/3，内容上补充了诸山的方位、道里、脉络格局等，使山川叙述更为丰满详细③。二是《新志》在《旧志》基础上形成了一套更完整的城市山水格局表述：其中明确提出县城以大乌山为"少祖山"，以半屏山为"左辅"，以打鼓山为"右翼"，以漯底山为"枕山"及"后障"，以凤山（及凤鼻、凤弹诸山）为县治及学宫"拱案"，以打鼓峰为县治及学宫"文笔"，以观音诸山为"内局拱辅"的山水格局。《新志》县境全图中更直观地描绘了这一山水格局的空间范围及重点（图3-56）。

将这一山水格局表述落位于现代地形图中，涉及以县城为中心、半径约40里空间范围内的山水要素（图3-57）。大乌山（少祖山）在县城东北约40里，凤山（拱案）在县城东南约40里。县城在空间上串联起半屏山、龟山、蛇山、打鼓山四山，形如屏障，拱卫府城。县城本身以龟山—蛇山为东西横轴、以漯底山—凤山为南北纵轴的格局亦十分清晰。从现代地形图上识别的这一空间格局与乾隆《重修凤山县志》中的叙述亦基本吻合。

① [清]乾隆《重修凤山县志》卷一舆地志/山川：12-19。

② [清]康熙《凤山县志》卷一封域志/山川：5-8。

③ [清]乾隆《重修凤山县志》卷一舆地志/山川：12-20。又卷首云："《旧志》错杂，《府志》简率，真境不出。今从王应钟《闽都记》例，先叙脉络，次详形胜，庶使览者按图可稽焉。"

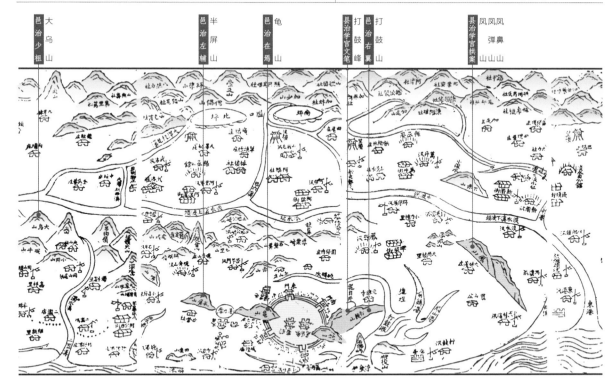

图3-56 乾隆《重修凤山县志》所绘县城山水形势

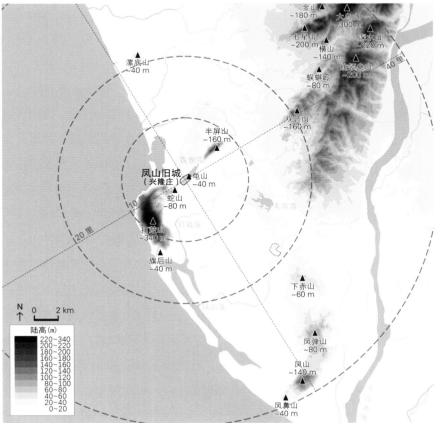

图3-57 凤山旧城山水地形（40里范围）

3．迁建新城与山水格局重塑

乾隆五十一年（1786年）凤山县庄大田响应林爽文起义，攻陷县城，纵火焚屋[①]。次年（1787年）二月，援军收复县城；三月，再被庄大田攻破。至此，凤山县城两经陷落，"官署民居荡然无存"[②]。战乱平息后，大将军福康安遂奏请移凤山县治于东南15里之埤头街，即凤山新城。

埤头街位于高雄平原腹地，北倚武洛塘山，南临凤山溪；当大路之冲，"五方凑集，市极喧哗"[③]。康熙五十八年（1719年）前后，埤头已有"店屋数百间"，《凤山县志》评价其在全县街市中"惟此最大"[④]。至乾隆二十九年（1764年）前后，埤头一带已形成4条街市（草店头、草店尾、中街、武洛塘街），而当时的兴隆庄县城内不过6条街市[⑤]，埤头是当时凤山县境内人口商贸仅次于县城的居民点。驻防方面，埤头街附近设有凤弹汛，驻扎守备（正五品）1员、目兵250名；并建有营盘，环植莿竹。

乾隆五十三年（1788年），凤山新城的规划建设正式启动。在既有的街市民房外，初建竹城，周1 120丈，"环植莿竹，编棘为篱，聊蔽内外而已"[⑥]。嘉庆九年（1804年），知县吴兆麟建六座城门：大东曰朝阳，小东曰同仪（亦曰东便），西曰景华，南曰安化，北曰平朔（其外门曰"郡南第一关"）。

然而好景不长，嘉庆十年（1805年）海盗蔡牵进犯，埤头街新城被攻陷。渡台平乱的福州将军赛冲阿认为，凤山新城距海口太远，救援不易，故奏请凤山县治迁回兴隆庄旧城。两年后（1807年）准奏迁回。为加强旧城的防御能力，道光四年（1824年）在台湾知府方传穟的倡议下，凤山旧城（兴隆庄）改筑砖石城[⑦]，规划城垣"舍去蛇山，全围龟山在内……周一千二百二十四丈，仍置四门"[⑧]。此砖石城于次年（1825年）七月开工，隔年（1826年）八月竣工，耗费甚巨[⑨]，但凤山县官员事实上并未搬回旧城。

约略同时，凤山新城的建设仍在继续。道光十八年（1838年），于新城六门增建城楼各一，又于四隅筑炮台六座，外浚濠堑，以加强城防。道光二十七年（1847年）闽浙总督刘韵珂巡台之际，凤山士绅恳请不迁回旧城。刘韵珂实地勘察了新、旧两处城址，仔细比较其优劣，最终认为新城（埤头街）"地当中道，气局宽宏，而文武官员又向在埤头驻扎"[⑩]，当以新城为县治。遂于咸丰三年（1853年）正式宣布以埤头新城为凤山县治，不再迁回。次年（1854年），参将曾元福在新城增筑土墙，外植莿竹[⑪]。此后新城人口继续增长，商业日益繁荣。至光绪二十年（1894年）前后，新城内已形

① [清]杨廷理《东瀛纪事》"南路贼首陷凤山"条：52。

② [清]杨廷理《东瀛纪事》"二月五日"条：71。

③⑤ [清]乾隆《重修凤山县志》卷二规制志/街市：32。

④ [清]康熙《凤山县志》卷二规制志/街市：26。

⑥⑧⑪ [清]光绪《凤山县采访册》丁部规制/城池：135-136。

⑦ [清]姚莹.复建凤山县城//[清]姚莹《东槎纪略》卷一：5-7。

⑨ 共计九万两千两银。

⑩ 陆传杰《旧城寻路：探访左营旧城，重现近代台湾历史记忆》2017：98-99。

①
[清]光绪《凤山县采访册》丁部
规制/街市：136-137。

成15条街市，而旧城内仍维持原先的6条街市^①。

县治的迁移和新城的规划建设也引发了城市山水格局的重新梳理（图3-58、图3-59）。一个以新城为中心的全新的山水格局，被记录于光绪二十年（1894年）《凤山县采访册》中：

"县治诸山自东北绵亘而来，势皆西南向。大乌山高耸特起，为县治少祖。脉分三大支：以沿溪一带为左支；以沿海一带为右支；屈伸起伏联络四十余里奔赴县治者为中支。

由金山南行……蜿蜒二十余里，陡起十九峰者，为观音山。……再由观音（山）发脉，奔放南下，内为总督陵、乌材林、蛇仔形，外为狮形山、飞凤穴、湾仔，内至顶考潭，穿田而过小赤（山）者，曰烟墩。峰回路转，鹤膝蜂腰，纡徐而入县治者，曰大湾、曰狮头、曰毬山、曰金钟湖、曰乌石山、曰大湖山、龙喉山、曰大赤山、吊灯陂、武洛塘诸山。此中支之大概也。……

其东北沿溪南下一带为左支。……此左支之大概也。……

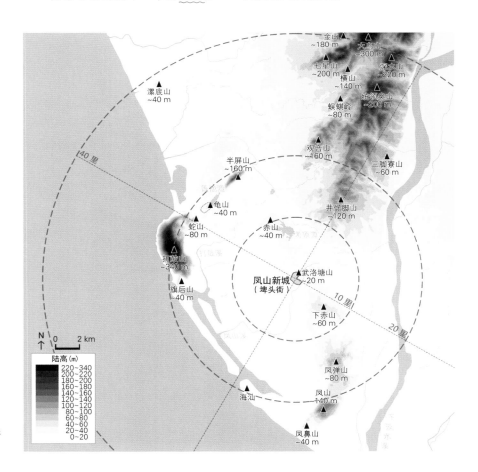

图3-58 凤山新城山水地形
（40里范围）

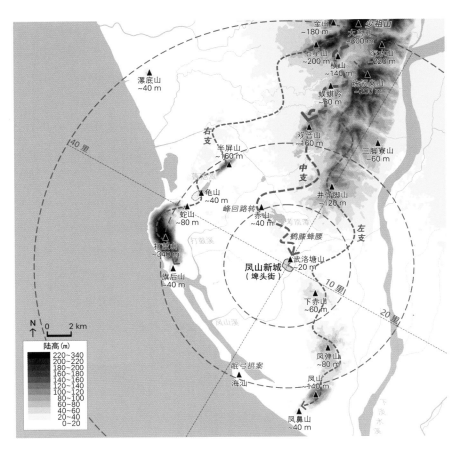

图3-59　光绪版凤山新城山水格局在实际地形中的反映（40里范围）

其西北沿海南下一带为**右支**。……其西北滨海为国祥山，西南为漯底山，侧而东，突起嵯峨为半屏山，穿莲池潭里许为龟山，旧治在焉。……此右支之大概也。……

内支（谓港东、西二里内山，故曰内支）总名傀儡山。……由北而东、而南绵亘一百二十余里，势若弯弓，为县治外局左辅。……"[1]

相比于旧版山水格局，县境诸山仍以大乌山为"少祖"而发脉，不同的是，其向南分为三支：左支沿溪，右支滨海，中支则起伏绵延40余里至凤山新城（埤头街）。细察"中支"一路，起自观音山，行至小赤山，而后"峰回路转，鹤膝蜂腰"，经大湾、狮头、毬山等9座小丘而至武洛塘山，即新县城也。这10座小山在乾隆《重修凤山县志》中皆无记载。它们都是实际高度仅数丈至十数丈的低矮小丘[2]，尤其是新县城落脉的武洛塘山，高仅二三丈（即不足10米），甚至很难称作"山"。但这些小丘对于建构从少祖山到新县城的"来龙正支"意义非凡——它

①
[清]光绪《凤山县采访册》乙部舆地/诸山：19-43。

②
大湾山，在县北七里，高十余丈，长四里许。狮头山，在县西北九里，屹立覆鼎金陂中，西南北三面环水，堪舆家以为狮子弄球。毬山，在县西北七里。金钟湖山，在县北六里，高十余丈，长二里许。乌石山，在县北五里，高十余丈，长里许。大湖山，在县北四里，高八九丈，长里许。龙喉山，在县北四里，高二十余丈，长里许。大赤山，在县北二里许，高十余丈，长二里许。吊灯陂，在县北二里，高十余丈，长里许。武洛塘山，在县北半里许，高二三丈，长里许。（[清]光绪《凤山县采访册》乙部舆地/诸山：19-24）。

①
[清]光绪《凤山县采访册》乙部舆地/诸山：31。

②
[清]光绪《凤山县采访册》乙部舆地/诸山：19-43。

③
[清]蓝鼎元. 覆制军台疆经理书//[清]蓝鼎元《东征集》卷三：32-40。

④
[清]姚莹. 复建凤山县城//[清]姚莹《东槎纪略》卷一：5-7。

⑤
[清]林树海《凤山县新旧城论》。提出凤山旧城"丁口仅二百余户，一旦有事，谁与为守"之忧。

们显然是为了配合新县城的选址规划而被重点发掘和命名，其深层目的是替代在过去百余年间已深入人心的旧城"正脉"（即半屏山—龟山—蛇山—打鼓山一支）。此版山水格局中不仅梳理出"中支"，还将自观音山至凤山一路定为"左支"，将半屏山至旗后山一路定为"右支"，以左、右拱卫而突出"中支"的正统地位。此外，新格局中还发掘了县城西南20里的海汕作为新县城之"眠弓拱案"①，以支撑城市总体朝向。

新版山水格局所依托的地形勘察尺度更大、深度更深。在以县城为中心、半径约40里空间范围内，共有159座山峦被筛选、识别、参与建构，数量上较前版的55座增长了近2倍②。光绪《凤山县采访册》中未有配图，实属可惜。不过，将这一山水格局表述落实于现代地形图上，其脉络格局清晰可辨。笔者由此不免感慨，一个半世纪以前的规划者们为了重塑凤山县城山水格局，着实费了一番工夫与心力。

4．城址变动之本质

200余年间凤山县治在两处城址间的轮替更换，本质上是两种选址及其背后之价值、目标之间的权衡较量（图3-60）。

凤山旧城（兴隆庄）靠近府城，扼控港口；其最大优势是近可倚龟、蛇二山，远可联半屏、打鼓四山，形成山-城交错、远卫府城的大型防御工事。在清廷治台之初，这一选址是以府城优先、以军事安防优先的总体战略下的必然选择。在后来凤山县每每发生治安问题时，无论是本地守官或外派救官，也都更倾向于此旧城选址——如康熙末年水师提督蓝廷珍指出，"南路凤山营县虽僻处海边，不如下埠头孔道冲要，然控扼海口，打狗、眉螺诸港乃匪类出没要区，当仍其旧，不可移易"③；又如嘉庆十年（1805年）福州将军赛冲阿指出，埠头（新城）距海口太远，自大陆增援较旧城不易；道光四年（1824年）台湾知府方传穟亦指出，台湾"譬诸一身，郡城如心，凤山则元首也……凤山逼近咽喉，朝发而夕至，中无屏也，元首病则心以之……故凤山尤重"④——凤山旧城正处于可保府城安危的关键位置。不过，旧城选址的劣势也十分明显：一是受龟、蛇二山局限，城址空间狭小，难以支撑县城人口增长⑤；二是相对于整个高雄平原而言，旧城偏居一隅，不利于掌控全局。前述官员纵然对这些弊端了然于胸，但从府城安危、从战时全局考量，旧城仍为万全之选。

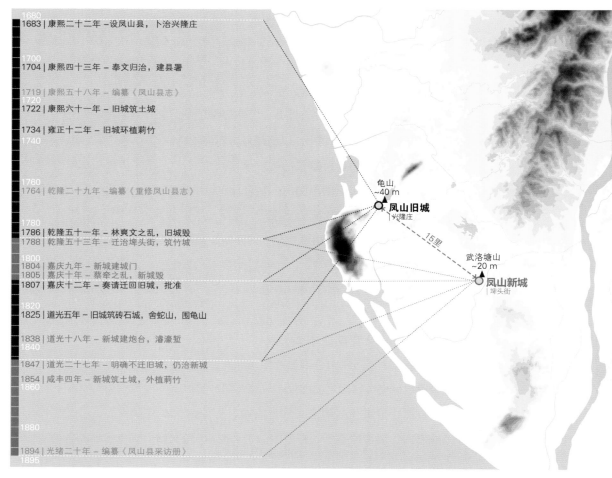

图3-60 凤山新、旧城山水形势及使用时间比较

相比之下，凤山新城（埤头街）位居高雄平原中心，地势开阔，溪河汇聚；且当大路之冲，把控内山通道，易于掌控整个高屏地区。埤头街的崛起，正是因为其居中扼要的区位优势和由此带动的人口商贸发展。当清廷治台重心从早期的安全防御转向内生发展，甚至晚期的开山抚番后，埤头新城的综合优势不仅逐渐超越兴隆庄旧城，甚至掩盖了其远离海口、无地险可依的缺陷，而成为此时凤山县城的不二之选。道光二十七年（1847年），闽浙总督刘韵珂经过对新、旧城址的再三权衡，得出了最终判断："埤头（新城）居民八千余户，兴隆（旧城）居民不过五百余家。……兴隆僻处海隅，规模狭隘；埤头地当中道，气局宽宏，而文武官员又向在埤头驻扎。体察舆情，扼处形势，均当以埤头为凤山县治。"[1]

①
陆传杰《旧城寻路：探访左营旧城，重现近代台湾历史记忆》2017：99。

根据官方记载，凤山县驻兴隆庄旧城的时间累积为145年，驻埤头街新城的时间累积为68年。但事实上，嘉、道时期凤山县治虽准迁回旧城，但官员仍驻新城。因此两座城址的实际驻守时间分别为105年和108年，平分秋色也。

200余年间凤山县在两处选址间的摇移不定，正反映出变幻复杂的局势中不同立场、不同原则选址考量的较量。清廷治台前100年间，政局不稳，叛乱频发，一切以保障府城安全、易防易收易复为要，因此更倾向于兴隆庄旧城选址。然而随着高雄平原人口渐繁、田土日辟，地方发展的内在动力逐渐超越了此前仅作为府城防御堡垒的外在要求，偏僻狭隘的旧城已无法满足新的需求，遂不得不让位于更符合"县级政区中心"选址原则的埤头街新城（图3-61～图3-66）。

3.2.6 "山前模式"城市选址规划的共性特征

前述5个案例，反映出清代台湾城市选址规划之"山前模式"的若干共性特征。

第一，这些城市皆选址于大山之下的小丘西麓，东倚高山，西瞰平原及海口，南、北有二溪夹流，中踞高地（宜兰为反向）——"倚山""夹溪""踞高""居中"等是这些城市共同的选址原则。诸罗县城选址于大武峦山西下"中支"之牛朝山西麓。牛朝山海拔高度100余米，县城海拔高度40余米，高于其西侧嘉南平原20～40米。城址北侧7～8里有牛稠溪，南侧5～6里有八掌溪。彰化县城选址于八卦山脉西北端之八卦亭山西麓。八卦亭山海拔高度97米，县城海拔高度30余米，高于其西侧彰化平原5～10米。城址北侧7～8里有大肚溪，南侧约5里有鹿港溪。淡水厅城选址于五指山东北下"中支"之虎头山西北麓。虎头山海拔高度120余米，厅城海拔高度10余米，高于新竹平原5～10米。城址北侧约5里有头前溪，南侧2~3里有隙仔溪。噶玛兰厅城选址于阿玉山东下落脉之员山西麓。员山海拔高度280余米，厅城海拔高度10余米，高于宜兰平原5～10米。厅城北侧约2里有清水溪，南侧约10里有浊水溪。凤山新城选址于大乌山西南下"中支"之观音山南麓，踞武洛塘山。观音山海拔高度160余米，县城海拔高度20余米，高于高雄平原10～20米。县城西北约10里有打鼓川，东南约2里有凤山溪。

图3-61 凤山旧城城垣（北门段）及龟山

图3-62 凤山旧城南门（启文门）

图3-63 凤山旧城北门（拱辰门）

图3-64 凤山县文庙崇圣祠旧址

图3-65 莲池潭天然泮池

图3-66 凤山新城东便门及护城河

第二，这些城市皆遵从枕山面海、坐东向西的基本朝向，具体从东部一定空间范围内群山中选取主干清晰、高耸绵长、形态殊异的山峦为主山，并由此山确定城市主轴（宜兰为反向）；少数案例总体上坐东向西，但治署向南，以其南部一定空间范围内方位、形态适宜的小山为标志物确立主轴。诸罗县城以大武峦山—牛朝山确立主轴，坐东向西，随地势略有偏转。彰化县城以八卦亭山走向确立城市主要坐向，但县署向南，以县南3里之观音山为朝山，又随八卦山山形而略有偏转。淡水厅城以隙仔山—凤山崎确立南北轴线，以其垂直线确立东西轴线，坐东向西，随等高线而略有偏转。噶玛兰厅以阿玉山—员山确立东西轴线，以其垂直线确立南北轴线，但县署向南，主轴随山形微微偏转。凤山新城以井仔脚山—武洛塘山-海汕确立主轴，枕山面海，坐东北而向西南，以蛇山—下赤山为副轴。

第三，这些城市都存在人为建构的大尺度城市山水格局，通常由以县/厅城为中心、半径30～50里范围内的标志性山川构成，经过人工的勘察、识别、筛选、梳理而建构起来。"山前模式"城市的山水格局建构，尤其重视对"来龙"的识别（即主干/分支识别），以此作为城市选址的主要依据和朝向确立的主要标识。诸罗县城主山大武峦山距县城约50里；其来龙的三个分支皆位于以县城为中心、半径约50里范围内，主干落脉之牛朝山距县城7～8里，三支汇聚于县城周围约15里呈环合之势。彰化县城主山八卦亭山距县城2里，父母山红涂崎距县城约10里，少祖山及祖山距县城约75里；其来龙主干的标志性山峦皆位于以县城为中心、半径约75里范围内；对县城选址立向形成决定性影响的山峦皆位于县城周围15里范围内。淡水厅城主山距县城约5里，少祖山距县城约15里，祖山五指山距县城约50里；其来龙三个分支皆位于以县城为中心、半径约50里范围内，主干落脉诸小山汇聚于县城周围约5里呈环合之势。噶玛兰厅城似无主山，对厅城选址规划构成主要影响的阿玉山、大礁溪山、四堵山等皆距县城约30里，厅城落脉之员山、枕头山距厅城约10里；这些分支卸落、汇聚于厅城的标志性山峦皆位于厅城周围约30里范围内。凤山新城少祖山距城约40里，主山观音山距城约20里，赤山、下赤山距城约10里；来龙主干及三个分支皆位于县城周围约40里范围内。

第4章 山水格局：从「山前模式」到「盆地模式」（下）

4.1 "盆地模式"典型城市选址与山水格局建构

清代台湾16座府州县厅城市中有9座创建于清廷治台的最后20年间。这些城市的选址规划中，小部分仍遵循前述"山前模式"，大部分则表现出另一种"盆地模式"。新模式的出现，一方面源于台湾岛上的山前滨海平原已开发殆尽，汉人不得不向内山挺进，在崇山峻岭中寻觅有限的开阔地带筑城定居；另一方面则源于内忧外患之下清廷转变态度，施行"开山抚番"，主动探索新疆土中的适宜治地。光绪元年（1875年）创建的恒春县城选址于"山势回环、全台收局"①之中。同期增置的台北府选址于"四山环抱、山水交汇"②之中。稍后建置的埔里社厅城选址于内山深处"四山环绕"③之中。光绪十三年（1887年）创建的新台湾府城（即省城）选址于"山环水复、中开平原"④之间。无论主动或被动，盆地是这些新建治城的共同选择，指引它们在各自的规划建设实践中探索应对自然山水秩序的新方式。

4.1.1 恒春县城：山势回环，全台收局

恒春县城的建置是清廷治台晚期施行"开山抚番"政策的重要部署。这座恒春县城的选址规划也是清代台湾省城市中探索"盆地模式"的第一次尝试。

在同治末年发生牡丹社事件以前，台湾南路最南端的陆路防汛为枋寮口汛，水路为大仑麓汛，再往南的几百里之地则"皆番社，居民寥寥矣"⑤（图4-1）。乾隆二十九年（1764年）《重修凤山县志》"县境全图"中仍将枋寮汛以南全部标注为"禁地荒埔"⑥。从实际地形看，枋寮以南的整个恒春半岛几乎全部是海拔高度100米以上的丘陵，其中约1/3海拔高度在500米以上（图4-2）。自枋寮去往台湾岛最南端的琅峤⑦，只有西侧滨海的一条孔道——这一段的海岸线几乎与100米等高线相接⑧，即便在今天，二者之间也仅能容下一条公路（图4-3）。如此严苛的交通条件阻碍着汉人南下的步伐，使枋寮以南地区长期被视为化外之地⑨。直到同治十三年（1874年）日本人进犯，这一带才被清廷所关注。

1. 恒春设县与县城选址

1874年，日本派兵侵犯台湾岛最南端之琅峤，清廷大为震惊，遂派钦差

①
[清]沈葆桢. 请琅峤筑城设官折（同治十三年十二月二十三日）//[清]沈葆桢《福建台湾奏折》：23-25。

②
[清]光绪《台湾通志稿》列传/政绩/林达泉。

③
[清]道光《彰化县志》卷一封域志/山川：7-8。

④
[清]刘铭传.台湾郡县添改撤裁折（光绪十三年八月十七日）//[清]刘铭传《刘壮肃公奏议》：285。

⑤
[清]光绪《恒春县志》卷二建置志：41。

⑥
[清]乾隆《重修凤山县志》卷首：1-7。

⑦
当时统称枋寮以南为琅峤，因其地有琅峤山、琅峤社[清]乾隆《重修凤山县志》卷一舆地志/山川：19）。

⑧
陈正祥《台湾地志》1993：886-887。

⑨
据[清]乾隆《重修凤山县志》载，"琅峤社乔木茂盛，长林蓊荟，鱼房海利，货贿甚多。原听汉民往来贸易，取材捕采。（康熙）六十年台变，始议地属窎远，奸匪易匿，乃禁不通，唯各番输饷而已"（卷三风土志/番社：65）。

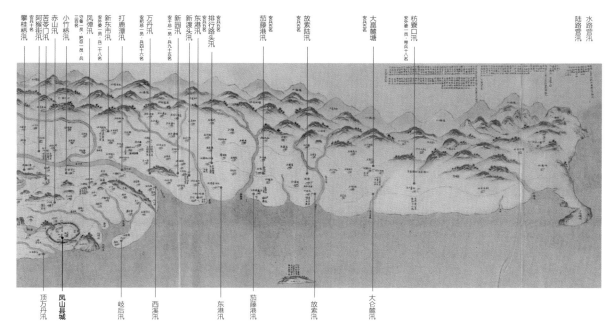

图4-1 《乾隆中叶台湾军备图》所绘凤山县城以南的水陆防汛

①②
[清]沈葆桢. 南北路开山并拟布置琅峤、旗后各情形折（同治十三年十二月初一日）//[清]沈葆桢《福建台湾奏折》: 5-9。

③④⑤
[清]沈葆桢. 请琅峤筑城设官折（同治十三年（1874年）十二月二十三日）//[清]沈葆桢《福建台湾奏折》: 23-25。沈葆桢等于同年十二月十八日到达琅峤。

大臣沈葆桢于同年六月渡台处理善后事宜。沈亲赴琅峤一带勘察形势，提出"急于琅峤建城置吏，以为永久之计"①。

在沈葆桢自府城（台南）动身前往琅峤之前，其实已经有了设县的打算。因此他先派台湾道夏献纶、候补道刘璈赴琅峤察勘形势，"择地建城"②。夏献纶和刘璈于同年（1874年）十二月初一日出发，经勘查发现"车城南十五里之猴洞，可为县治"③。约两周后，沈葆桢同台湾知府周懋琦、前署台湾镇曾元福等抵达琅峤，"亲往履勘，所见相同"④。据沈葆桢记述，"自枋寮南至琅峤，民居俱背山面海，外无屏障。至猴洞，忽山势回环，其主山由左迤趋海岸，而右中廓平埔，周可二十余里，似为全台收局。从海上望之，一山横隔，虽有巨炮，力无所施"，他由此提出，"建城无逾于此"⑤。

沈葆桢、刘璈等共同选中的猴洞一带，是典型的盆地地形。从沈葆桢的记述来看，选择此盆地地形为县治的理由主要有三：一是该地形易于防守——猴洞一带山势回环，可为屏障，即便从海上炮击，也无法穿透环山的天然防御工事。二是利于人居——环山之中是周围20余里的平原沃野，空间开阔，适宜定居。三是平原之中又突起小山，这种大山之下的小丘之麓，正

133

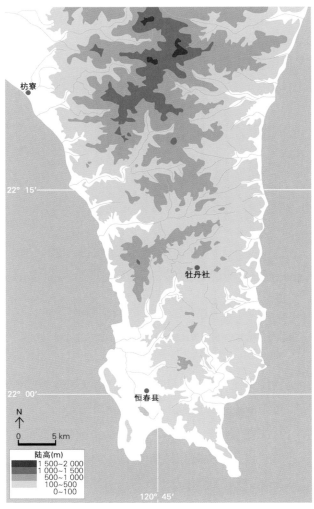

图4-2 恒春半岛（枋寮以南）地形
（据陈正祥，1993：886图改绘）

图4-3 枋寮以南山海之间的狭窄通道

①
[清]沈葆桢. 请琅峤筑城设官折（同治十三年十二月二十三日）//[清]沈葆桢《福建台湾奏折》：23-25。

是中国传统治城选址最偏爱的形势。文中所提到的猴洞（山）是一座高不足10米的小丘，无论是在夏献纶、刘璈的汇报中，或是沈葆桢的定论中，"猴洞"都是整个盆地中唯一被提及名称的山峦，也是城市选址的关键。从后来的实际建设结果来看，恒春县城正是围绕猴洞山进行规划建设的。

2. 地形勘察与山水格局建构

城址范围大致选定后，沈葆桢任命刘璈"专办筑城、建邑诸事"①，即由他主持县城选址、规划、建设的具体事务。沈葆桢在奏折中特别提到刘璈"素习堪舆家言"，评价其"经画审详"，显然十分肯定刘璈在城市规划方面的才能。事实上，恒春县城的选址和山水格局首先由刘璈提出。刘璈应该是依据堪舆理论对恒春盆地一带的山水形势进行了详细调查和梳理，形成了初步的山水格局判断，而后在此基础上确定了城市选址。他所识别和建构的山水格局，可能正是光绪《恒春县志》"山川总说"的基础。

据光绪《恒春县志》记载：

"盖恒邑山川……枫港以南……当以牡丹番山为祖（山）。岧峣苍蔚，上接霄汉。……山前中条为干，左右为支。其干西南行，逶迤而下三十余里，崛起为四林格山。又行过峡为罗佛山，烟云四出，吞吐大荒。南行三四里，为文率山、射麻里山。西南行五六里为三台山，豁然开朗，平畴弥体，庄严四如，以时静乐，仁人工妙莫绘，即县城之元武也。由三台北行六七里，曰虎头山，崒嵂如踞，直对北门，为县城白虎。三台大崎，自南门断而复起，蜿蟺平秀者，曰龙銮山，厥象惟肖，为县城青龙。西南行过峡，三峰蠹立，曰马鞍山。折而西，为红柴坑，一带平林，行二十里，龟山止，统名之曰西屏山，为县城朱雀。山之外，汪洋无垠，骇浪惊人。其由龙銮山南行，为大石山、为龟仔角山、为鹅銮鼻山，合约二十余里，皆沿海。

牡丹山左一大支，由三百六崎东南行，为响林山。又南行，蜿蜒而至八姑角，至大港口山届海。右分两支：上一支西行，绵延而至女灵山，嶙岩突兀，高不可登。又西南行，为大尖山，为统埔山、车城山。下一支西南行，经竹社而至保力山，长约三十里，与大尖、统埔、车城诸山，皆临海与龟山相望，鳞次栉比，为县城重虎。此山之大较也。

……三台大崎西流之水，合附近小水为出火溪。西行至鸡笼山下，缘东门城濠，西南流入龙銮潭。群嶂倒蘸，浴昊吞阳。环潭之龙銮山、马鞍山、大树房等处，各有细流成潴之，为恒邑前山一大水源。……此川之大较也"[①]。

　　将上述格局落位于现代地形图中，大部分山川可辨别其位置——一个左、中、右三支绵延而来、县城一带四象清晰的空间格局跃然纸上（图4-4、图4-5）。其中，恒春县城以其北约50里、海拔高度600余米的牡丹番山为"祖山"，山势由祖山分中、左、右三支西南而行。主干为"牡丹番山—四林格山—罗佛山—三台山"一线，先向南，略转东，又折西，缓缓卸落至海拔高度500余米的三台山而止。在三台山西南约5里恰有一延续主干方向突起的小山，海拔30余米，几乎位于周围环合山势的中心，即猴洞山。县城即倚此山定基，以三台山为"元武"主山。由主山再分支，北支突起距县城约10里、海拔400余米的虎头山，为县城"白虎"；南支突起距县城约10里、海拔260余米的龙銮山，为县城"青龙"。在县城西南7~8里，有海拔100余米的西屏山，为县城"朱雀"前案；其北有距县城10余里、海拔80余米的龟山，为县城乾兑空隙之"屏障"[②]。

①
[清]光绪《恒春县志》卷十五山川/恒春山川总说：261-263。

②
[清]光绪《恒春县志》卷十五山川：252。又"龟山，在县城西十四里……县城四方，乾兑为隙，得此屏障之"。

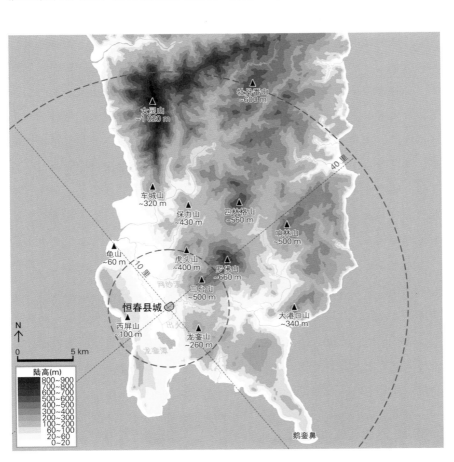

图4-4　恒春县城山水地形（40里范围）

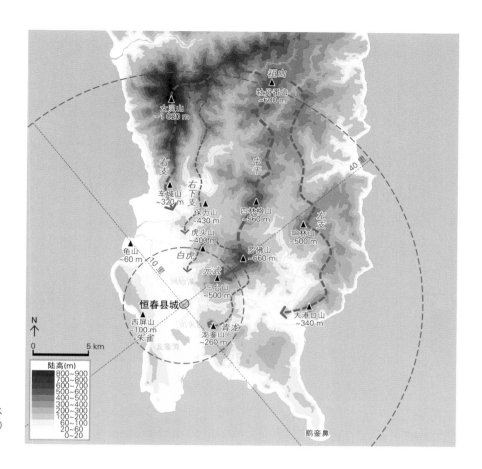

图4-5 光绪版恒春县城山水格局在实际地形中的反映（40里范围）

上述诸山支干分明，主干绵长中正，分支左右环护，至县城周围约15里范围内，又恰有若干形态适宜的标志性山峦存在于关键方位上，构成一个完整、端正的环合格局（图4-6）。这在堪舆家刘璈看来自然是不可多得的绝佳形局，在钦差大人沈葆桢看来也符合其"**海防为先**""**以为永久之计**"的目标。于是，依据堪舆原则而选定的城址，又得到了国家高级官员基于其政治经验和士人观念判断的认同，遂一锤定音，达成共识。

值得注意的是，上述格局中的一些山名（如虎头山、龙銮山、西屏山等）明显不同于其他沿袭土番语音的山名（如牡丹番山、四林格山、罗佛山等）。结合光绪《恒春县志》中对这些标志性山峦的详细记载，不难判断，它们是在同治末年规划者相地勘察时被修改了原名，或全新命名[①]。新山名与新建构的山水格局相互呼应，直白地宣扬着这一自然环境的人文秩序。可见，恒春县城选址规划过程中的地形勘察、格局建构、城市定基、命名赋意、确立朝向等步骤，不仅环环相扣、紧密关联，甚至就是在同治十三年

[①] 据[清]光绪《恒春县志》载，三台山旧名硬仔山，因其三袭并起，故名"三台"；虎头山，堪舆为县城白虎，因其最高者昂首若虎，故名；龙銮山，堪舆为县城青龙，形如龙脊，故名。

137

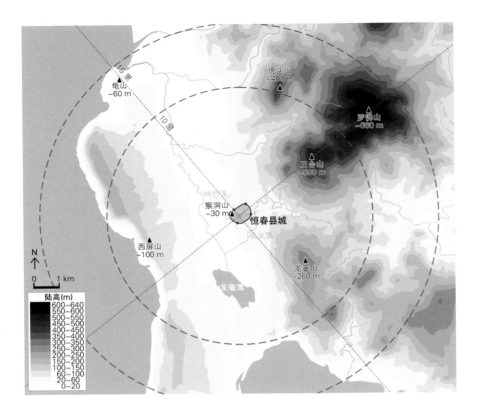

图4-6　恒春县城山水地形（15里范围）

（1874年）十二月的最后几周时间内一气呵成，由钦差大臣、地方官员和地理先生们在现场共同商定。

3. 因应山水的县城规划建设

　　在刘璈等梳理建构的山水格局基础上，恒春县城定基于猴洞山一带，并紧密围绕这座小丘展开规划建设。

　　猴洞山"平地蠹起，全山皆石，高百尺，周百丈"[①]。这座盆地中央突起的石山（高30余米，周围300余米），不仅在规划者相土度地时十分醒目，容易被确定为标志物，其地形特征还提示着利于城市建设的五方面优势：一、平原之中突起此山，说明这一带地势高爽，利于防洪，易于防守，亦利于建设。二、踞此山之巅可做军事瞭望，不出城便可掌握全局形势。三、恒邑滨海而风大，此山周围乃躲避狂风的佳处。四、此山体量较大且石质坚固，依山筑城可节省功料。五、依托此山，亦可为县城增添一处景致。

　　因此，县城规划中依托猴洞山，将其东侧地势较高处围入城垣，周围880丈。城垣规划以猴洞山为西北段，在其北端设为县城西门，在其南端定

[①]
[清]光绪《恒春县志》卷十五山川：251。

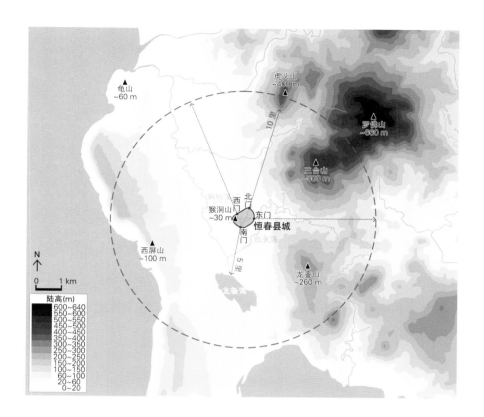

图4-7 恒春县城城门朝对

①
[清]光绪《恒春县志》卷二建置/
城池：44。

②③
[清]光绪《恒春县志》卷二建置/
澄心亭：71。

④
[清]光绪《恒春县志》卷十四艺
文：240-242。光绪年间形成
"恒春八景"，即猴洞仙居、三
台云嶂、龙潭秋影、鹅銮灯火、
龟山印累、马鞍春光、罗佛山
庄、海口文峰。

为南门。城垣东、北部另开二门。四门朝向与前述山水格局中的标志性山峦
密切呼应——北门正对县城"白虎"虎头山，南门遥望龙銮潭，东门错"主
山"三台山而略偏南，西门回望盆地入口（图4-7）。整个城垣工程兴工于
光绪元年（1875年）十月，告成于五年（1879年）七月[①]。县署选址于猴洞
山东南的城市中心地带，坐东北而向西南；兴工于光绪元年（1875年）十一
月，落成于次年（1876年）四月。光绪《恒春县志》"县城图"中对县署与
猴洞山的关系及朝向有清晰描绘（图4-8）。

　　猴洞山被围入城中后，很快凭借其优越的景观条件而成为城中风景地。
据《恒春县志》记载，猴洞山"*两山中断而复连，峭石玲珑，瑶草芸生，登
高四顾，豁然开朗。马鞍、龙銮诸山水环列于前，左有三台、虎岫诸峰，
右有楝榔、西屏等一带平林，绣壤如菌，洵一邑之胜地焉*"[②]。光绪二年
（1876年），知县周有基在山巅建澄心亭、听雨山房等，以在"*公余之暇，
徜徉远眺，消海外沉愁*"[③]。后逐渐形成"猴洞仙居"一景，位列"恒春八
景"之首[④]。

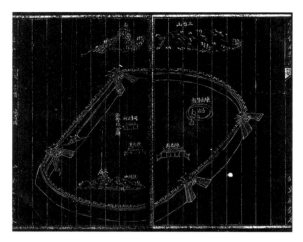

图4-8　光绪《恒春县志》县城图

或许由于猴洞山的天然避风功能，城中大量民间祠庙也聚集在该山周围。光绪五年（1879年），恒春营官兵在猴洞山南麓建天后宫；粤籍客民在山北麓建三山国王庙。光绪八年（1882年），恒邑士民在山南麓建观音庙。光绪九年（1883年），又在山西麓建福德祠[1]，今仍存。光绪十八年（1892年）恒春县规划文庙时，也将目光锁定于猴洞山。由知县陈文玮主持，将山巅澄心亭改建为文庙，在"亭内供至圣先师、文武二席神牌，山下浚泮池，建棂星门，环筑宫墙，权为文庙。朔望行香，令节朝贺，均在于斯"[2]。虽然场地略显局促，但泮池、棂星门、宫墙等皆照学官规制而建。麻雀虽小，却五脏俱全。

从战争时期的天然军事瞭望台，到和平时期的城中风景名胜地、民间祠庙聚集区，甚至县城文教中心，猴洞山不仅是县城选址的初始坐标，也是此后规划建设的焦点。究其原因，源于猴洞山是整个盆地内部开阔平原中唯一的天然小丘，它可资以定位，可遮蔽风雨，可瞭望观景，可依托筑城。猴洞山深刻影响着恒春县城的最终选址和空间布局，并成为集军事、行政、祭祀、文教、观游于一体的城中重点建设区（图4-9～图4-14）。

4.1.2　埔里社厅城：四山环绕，自成一局

建置埔里社厅是清廷在台湾中路践行"开山抚番"策略的重要部署。埔里社厅城[3]的选址规划则是清代台湾省城市践行"盆地模式"的又一典型案例。

①
[清]光绪《恒春县志》卷十一祠庙：221-224。

②
[清]光绪《恒春县志》卷二建置/澄心亭：71。

③
即今南投县埔里镇，距日月潭风景区直线距离约12千米。

图4-9 恒春县城主山三台山

图4-10 恒春县城内猴洞山

图4-11 恒春县城城垣与猴洞山

图4-12 恒春县城北门正对虎头山

图4-13 恒春县城北门外街正对虎头山

图4-14 恒春县城南门北望虎头山

1. 设厅前的埔里盆地

埔里盆地深处内山、汉人鲜至，设厅以前人们对这一带所知其少。康熙五十六年（1717年）刊行的《诸罗县志》中既无"埔里"之地名，也无关于"埔里社"之记载[①]，书中统称这一带为"水沙连内山"，即今日月潭一带。乾隆七年（1742年）《重修福建台湾府志》中首次出现了"埔里社"之

①
[清]康熙《诸罗县志》卷一封域志/山川：9；卷二规制志/社：30-31。

名，在"彰化县番社"条目下记载了"水沙连山内24社"为归化生番[1]，埔里社即其一也。不过，当时"番族犹盛，足以自固，汉人不知虚实，无敢深入"[2]（图4-15）。

图4-15 《康熙中叶台湾舆图》所绘"水沙连"一带景象[3]

乾隆五十三年（1788年）以后，埔里盆地内开始有少量汉人屯田[4]。嘉庆十九年至二十二年间（1814—1817年）曾有千余汉人入界开垦，但被官方驱出。至道光年间，请开埔里盆地的呼声渐高。一方面，其地"土地膏腴，山川秀美"；另一方面，在战略上是沟通"前后山海之关键"[5]。不过，台湾道、府认为开山一事千头万绪，不仅道路迂险、经费钜繁，更恐汉番杂处滋生事端，总之时机尚未成熟，仍维持番禁[6]。然而，埔里盆地内的汉人开垦并未停止，至同治四年（1865年）前后，在后来的厅城西门一带已形成街市——这是当时台湾中部山区最主要的汉人聚落[7]，为10余年后的设厅埋下了伏笔。

2. 埔里设厅，相地选址

同光之际受中日牡丹社事件刺激，"开山抚番"成为治台共识。光绪元年（1875年），沈葆桢奏请于水沙连驻台湾中路理番同知[8]。光绪三年

①
[清]乾隆《重修福建台湾府志》卷五城池/番社：82。

②
[清]姚莹. 埔里社纪略//[清]姚莹《东槎纪略》卷一：32-40。姚莹所言指雍正、乾隆时期。

③
图中所绘斗六门东北群山环抱中的开阔地带（注有"水沙连社，至西螺溪六十里"）是今日月潭，而非埔里盆地。西螺溪为浊水溪下游干流，由西螺溪北行60里可达日月潭，但还需3~4倍路程才能到埔里盆地。

④⑤
[清]姚莹. 埔里社纪略//[清]姚莹《东槎纪略》卷一：32-40。

⑥
[清]江鸿升. 敬陈台湾生番献地宜防流弊疏（道光二十六年）//《道咸同光四朝奏议选辑》：28-30。

⑦
李乾朗《台湾建筑史》1979：171。

⑧
[清]沈葆桢. 请改驻南、北路同知片（光绪元年六月十八日）//[清]沈葆桢《福建台湾奏折》：60-61。

①③⑤⑥

[清]丁日昌. 筹商大员移扎台湾后山疏（光绪三年）//《道咸同光四朝奏议选辑》：86-89。

②

台湾中路抚民理番同知系由原台湾北路理番同知改设。后者系乾隆三十一年（1766年）御批增设，正名"台湾府理番同知"，负责"淡水、彰化、诸罗一厅二县所属番社"的"民番交涉事件"；初驻彰化县城，乾隆末年迁至鹿港（[清]道光《彰化县志》卷十二艺文/请设鹿港理番同知疏：393-395）。

④

文中指出："近年洋人时往游历，影照地图，并设教堂，煽惑民番，以致从教日多。日前驻厦门美国领事恒礼逊亲往该处游历多日，并优给民番衣食物件，居心甚为叵测。……该社左右数年前业已建设教堂三处，洋人辄谓此地未经中国管辖，垂涎尤甚。"

⑦

[清]姚莹. 埔里社纪略//[清]姚莹《东槎纪略》卷一：32-40；[清]方传穟. 开埔里社议//[清]道光《彰化县志》卷十二艺文志：407-412。

（1877年），福建巡抚丁日昌相察台湾后认为中路切要，奏请于水沙连一带"添设一县，筑城防守"①。次年（1878年），清廷批准增设中路抚民理番同知办理抚番开垦事宜，驻埔里社②。此即埔里社厅之设。

厅城选址实由丁日昌于光绪三年（1877年）亲自勘定。他十分仔细地相察了埔里盆地的山川形势，指出其地理区位"居前、后山之中，形势险要"；其土地规模"周围约七、八十里，平旷膏腴"；其番社情况"计有六社，曰田头、曰水里、曰猫兰、曰审鹿、曰埔里、曰眉里"；其出入道路"一由集集街，一由南投，一由北投，一由东势角……而以集集街、北投两路行走较为平坦"；其山水环境总体上"山水清佳、土田肥美"；其开发前景则未来"内地居民，争往开垦，无俟招徕，不比后山烟瘴，辟地为难"③。综合上述判断，丁日昌认为埔里一带可"添设一县"；并且由于该地已为洋人所垂涎，应立即"建城设官，殊不可缓"④。关于县城的选址规划，他提出"拟于该社紧要、适中之地"，先筑一土城，派官驻守，分兵防守，并栽种竹树，以固藩篱；其余诸事，则可次第图维⑤。

从更大范围来看，丁日昌建议于埔里盆地设县筑城，是基于联络全台的战略考虑。他在亲查台湾地形后指出，"台湾地势，其形如鱼，首尾薄削而中权丰隆，前山犹鱼之腹，膏腴较多，后山则鱼之脊也"，必须加强前、后山中路之联系，方可"居中控驭，使南北联为一气"⑥。埔里一带，不仅是中路深山中唯一一处平旷宜居的盆地，也正是沟通前、后山，联系彰化、噶玛兰、水尾等处之要道——于此设县筑城，是联络全台之必须。丁日昌正是在对埔里盆地乃至全台形势进行了全面考察之后，提出了设县建议，并依据"适中"原则勘定了城市选址。

在此之前，道光年间关于开辟埔里的几次争论已些许推动了对埔里盆地山水形势的勘察和认知。道光元年（1821年），台湾通判姚莹曾详细考察埔里盆地，指出其"地势平阔；周围可三十余里，南北有二溪，皆自内山出，南为浊水溪源，北为乌溪源也"；并且，因其地"在万山中，南自集集铺、北自乌溪两路入山，皆极迂险"，且"内逼生番，后通噶玛兰、奇来诸处"，故为"全台之要领、前后山海之关键"。又因其"形势天成，去彰化县城辽远，非佐杂微员所能镇抚，不得不略如厅县之制"⑦。道光四年（1824年），鹿港同知邓传安有意开发埔里，遂请教姚莹。姚莹虽然认为当时开辟条件尚不成熟而未予赞成，但也坦陈埔里设厅乃迟早之事①。他说，彼时"山前（已）无旷地，番弱，势不能有其地。不及百年，山后将全入版图，不独水、埔二社也"②。

对埔里盆地的关注和认知，也反映在道光十四年（1834年）《彰化县志》中。该志已注意到埔里盆地的特征："由华盖（山）盘曲而出，中开平洋，四山环绕，自成一局者，埔里社也"③；并将这一小盆地纳入彰化县城的整体山水格局之中，即作为县城祖山（大乌山）至少祖山（集集大山）主脉上的一个小分支（图4-16）。华盖山即今守城大山，为埔里社厅城东北方向之主山。

道光二十六年（1846年），埔里一带的水沙连六社生番献地归附，北路理番同知遂对埔里盆地进行了详细丈量，并评估设县的利弊。经实地勘测，其可垦田地为一万二三千甲，若按甲升科，"每年可征谷三万余石"；若同时设官抚治，建设城池，计入文武廉俸、役食兵饷等，"岁需银不过六千两"，两相抵消，"尚可余谷二万石等"④。不过，时任江南道监察御史江鸿升认为汉番杂居、易生事端，未准开辟⑤。后同治十一年（1872年），台湾知府周懋琦再议将埔里六社归官经理，并移北路理番同知（原驻鹿港）于此就近抚治。他指出埔里"居全台心腹，为中权扼要之区"，并认识到其地有樟脑、茶、磺等资源价值⑥。

①② [清]姚莹. 埔里社纪略//[清]姚莹《东槎纪略》卷一：32-40。

③ [清]道光《彰化县志》卷一封域志/山川：6。

④⑤ [清]江鸿升. 敬陈台湾生番献地宜防流弊疏（道光二十六年）//《道咸同光四朝奏议选辑》：28-30。

⑥ [清]周懋琦. 全台图说//[清]季麒光等《台湾舆地汇钞》。

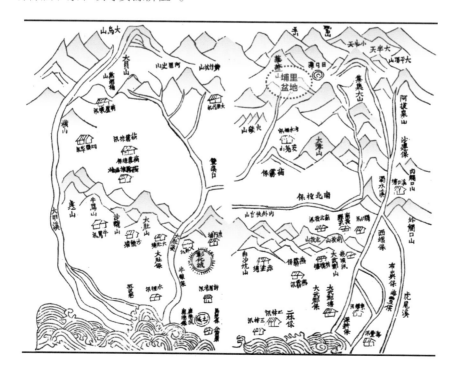

图4-16 道光《彰化县志》所绘埔里盆地山水形势

①
[清]丁日昌. 筹商大员移扎台湾后山疏（光绪三年）//《道咸同光四朝奏议选辑》：86—89。

②
连横《台湾通史》卷十六城池志：355。

③
连横《台湾通史》卷十六城池志：357。又称埔里社通判署，光绪四年建。

④
黄琡玲《台湾清代城官制建筑研究》2001：186。

⑤
[清]夏献纶《台湾舆图》埔里六社舆图说略：65。

⑥
该图以1903年日本人测绘《大埔厅城图》为底图。

总之，自道光朝至同治朝，埔里"居中扼控、联络全台"的区位优势已被逐渐认知，其"四山环绕、自成一局"的盆地地形也已有勘察。但直至同光之际清廷转变观念，埔里方迎来设厅之机。

3．因应山水的厅城规划建设

光绪三年（1877年）丁日昌勘定城址后，曾建议先筑土城，环植竹树，其余设施次第缓图①。次年（1878年）埔里设厅后，遂由台湾总兵吴光亮主持厅城规划建设，垒土为城，建筑厅署。厅城周围三里许，开四门②。城中道路为十字街格局，中心之西北为中路理番厅署③。此后，城内陆续增建启文书院（光绪九年建）、协镇署（光绪十五年建）、城隍庙（光绪十三年建，在城内北门街）、土地公祠（光绪十四年建，在南门内）、妈祖庙（同治七年建）等公建设施④（图4-17）。至光绪五年（1879年）前后，全厅人口汉、番共计10 700余人⑤。

由于埔里社厅未修志，缺乏如诸、凤、彰、淡诸县厅那样完整详细的官方山水格局表述。但在现代地形图中对埔里社厅城的位置、朝向及布局等进行分析，则发现其山水格局十分清晰，涉及以厅城为中心、半径约15里空间范围（图4-18、图4-19）。

图4-17　清末埔里社厅城图⑥
（黄琡玲，2001:187）

145

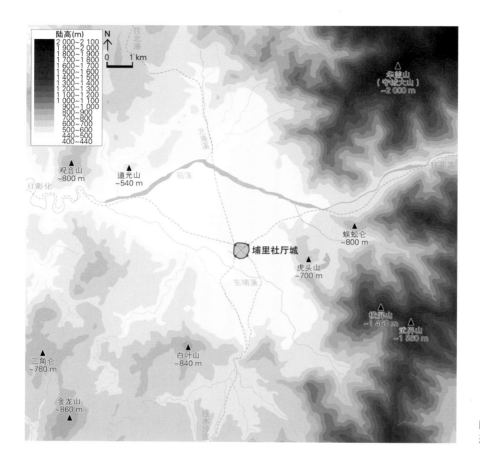

图4-18 埔里社厅城山水地形（15里范围）

从实际地形来看，埔里盆地东西宽约8千米，南北长约10千米；盆地内海拔高度为390～500米，东高而西低[1]。盆地内水系主要有两条，北部为发源于东侧高山的眉溪，南部为发源于东南侧高山的南港溪，皆自东向西，在盆地西侧合流而出。埔里社厅城正选址于盆地中央、二水夹围之间的高地，海拔约443米。设厅筑城之前，基址一带已形成街市，是汉民自发选择、长期营建累积的结果[2]。但厅城选择向既有街市以东发展，则是规划者追求高阜地势的有意为之。

厅城的十字街格局明显呈现东北—西南向偏转，是顺应盆地自然山水秩序规划建设的结果。环顾盆地四周的标志性山峰，在距离厅城约15里范围内，东北方向有海拔高度2 000余米的华盖山最为高耸；东南方向有海拔1 460余米的横屏山；西南方向有海拔840余米的白叶山、金龙山；西北方向有海拔800余米的观音山。其中，横屏山向西北卸落又突起海拔700余米的虎头山，相对于厅城高度200余米。这座小山不仅为厅城一带提供了较平缓

①
陈正祥《台湾地名词典》1993：
211。

②
李乾朗《台湾建筑史》1979：
172。

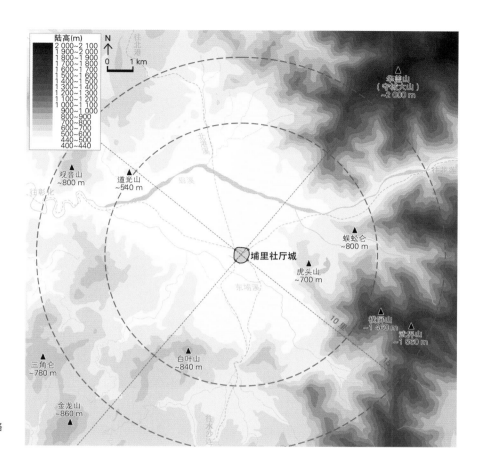

图4-19　埔里社厅城山水格
局（15里范围）

的坡度，也使溪流扭转，水速降低，更利灌溉。这种大山之下的小丘之麓，正是中国传统规划中治城选址最偏爱的地形。虎头山距厅城约5里，也是适宜的近城风景区。上述盆地边缘的标志性山峰中，以东北方的华盖山最为高峻挺拔，而西南方向山势较低，故使得环合山势具有了明显的方向感。因此，厅城规划中以华盖山为主山，以白叶山、金龙山为朝对，确立了坐东北而向西南的总体朝向。将厅署及南街轴线向东北延伸，发现正指向华盖山主峰，亦佐证了上述山川定位原则。此外，厅城的四座城门不同程度地指向四象上的标志性山峰，也是厅城规划顺应盆地形势的匠心之处。

　　总体来看，埔里社厅城选取了盆地中央交通便利、腹地开阔、地势高爽、溪流环绕的基址，充分利用盆地边缘形态特异且具标志性的地形地貌，确立了城市朝向及空间格局。今天，厅城四门及城垣早已不存，但其十字街格局和与周围山水环境的呼应关系仍可辨别（图4-20～图4-23）。

图4-20　自虎头山俯瞰埔里盆地

图4-21　埔里社厅城北门街

图4-22　埔里社厅城北门旧址

图4-23　埔里社厅城东门街

4.1.3 台北府城：众山环抱，蔚成大观

光绪元年（1875年）选址、3年后规划建设的台北府城，是清代台湾省城市中遵循"盆地模式"的又一典型案例。虽然台北盆地的形势特征鲜明，但清廷对这处盆地的"发现"与征服经历了近70年时间[①]，此后又用了120余年才在盆地中心建立起一座恢弘的府城。

1. 发现盆地：从边缘到中心

虽然明初已有汉人在台北盆地耕种，17世纪还有西班牙人和荷兰人在此传教、贸易，但1683年清廷接管台湾后，并没有立即在台北一带建立行政统治。在清廷治台的前20余年间，这里是汉人鲜至的"非人之境"，甚至被视作"绝域"[②]。直到康熙五十一年（1712年）北路增兵，才在台北一带置八里坌汛，驻北路营千总（正六品）一员[③]。不过，这处新汛实际位于台北盆地边缘的滨海地带。从康熙五十六年（1717年）《诸罗县志》"山川总图"中，可以清楚看到八里坌汛位于八里坌山以北、大海之滨，扼控着穿流盆地之淡水河的入海口。八里坌山即今观音山（图4-24）。

彰化县、淡水厅相继设立后，雍正九年（1731年）于八里坌增置巡检司，驻巡检（从九品）一员[④]，八里坌遂成为台北一带最早的行政治理中心。两年后（1733年），又于八里坌增设淡水营，驻都司（正四品）一员[⑤]。康熙五十一年（1712年）设汛以后，汉人开始陆续进入盆地内垦拓[⑥]。乾隆七年（1742年）前后，台北盆地内、外已有汉庄25个；八里坌一带已形成街市[⑦]。

① 以乾隆十五年（1750年）八里坌巡检移驻新庄为标志。

② [清]郁永河《裨海纪游》卷中。"凡隶役闻鸡笼、淡水之遣，皆欷歔悲叹，如使绝域。"

③ [清]康熙《诸罗县志》卷七兵防志/水陆防汛：118。

④ [清]乾隆《重修福建台湾府志》卷十二公署：342。

⑤ [清]乾隆《重修福建台湾府志》卷十兵志：321。淡水营另设千总1员、把总2员、步战守兵共500名、战船6只。

⑥ 尹章义《台北平原拓垦史研究（1697—1772）》1981。

⑦ [清]乾隆《重修福建台湾府志》卷五城池/坊里：80；街市：85。

图4-24 康熙《诸罗县志》所绘"八里坌汛"一带景象

虽然雍乾年间八里坌一带的军政等级持续提升，但其治所一直位于台北盆地之外。直至乾隆十五年（1750年），随着盆地内人口不断聚集、田土渐次开辟，才将巡检由八里坌移驻于盆地内西偏之大嵙崁溪北岸，改为新庄巡检[①]；并移淡水营都司于盆地中部的艋舺渡头[②]。约乾隆二十七年（1762年）前后，台北一带已形成4处街市，其中除八里坌街仍位于盆地之外，其余3处（新庄街、艋舺渡头街、八芝兰林街）皆在盆地之内[③]。当时台北地区的人口、经济和军政重心，均已向盆地中心转移。在《乾隆中叶台湾军备图》中，台北盆地群山环抱、中开平原、诸水川流的形势特点被清晰展现。盆地内则衙署棋布，街庄林立，俨然一大聚邑。对比约60年前的《康熙中叶台湾舆图》[④]，无论是对盆地地形的认知，或其中人居形态的发展，都有明显进步（图4-25）。

此后随着台北盆地人口经济的持续发展和战略地位的日益重要，乾隆五十五年（1790年），升新庄巡检为县丞（正八品），后移驻艋舺[⑤]。嘉庆十三年（1808年），改淡水营都司为艋舺营参将（正三品），仍驻艋舺[⑥]。前后120余年间，台北盆地从"非人之境"发展为"一大聚邑"，该地区的行政、军事中心也从盆地边缘渐进至盆地中央，为后来的设府统县做好了准备（图4-26）。

①
[清]同治《淡水厅志》卷一封域志/山川：36。

②
[清]乾隆《续修台湾府志》卷九武备/营制：370。

③
[清]乾隆《续修台湾府志》卷二规制/街市：89-90。

④
康熙三十三年（1694年）大地震造成台北大湖，《康熙中叶台湾舆图》和康熙《诸罗县志》中所绘台北盆地皆为大湖景象。

⑤
[清]同治《淡水厅志》卷三建置志/廨署：51-52。

⑥
连横《台湾通史》卷十六城池志/衙署：361。

（a）　　　　　　　　　　　　　　　　　　　（b）

图4-25 康熙中叶、乾隆中叶台湾舆图所绘"台北盆地"景象比对

（a）《康熙中叶台湾舆图》所绘台北一带；（b）《乾隆中期台湾军备图》所绘台北盆地

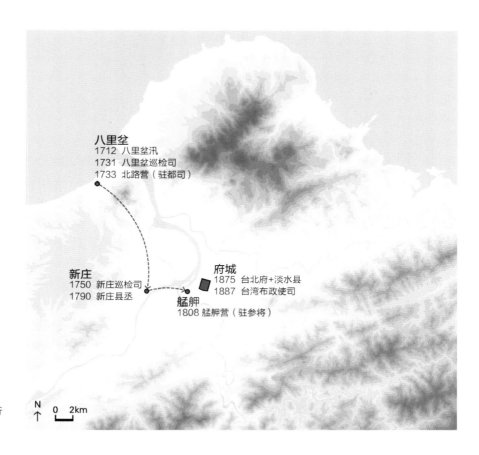

图4-26 台北盆地一带行政、军事中心的空间变迁

2. 台北设府，相地选址

咸丰八年（1858年）淡水开埠[①]后，台北盆地内外渐华洋杂处、商贸繁忙，"外防内治"的管理需求日益强烈[②]。同治末年日军侵台刺激下，清廷转变治台态度，亦促成对台府行政区划的重新考量。光绪元年（1875年），钦差大臣沈葆桢实地考察台湾北部，指出其地人口渐增、土地日辟，且资源丰富、商贸繁荣，唯统辖于南部省城，未免鞭长莫及，于是提出增设台北府，统辖北部一厅三县之地（图4-27）。

沈葆桢基于对台北盆地的详细勘察，最终选择了位于盆地中央的艋舺地方作为府城选址。在光绪元年（1875年）六月撰写的《台北拟建一府三县折》中，他阐述了选址于此的理由："查艋舺当鸡笼、龟仑两大山之间，沃壤平原，两溪环抱，村落衢市，蔚成大观。西至海口三十里，直达八里坌、沪尾两口，并有观音山、大屯山以为屏障，且与省城五虎门遥对，非特淡、兰扼要之区，实全台北门之管（钥）。"[③]这段话中有两点值得注意：一是

[①]
咸丰八年（1858年）《中法天津条约》中增加淡水为开埠港口。《中英天津条约》中先增加台湾（台南）为开埠港口，后又增加淡水，包括沪尾、艋舺、大稻埕等地。

[②③]
[清]沈葆桢. 台北拟建一府三县折（光绪元年六月十八日）//[清]沈葆桢《福建台湾奏折》：55-59。

151

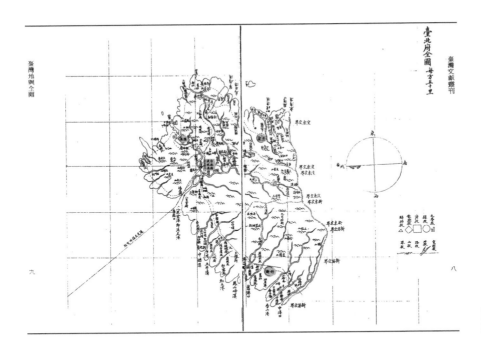

图4-27　光绪《台湾地舆全图》台北府全图

强调艋舺位于盆地之中，外有群山为障，内有开阔平原、溪流环抱，不仅易于防守，且宜居宜建；二是强调艋舺位于溪河之畔，可直达海口，交通便利。沈葆桢从百余年间盆地内外的三处治地（八里坌、新庄、艋舺）中最终选中了艋舺，主要是基于这两方面的考虑。

①②
陈正祥《台湾地志》1993：803。

　　从实际地形来看，台北盆地位于台湾岛最北端（图2-20）。盆地由北侧的大屯火山群、西侧的林口台地和东南侧的中央山脉北部丘陵围合而成，形态略呈三角形[①]。四周群山形成一半径约30里的环合之势，府城选址正位于其中（图4-28）。盆地内的水系由来自三个方向的支流交汇为淡水河，由盆地西北侧开口入海。这三条支流分别是发源于大霸尖山、自西南侧进入盆地的大嵙崁溪（今大汉溪），发源于三貂山脉、自东南侧进入盆地的新店溪，和发源于基隆丘陵、自东北侧进入盆地的基隆河。大嵙崁溪与新店溪先在艋舺西侧汇为淡水河，北行约10里后又有东来之基隆河汇入——府城正选址于这三条河流夹围之间的高势地带。

　　盆地边缘群山中，北侧的大屯山脉最为高耸雄浑，其主峰为七星山，海拔高度1 120米[②]；南侧丘陵亦颇为挺拔，以狮仔头山为最，海拔840余米；西侧林口台地最高海拔240余米；东侧三貂山余脉海拔为300～800米。盆地

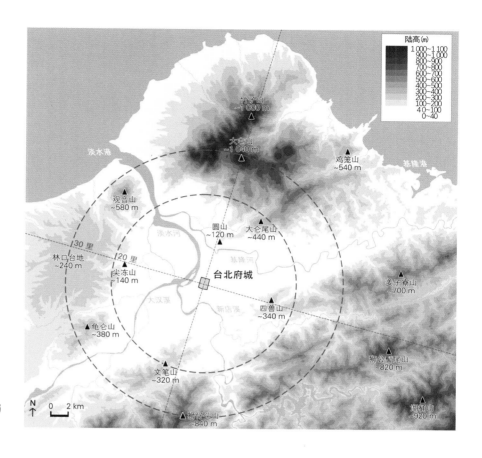

图4-28 台北府城山水格局
（30里范围）

①
[清]同治《淡水厅志》卷一封域
志/山川：32。

边缘在四个方向上都存在形态殊异的标志性山峰，使这一环合山势整体上呈现出明显的方向性，深刻影响了后来府城的立向布局。这样一处群山环抱、中开平原、众水夹流、中出高地的天然形势十分符合中国传统治城的选址理想，其有利防御、交通便利的特点又满足当时台湾对海防及通商的特殊需求，故而被沈葆桢一眼相中，定为府治。

盆地形势并不只是沈葆桢的个人偏好。在其选址之前，也曾有地理先生对台北一带进行勘察和评价。据同治十年（1871年）《淡水厅志》载，"形家云：淡水之库藏也，中夹一港，包罗原隰，街市村落，棋布丛稠，竟忘其为滨海者"；又观音山、大屯山"对峙二十余里，乃淡水内港之镇山，锁钥海口极密"①。《淡水厅志》卷首图中对台北盆地形势也有意象性表现，反映出时人对此盆地地形的认知与关注（图4-29）。

在沈葆桢相地选址之后，台北官员也曾表达对府城山水形势的认同。光绪四年（1878年）首任台北知府林达泉指出，"此地四山环抱，山水交汇，

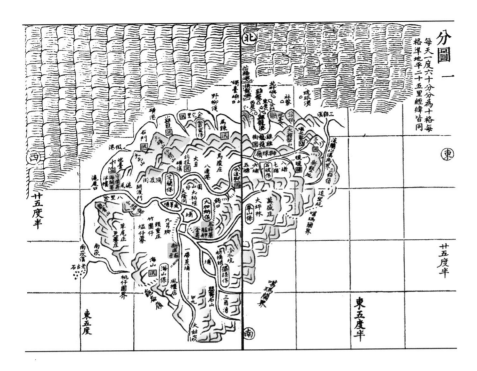

①②
[清]光绪《台湾通志稿》列传/政绩/林达泉。

③
林达泉在任期间一直暂驻新竹县署，未在府城办公。

④
尹章义《台北筑城考》1983。

图4-29　同治《淡水厅志》所绘台北盆地山水形势

府治于此创建，实足收山川之灵秀，而蔚为人物"①。当时有人提出府城一带尚为荒僻，不如移驻于繁华的旧淡水厅城（即竹堑城），林达泉以"艋甲居台北之中……时势之所趋，圣贤君相不能遏也"②予以反驳。在他对府城选址的维护背后，其实是对台北地区人居发展趋势的敏锐判断。

3．规划调整，顺应山水

　　府城的选址虽然得到了各界认同，但后续规划工作并非一帆风顺。在台北设府后的第四年（1878年），首任台北知府林达泉上任，府城规划才正式开始。不过，林到任后不足半年即卒于官，除发表上述维护府城选址的言论外，他实际主持的规划工作记载不详③。府城城垣、街道的具体勘定和主要官方建筑的选址建设，主要由继任知府陈星聚主持。陈星聚在勘定城垣基址后，发现城基土质松软，故先植竹培土，暂缓筑城④。城内主要街道的位置则很快划定，衙署、学宫等主要官方建筑也按部就班规划建设。此后陈星聚还对城中绅民发布告示，召建道路两侧商铺民房。从光绪二十四年（1898年）形成的府城道路格局来看，基本是正南北—东西向的（图4-30），故推测当时的城垣规划应该也与这些道路相平行，为正南北—东西向。

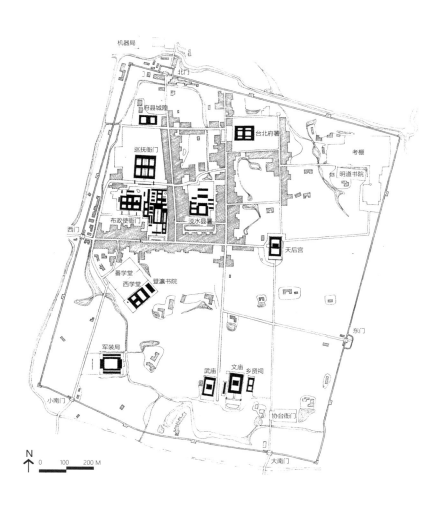

图4-30 1898年台北府城测绘图
（李乾朗，1979：178）

①
《清季申报台湾纪事辑录》光
绪八年五月二十一日《台事汇
录》：1058。

②
[清]沈葆桢. 催刘璈赴台片(光绪
元年六月十八日)//[清]沈葆桢
《福建台湾奏折》：61。

　　光绪七年（1881年），在福建巡抚岑毓英的推动下，城垣工程的图纸、工匠、材料皆已准备就绪，只待次年年初开工。然而随着岑毓英于光绪八年（1882年）四月离任，台湾道刘璈立即修改了府城规划，将"全城旧定基址均弃不用"①，重新划定了城垣范围。刘璈的改动主要有二：一是缩小了城垣规模；二是扭转了城墙朝向，以顺应台北盆地的天然朝向。这位台湾道刘璈，正是此前颇受沈葆桢赏识的恒春县城规划者。沈葆桢曾向光绪皇帝介绍刘璈"素习堪舆家言"，并称赞其"经画详审"②。如此来看，因循台北盆地的天然山水秩序而扭转府城朝向、重新划定城基，十分符合刘璈的规划理念和实践经验。德国学者申茨（Schinz，1976）发现台北府城的东、西城垣延长线共同指向盆地北侧的七星山；陈朝兴（1984）指出刘璈运用风水理念重新规划城垣——都是对光绪八年（1882年）刘璈重作府城规划的具体解读。

将1898年台北府城测绘平面落位于实际地形中，发现其东、西城垣延长线向北指向七星山，向南则指向狮仔头山、文笔山之凹。从中国古代城市规划的山川定位传统来看，刘璈很可能是以盆地北侧的七星山[①]和南侧的狮仔头山、文笔山确定了城垣的南北轴线，又以盆地东侧的四兽山和西侧的尖冻山确定了城垣的东西轴线，而后依据规模制度确定了新版城垣位置。此外，几座城门的朝向也与盆地边缘的标志性山峰有所关联：北门遥指盆地北侧海拔1 120米的七星山，东门指向盆地东侧海拔340余米的四兽山，西门指向盆地西侧林口台地边缘海拔140余米的尖冻山，南门指向盆地南侧海拔840余米的狮仔头山，小南门则指向盆地西南侧海拔320余米的文笔山。这些朝对关系并非巧合，而是规划者有意识地选取了盆地边缘的标志性山峰，使人造的城门与之呼应，以表达人工规划建设对自然山水秩序的遵从（图4-31）。

综上，台北府城最初的城垣和道路规划坐北朝南，但在"素习堪舆家言"的台湾道刘璈的强势干预下，却遵循台北盆地的天然山水秩序而扭转了城垣朝向、重划了城垣基址，使府城规划总体上表现出强烈的"盆地模式"特征。

① 七星山之得名，一说是源于北斗七星，一说是因其七峰连绵起伏之形态。这种山形在堪舆中被认为具有吉祥意味，或许是刘璈以之为府城主山的原因。

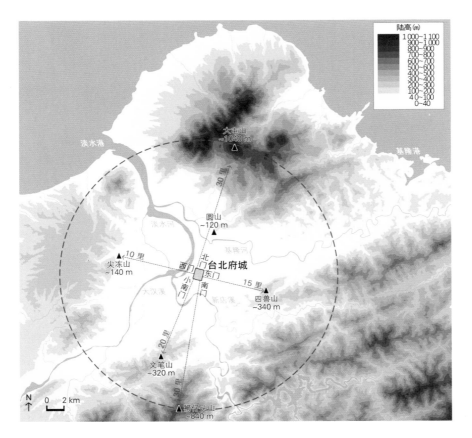

图4-31　台北府城因应山水形势的城门朝对

4.1.4 台中省城[①]：山环水复，气象宏敞

清代台湾城市中遵循"盆地模式"的最特殊案例是新台湾府城，即台中省城。作为新设边疆省城，其选址于盆地地形的原因，既有山前平原开发殆尽、不得不深入山地的客观因素；也有追求宏阔格局、山水象征的主观意图。这处盆地很早已被汉人发现和垦拓，但直至清末台湾建省才被赋予了更重要的使命。

1. 省城选址，盆地突现

光绪十一年（1885年），慈禧太后下懿旨任命刘铭传为首任台湾巡抚，标志着台湾建省[②]。刘铭传经过两年的筹划，于光绪十三年（1887年）八月正式提出台湾省行政区划方案[③]，明确了于台中一带建立省城（即新台湾府城）的决定。

其实早在前一年（1886年）六月刘铭传提出台湾建省初步构想时，已基本形成"以彰化中路为省垣"、以兼顾南北的打算，只不过当时省城选址尚未明确[④]（表4-1）。随后他于同年（1886年）九月赴彰化一带勘察地形，主要目的就是"审定将来建省分治之区"[⑤]。在这次勘察中，刘铭传发现了台中盆地的独特形势，认为其"地势宽平，气局开展，襟山带海，控制全台，实堪建立省会"[⑥]。于是在次年（1887年）八月呈送的台湾省行政区划规划中，他明确提出"彰化桥孜图地方，山环水复，中开平原，气象宏敞，又当全台适中之地，拟照前抚臣岑毓英原议，建立省城"[⑦]。

刘铭传提到的"前抚臣岑毓英原议"，指的是光绪七年（1881年）由福建巡抚岑毓英提议、由时任台湾道刘璈亲自主持、在台中盆地范围内开展的一次城市选址工作。当时，岑毓英在巡台考察后指出，南、北二府相去太遥，难于兼顾，遂提议将台湾道、台湾府之一移于中路，以居中控制[⑧]。在岑毓英的委任下，刚刚上任的台湾道刘璈亲赴彰化一带勘察地形，为道、府移驻进行选址。他详细考察了台中盆地，发现"大甲溪、大肚山以内周围数百里，平畴沃野，山环水绕，最为富庶"，且"有内山南北两水交汇，转出梧棲海口，其民船可通乌日庄"；盆地内则有"猫雾拺、上桥头、下桥头、乌日庄四处，尤为钟灵开阳之所，实可大作都会"[⑨]。在委派专人进行更详细的勘察绘图后，刘璈最终选定了位于盆地中央的下桥头，拟建立台湾直隶

① "台中"之名始于日本殖民时期，即1896年设"台中县"。在1887—1895年间，今台中地方的官方名称为"台湾府"。但为避免与台湾府（台南）混淆，本节称该府城为"台中省城"。

② 《清德宗实录选辑》光绪十一年九月初五日：207。

③⑦ [清]刘铭传.台湾郡县添改撤裁折（光绪十三年八月十七日）//[清]刘铭传《刘壮肃公奏议》：284–287。

④ [清]刘铭传.遵议台湾建省事宜折（光绪十二年六月十三日）//[清]刘铭传《刘壮肃公奏议》：279–284。该折中提出台湾建省的16项要务，其中第5、10两项涉及省城问题。

⑤ [清]刘铭传.督兵剿中路叛番并就近巡阅地方折（光绪十二年九月初二日）//[清]刘铭传《刘壮肃公奏议》：208–210。

⑥ [清]刘铭传.拟修铁路创办商务折（光绪十三年三月二十日）//[清]刘铭传《刘壮肃公奏议》：268–273。在此次勘察中，刘铭传也发现这处选址地近内山，不通水道，若将来建设省城，必须先解决交通问题。

⑧ [清]刘璈.禀覆筹议移驻各情由（光绪七年九月十五日）//[清]刘璈《巡台退思录》：5–6。

⑨ [清]刘璈.禀奉查勘扑子口等处地形由（光绪七年十二月初六日）//[清]刘璈《巡台退思录》：6–7。

表4-1　刘铭传提出的台湾建省十六项

一	台湾奉旨改设行省，必须与福建联成一气，如甘肃、新疆之制，庶可内外相维等因；查新疆新设巡抚关防内称"甘肃新疆巡抚"，台湾本隶福建，巡抚应照新疆名曰"福建台湾巡抚"……
二	学政向归台湾道兼理，光绪元年曾有议归巡抚明文，现应查照前议，由道将学政关防文卷呈送巡抚管理。……
三	旗后、沪尾两海关，向归将军管理，近年税项所征，均经拨充台饷。现台湾既设行省，两关均隶台疆，可否援照浙江之制，改归巡抚监督，应请敕下福州将军奏办
四	澎湖为闽台门户，须设重镇，以固要区。拟将澎湖副将与海坛镇对调，如蒙俞允，应饬先行互调，以重海防。一切事宜，另行奏办
五	新疆以迪化州为省垣，城署无须建造；台湾改设行省，必须以彰化中路为省垣，方可南北兼顾。另造城池衙署，需费浩繁，一时万难猝办，所有官制，暂仍旧章，将来添设厅县，改派营防，再行奏办
六	福建巡抚既已改归台湾，所有抚一标左右两营，即须移归台省；惟省垣未定，安置无从，以后遇有空名，无须募补，暂留闽省，仍归总督兼管，兵饷亦由闽支发；俟台湾巡抚移住中路，再行调归台湾，不愿移者听
七	台湾改省之后，应遵旨添设藩司一员，综核钱粮、兵马，整顿厅县各官，并设布库大使一员，兼经历事。所有建造衙署、添设印官，百端草创，将来须仿照新疆章程，奉旨后再行会同请简
八	台湾道向兼按察使衔，一切刑名由道审转，其驿传事务亦由道兼治，添设司狱一员，毋庸另设臬使；惟会典职官有按司狱、府司狱，无道司狱，应以候补按司狱、府司狱轮流借补
九	台湾盐务，场产不足，半由内地运售，名曰唐盐。内地长泰、南靖等县澳引额例拨归台湾代销，所征正溢课厘，虽留台拨充防费，尚有抵解各款，归内地盐务杂支，每届奏销，由福建盐法道汇核造报。各省盐场引地多行外省，闽台盐务分办，窒碍殊多，应请仍照旧章办理
十	台湾各县，地舆太广，最大如彰化、嘉义、淡水、新竹四县，亟须添官分治。统计四县，按周围百里为城，约可分出四、五厅县。将来彰化即可改驻首府，另设首县为台湾县，将台湾县改为安平县，应俟添设藩司再行酌办
十一	台湾烟瘴之地，内地官吏渡台，咸视为畏途。……今拟仿照新疆章程，凡到台湾实任，如逾三年，著有劳绩，准回内地，不计繁简，均须调补优缺……
十二	台湾生番，归化已多，日渐开辟，急须分治添官。……拟请旨饬部，声明台湾新设省治，暂行不论资格，俾得人地相宜。俟全台生番归化，一律分治设官，再请循照部章，以求实效
十三	番地日开，必添营汛。查新疆添设总兵、副将、参、游、千、把等官甚多，台湾情势既殊，须俟尽抚生番，全局方能酌定，目前但能随时察夺具奏，或添或改，以节饷需
十四	台湾改设巡抚，本拟仿照江苏分苏、分宁成案，于各班人员到省，积有三员掣签一次，以两员分闽，一员渡台，惟全台现仅两府、八县，缺分无多，若照三分掣一，来台必无位置。拟俟全台生番归化，一律设官，再行照办……
十五	台湾改设巡抚，台湾镇总兵应销去"挂印"字样，与新调澎湖镇总兵统归巡抚节制
十六	抚辕原设经制书吏十二名，各有清书、帮书，今福建巡抚归总督兼治，拟留经制书吏六人，酌用帮、清各书留督署办公，尚有经制书吏六人，酌带帮、清各书赴台供役……

注：据[清]刘铭传.遵议台湾建省事宜折（光绪十二年六月十三日）//[清]刘铭传《刘壮肃公奏议》：279-284绘制。

州，移台湾道驻此[①]。但随着岑毓英调任云贵总督，直隶州计划不了了之；直到6年后刘铭传为台湾省城寻觅基址时，这处由"素习堪舆家言"的规划达人刘璈所选定的城址，才又重新被纳入考量（图4-32）。

考察台中盆地的实际地形，其位于台湾岛中央山脉西侧，嘉南平原东

①
[清]刘璈.饬台湾府核议改设移驻各项经费由（光绪八年七月二十七日）//[清]刘璈《巡台退思录》：8-9。

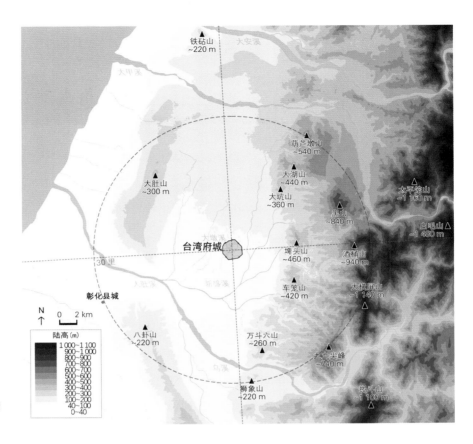

图4-32　台中省城（新台湾
府城）山水格局（30里范围）

①
陈正祥《台湾地志》1993：
819—822。

北、大甲平原以南（图2-20）。由于被群山环抱，台中盆地与其西南、东北
的滨海平原有着明显的地理区隔，"自成一局"的特征十分明显。盆地整体
形如枣核，东西窄，南北长，面积约400平方千米①。环合群山中，盆地东侧
是中央山脉余脉，其中部有酒桶山、大横屏山等海拔高度1 000米左右的高
山，南、北两端高峰（九九尖峰和葫芦墩山）海拔高度也在500～700米，
整体呈南北向绵亘约35千米，平面向西略呈环抱势。盆地西北侧是海拔300
余米的大肚山，呈南北走势，长近15千米；西南侧是海拔200余米的八卦
山，亦呈南北走势，长约30千米，其背后（再西南）就是彰化平原及更广
阔的嘉南平原。盆地南、北两端微微开口，分别有浊水溪、大甲溪流出；西
侧大肚山与八卦山之间则形成一宽约5千米的开口，有大肚溪自东南向西北
流出。从环合群山的立体形态来看，东侧山峦中间高峻、南北略低，形如背
屏，宽阔巍峨；西侧大肚山与八卦山平缓延展，形如台案；二山又呈南北相
对之势，形如门户。这使台中盆地呈现出明显的方向感和秩序感，后来省城
的选址规划也着力顺应并强化了此天然山水秩序。盆地内部地势东北高、西

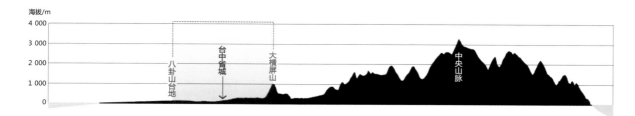

南低。桥孜图一带恰处于盆地中心位置，东倚酒桶山高峰，西对大肚、八卦之凹，南、北有二溪缠流，而中踞高地（图4-33）。

综合台中盆地的地形特点以及刘铭传对它的形势评价来看，台湾省城的选址主要是基于三点考虑：一是其区位居中，对于全省而言能居中调度，兼顾南北；二是这里有理想的盆地地形，山环水复、中开平原，是中国城市规划传统中理想的人居之地和治城之选；三是其山水尺度适宜，规模气象宏敞，具有与省会地位相匹配的山水空间尺度。

2. 建省以前的人居发展和山水认知

在建为省城之前的150余年间，台中盆地内已有汉庄、街市分布，并已设置巡检司、防汛等行政、安防机构。其人居建设渐次发展，对盆地形势的认知也不断累积。

雍正元年（1723年）彰化设县后，台中盆地归彰化县管辖，属猫雾捒保[1]。雍正九年（1731年），彰化县始于盆地内设猫雾捒巡检（从九品），驻犁头店街[2]。犁头店街是当时台中盆地内唯一的一处街市，是彰化县境内的11处街市之一[3]。犁头店巡检司则是台中盆地内最早设立的行政治理机构，其所驻官员品级虽然不高，但也掌管基层大小事务。两年后（1733年），又于盆地内设猫雾捒汛，驻千总1员、守兵165名，驻于大墩[4]。这是盆地内最早设立的军事驻防点，驻官品级升至正六品。不过，当时猫雾捒保下辖的18个汉庄中尚无名犁头店或大墩者[5]，这两地是在巡检司和汛塘设置后才逐渐形成汉庄。至道光中叶，台中盆地内的军事驻防点又增加了2处（即四张犁汛和葫芦墩汛），商业街市增加了2处（即大墩街和葫芦墩街），汉庄则激增至133个，后来被刘铭传选为省城基址的"桥孜图"（桥仔头庄）在此时已经出现[6]。从地理区位来看，犁头店位于盆地内西侧，是从彰化县城东北行进入盆地后的第一站；其地更近大肚溪，海拔高度120余米。大墩和桥孜图则更靠近盆地的地理中心；地势也更高，海拔高度140余米。从雍

图4-33　台中省城（新台湾府城）大尺度地势剖面
（据陈正祥，1993：53图改绘）

① [清]乾隆《重修福建台湾府志》卷五城池/坊里：79。当时彰化县下辖10保，猫雾捒保为其一。

② [清]道光《彰化县志》卷二规制志/官署：38；街市：40；[清]乾隆《重修福建台湾府志》卷十二公署：342。

③ [清]乾隆《重修福建台湾府志》卷五城池/街市：84-85。

④ [清]乾隆《重修福建台湾府志》卷十兵志：320。

⑤ 据[清]乾隆七年《重修福建台湾府志》载，当时彰化县下辖10保、110庄，其中并无大墩庄和犁头店庄（卷五城池/坊里：79）。至[清]道光《彰化县志》中载有此二庄，皆在猫雾捒东西保（卷二规制志/保：49-50）。

⑥ [清]道光《彰化县志》卷七兵防志/陆路兵制/汛塘：192-193；卷二规制志/街市：40-41；保：42-51。其中出现桥仔头庄，即光绪年间刘铭传选为省城基址的"桥孜图"。

①
[清]乾隆《重修福建台湾府志》
卷三山川/彰化县：62。其中
"邑"指彰化。

②
即猫雾捒山、葫芦墩山、横山、
蓬山、鳌头山、沙辘山、大肚
山、九九尖山（火焰山）、茭荖
山、大员山（酒桶山）。

③
[清]道光《彰化县志》卷一封
域志/山川：8-13。书中还出
现了大肚山"为猫雾捒一带案
山"的说法。

④
[清]刘璈.禀奉查勘扑子口等处
地形由(光绪七年十二月初六
日)//[清]刘璈《巡台退思录》：
6-7。

正九年（1731年）的犁头店到雍正十一年（1733年）的大墩，再到光绪十三年（1887年）的桥孜图，150余年间台中盆地内的军、政中心呈现出从边缘入口位置向中心位置转移的趋势，反映出盆地内田土开拓和人口集聚的逐步发展（图4-34）。

随着台中盆地内的人居发展，人们对盆地形势特点的认知也越发成熟。乾隆七年（1742年）《重修福建台湾府志》中关于台中盆地的记载仅有猫雾捒山、大肚山和寮望山，称猫雾捒山"在邑东北，有旷埔，汉人耕种其中"；大肚山"与寮望山对峙，山后为猫雾捒社，护彰化县治"①。到道光十四年（1834年）前后，《彰化县志》中记载的台中盆地山峦已增加至10座②，并形成一定的整体认知——"猫雾捒诸山中开平洋，良田万顷，为邑治一大聚落也"③（图4-35）。再到光绪七年（1881年）刘璈为移驻道、府城选址时，对台中盆地开展了较全面详细的勘察。他指出台中盆地"平畴沃野，山环水绕""两水交汇，转出海口"的特点，并具体挑选出4处"可大作都会"的城市选址④，进一步勘测绘图。

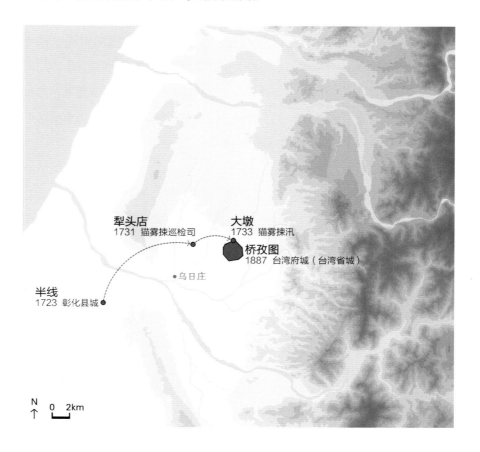

图4-34 台中盆地一带行政、军事中心的空间变迁

犁头店
1731 猫雾捒巡检司

大墩
1733 猫雾捒汛

桥孜图
1887 台湾府城（台湾省城）

●乌日庄

半线
1723 彰化县城

N
0 2km

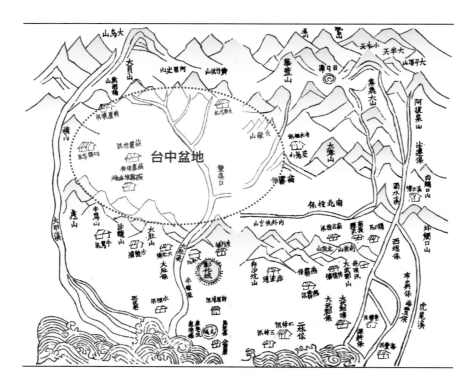

图4-35 道光《彰化县志》所绘台中盆地山水形势

不可否认，相较于山前滨海诸府县，台中盆地无论在农业开垦、行政管理还是山水认知等方面都起步较晚。但其独特的盆地地形却在光绪年间得到了几位地方高级官员的一致青睐，不约而同地提出在此建立省级城市的观点。究其本质，台中盆地的区位、规模、形态等都符合中国传统城市规划中对于高级治城的期待，成为省城选址，只是时间问题。

3. 因应山水，择向筑城

经由刘铭传亲自规划，新台湾府城（即台中省城）于光绪十五年（1889年）八月开工建设。城垣周围11里有奇，形态呈八边形。先建城垣基础及八门四楼，八座城门分别命名为：乾健门、坎孚门、艮安门、震威门、巽正门、离照门、坤顺门、兑悦门，与八卦方位——对应。城内约辖十六坊之地，一期建设府文庙、考棚、书院、巡捕厅、武营、坛庙等公建设施。城市总体坐北朝南，城中道路及城门朝向亦呼应周围山水环境。

从实际地形分析来看，省城八座城门分别指向盆地边缘的标志性山川：东门（震威门）朝向盆地东侧之主山、海拔940余米的酒桶山；东北门（艮安门）朝向盆地东北侧海拔540余米的葫芦墩山主峰；东南门（巽正门）朝

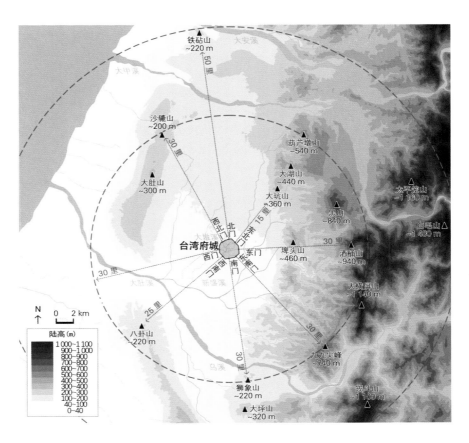

图4-36　台中省城因应山水
形势的城门朝对

向盆地东南侧海拔740余米的九九尖峰；西南门（坤顺门）朝向盆地西南侧
海拔220余米的八卦山高台；西北门（乾健门）朝向盆地西北侧海拔200余
米的大肚山脉北端沙辘山；南门（离照门）朝向盆地南侧海拔220余米的狮
象山；北门（坎孚门）遥对盆地北侧开口及更远的铁砧山；西门（兑悦门）
遥对盆地西部开口——大肚山、八卦山之凹（图4-36）。

4.1.5　"盆地模式"城市选址规划的共性特征

前述4个案例，反映出清代台湾城市选址规划之"盆地模式"的若干共
性特征。

第一，这些城市都选址于盆地地形之中心，尤其偏爱大山之麓、二水夹
流的中高之地，与"山前模式"城市所遵循的"倚山""夹溪""踞高"等
选址原则有异曲同工之处。恒春县城选址于恒春盆地之中心，具体位于三台
山西南麓、网纱溪和出火溪夹流之间的高势地带；又以平畴突起的猴洞山为

标志物，确定了更精确的选址范围。埔里社厅城选址于埔里盆地之中心，具体位于华盖山下虎头山西麓，南港溪与眉溪夹流之间的高势地带。厅城海拔440余米，与虎头山相对高度260余米。台北府城选址于台北盆地之中心，具体位于大屯山下圆山之南麓，新店溪、基隆河、淡水河三水夹流之间的高势地带。府城海拔20余米，与圆山的相对高度为100余米。台中省城选址于台中盆地之中心，具体位于酒桶山下埠头山西麓，旱溪、大墩溪、新盛溪等溪流缠绕之间的高势地带。

第二，这些城市的朝向大都遵循盆地天然山水秩序所呈现的方向感。一般以环合群山中最为高峻的山峦为主山，以其与盆地中心连线或与另一侧标志性山峦的连线作为城市空间布局的主要轴线。恒春县城以三台山为主山，以罗佛山—三台山—猴洞山一线为城市主轴，以龙銮山—龟山一线为辅轴而确立城市朝向，坐东北而向西南。埔里社厅城以华盖山为主山，以华盖山—白叶山与金龙山之凹一线为主轴，以横屏山—观音山一线为辅轴而确立城市朝向，亦坐东北而向西南。台北府城以大屯山为主山，以大屯山—狮仔头山与文笔山之凹一线为主轴，以四兽山—尖冻山一线为辅轴而确立城垣朝向，坐北而向南。台中省城以酒桶山—大肚山与八卦山之凹一线为主轴，以盆地南北开口一线为辅轴而确立城市朝向，坐东而向西。

第三，这些城市的城门朝向大都考虑与盆地边缘主要方位上标志性山川的关联。恒春县城北门正对虎头山，东门避三台山而朝向三台山—龙銮山之凹，南门朝向龙銮潭，西门朝向恒春盆地北部开口。台北府城北门正对大屯山主峰七星山，东门朝向四兽山，西门朝向尖冻山，南门朝向狮仔头山，小南门朝向文笔山。台中省城的东门、东北门、东南门分别朝向盆地东侧的酒桶山、葫芦墩山和九九尖峰，西北门、西南门分别朝向沙辘山、八卦山，南门、北门分别遥对盆地南侧的狮象山和北侧的铁砧山，西门朝向大肚山、八卦山之凹，似以之为门阙。

第四，这些盆地的环合尺度半径为10～30里，与城市的行政等级相互呼应。恒春县城四象标志性山峦形成的环合半径约为10里。埔里社厅城周围群山的环合半径亦约为10里，台北府城周围群山的环合半径约为20里。台中省城周围群山的环合半径约为30里。从实际山川尺度来看，府城所在盆地地形的环合半径明显大于县城和厅城。作为省城选址的台中盆地，确是台湾岛各盆地地形中开合尺度最大的一个。

4.2 城市选址与山水格局建构略论

前述城市虽表现出"山前模式"和"盆地模式"的不同类型特征，但它们都与其自然山水环境共同建构起完整清晰的城市山水格局。这些山水格局透露出城市选址中的特殊考量，也展现出城市规划布局中欲与其山水环境建立紧密关系的深层意图。城市山水格局建构，是中国传统城市规划中的重要技术步骤；其空间结果，是城市物质空间结构的重要层次。地方城市存在经过精心建构、完整记录并随城市发展而不断调整、长期传承的城市山水格局，是中国古代城市的普遍特征。本节基于清代台湾城市案例，辨析中国规划传统中城市山水格局建构中的若干基本问题。

4.2.1 城市山水格局的内容与层次："可见层次"与"可感层次"

城市山水格局，指城市与其所处山水环境中经过人工识别、筛选的标志性要素所共同构成的空间关系或空间结构。从前述清代台湾城市案例来看，它们的选址规划过程中，都由规划者建构起或抽象或具体的城市山水格局。这些山水格局中，有些形成了明确且固定的文本表述，收录于官方志书或规划者的个人文集中，如诸罗县城、凤山县城、彰化县城、淡水厅城、噶玛兰厅城、恒春县城等，属于有记载、可识别的城市山水格局。有些尚未来得及落实于文字，但从经过复原的城市空间形态及与其山水环境的空间关系分析中，仍然可以识别出城市山水格局的真实存在，如埔里社厅城、台北府城、台中省城等，属于无记载、但可识别的城市山水格局。

从内容构成与空间范围来看，这些城市山水格局主要包括两个空间层次，即"可见层次"和"可感层次"。

1. 城市山水格局的"可见层次"

城市山水格局的第一个层次，是自城市四望可见，且对其选址、立向、布局形成直接影响的那些山水要素，与城市共同构成的空间格局——本文称之为城市山水格局的"可见层次"。例如，诸罗县城与牛朝山、覆鼎金山、尖山仔山、牛稠溪、八掌溪等共同构成的空间格局；彰化县城与八卦山、大肚山、观音山、龙泉溪、大肚溪等共同构成的格局；淡水厅城与虎头山、十八尖山、隙仔山、香山、凤山、头前溪、隙仔溪等共同构成的格局；噶玛兰厅城与员山、枕头山、四陂大围后山、清水溪、浊水溪等共同构成的格局；凤山旧城与龟山、蛇山、半屏山、打鼓山、莲池潭、打鼓溪等共同构成的格局；凤山新城与井仔脚山、赤山、下赤山、凤山、海汕、凤山溪等共同构成的格局；恒春县城与三台山、虎头山、龙銮山、西屏山、龟山、出火溪、网纱溪等共同构成的格局；埔里社厅城与华盖山、虎头山、横屏山、白叶山、金龙山、观音山、眉溪、南港溪等共同构成的格局；台北府城与大屯山、观音山、狮仔头山、文笔山、四兽山、尖冻山、新店溪、大嵙崁溪、基隆河等共同构成的格局；台中省城与酒桶山、大横屏山、葫芦墩山、九九尖峰、大肚山、八卦山、大肚溪、旱溪、大墩溪、新盛溪等共同构成的格局。

山水格局之"可见层次"的空间范围，大约是以府州县厅治城为中心、半径为10～30里。县、厅级城市的这一层次空间范围较小，如诸罗县城、彰化县城、凤山新城、淡水厅城、噶玛兰厅城的这一层次范围约为半径15里；凤山旧城、恒春县城、埔里社厅城的这一层次范围约为半径10里。省、府级城市的这一层次空间范围相对较大，如台北府城的这一层次范围约为半径20里；台中省城的这一层次范围约为半径30里（图4-37）。

城市的"主山"一般位于这一"可见层次"内，且是可见诸山中最高大雄伟的山峦，例如彰化县城之八卦山、淡水厅城之虎头山、恒春县城之三台山、埔里社厅城之华盖山、台北府城之七星山、台中省城之酒桶山等。在"可见层次"中被选定的这些标志性山水要素，往往对城市的最终选址和立向布局产生决定性影响。

2．城市山水格局的"可感层次"

城市山水格局的第二个层次，是自城市四望不一定可见，但经过勘察梳理而被感知，从而对城市的选址、规划、立向产生间接影响的那些山川要素，与城市所共同构成的空间格局——本文称之为城市山水格局的"可感层次"。例如，诸罗县的大武峦山（光仑山）、大龟佛山、梅仔坑山等未必能从县城直接可见，但这些山峦在大尺度上呈现的三分支左右拱卫格局，为县城选址的合理性与正义性提供了重要支撑。又如，彰化县的红涂崎、大武郡山、集集大山等由于距离原因或角度问题并不能从县城直接可见，但它们所构成的绵长来龙使县城选址具有了正统性和不可替代性。再如，淡水厅的五指山、大土

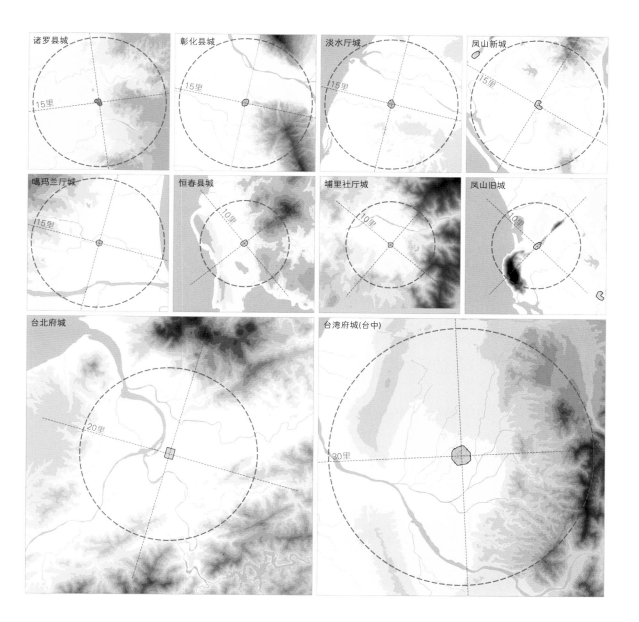

图4-37 清代台湾城市山水
格局之"可见层次"尺度比较
（部分）

坪、象齿林山、南河山、三湾山等不一定能从厅城直接可见，但它们形成的
三分支左右拱卫格局，为厅城选址提供了重要依据。还如，恒春县的牡丹番
山、四林格山、罗佛山、响林山、保力山等虽然不能从县城直接可见，但这
些山脉所构成的干支清晰的整体脉络，使县城选址具有了唯一性与精确性。

城市山水格局的"可感层次"在空间上位于"可见层次"之外。从清代
台湾城市案例来看，它们通常是由城市周围15～30里范围以外的山川所构
成。其最大尺度可至50～75里，更甚者或上百里，视具体辖域而定。

这些"不直接可见"的山脉与府州县厅城的关系，以及它们与前述"可见层次"山水要素的关系，通常是由专业规划人员基于详细的地形勘察、识别命名、脉络梳理而建构。从地方志中对这一层次山水格局的记述来看，往往采用堪舆术语，由地理先生帮助建构和表述。建构这一"可感层次"山水格局的核心目的，是梳理县境山川的来龙去脉、相对关系，为城市选址及"可见层次"山水格局的确定提供依据。

4.2.2　城市山水格局的建构程序："实质性建构"与"文本性建构"

建构城市山水格局是城市选址规划过程中的重要技术步骤。从清代台湾省案例来看，城市山水格局建构的具体过程虽然多样，但基本包括以下流程：山水地形勘察—标志性要素识别命名—"可见层次"格局建构—城市立向布局呼应—大尺度山水脉络梳理—"可感层次"格局建构—（形成文字表述）[1]。

从建构形式和记述方式来看，城市山水格局的建构往往可分为"实质性建构"和"文本性建构"两类。实质性建构，指城市及主要建筑的选址规划与其周边特定空间范围内的标志性山水要素形成了明确的空间关联，组成了清晰可见的整体空间结构。这种建构类型主要针对"可见层次"，无论在地形图上或在实际环境中，都肉眼可见这种空间关联或结构的存在。文本性建构，指以文字叙述的方式描述城市的山水脉络及空间格局，通常记录于地方志中的"形势"或"山川"篇。这种建构类型更主要针对"可感层次"，在实际环境中较难直接体察，但在大尺度地形图上可以识别这种格局。

从清代台湾城市案例来看，城市山水格局的"实质性建构"与"文本性建构"之间存在以下三种关系，反映出不同发展时段城市选址规划的特点。

1."实质性建构"早于"文本性建构"

清廷治台前、中期建置的城市，如诸罗县城、彰化县城、淡水厅城等，在设治初期受到资金、人力、治地开发条件等多重制约，往往难以开展大规模且详细的山水地形勘察。规划者遂主要基于理论传统和实践经验对城市的

① 顺序视具体情况或有调整。

山水形势进行初判，确定大致的城市基址和朝向并开始小规模建设，即开展"实质性建构"。待到城市建设初具规模，尤其是有条件规划砖石城垣时，才启动大规模且详细的山水地形勘察和形势脉络梳理，建构完整的城市山水格局并落实于文字表述，即完成"文本性建构"。

规划前期对城市山水形势的初判往往局限于"可见层次"的空间范围内，但这一阶段的选址、定基、立向等规划决策基本都被继承和延续。换句话说，即便城市规模发生扩张，但城市基点（通常是衙署位置）和主轴（通常是衙署或主街朝向）极少变化。这说明选址之初建构的山水格局相对稳定，且对城市后续的更新发展产生深刻影响。

以诸罗县城为例。其于康熙二十三年（1684年）设县之初卜治于诸罗山前（西麓），虽然没有立即开展县城建设，但这一选址背倚诸罗山为屏、前瞰开阔平原、左右二溪夹流、占据山麓高地的形势特色已被充分认知，即已初步形成山水格局的"实质性建构"。20年后正式规划县城时，首先在城址周围半径约50里范围内开展了详细的山水地形勘察，并对标志性山水要素进行了识别和命名；在此基础上，对县城的山水脉络进行梳理，提出包括"**主山、祖山、左肩、右肩、左臂、右臂**"等要素的完整山水格局；并形成关于此山水格局的固定文字表述而载于《县志》，即完成"文本性建构"。县署、文庙等主要官方建筑的选址立向，皆顺应此山水格局而确定。

再以彰化县城为例。其设县之初（1723年）卜治于八卦山前的半线营盘一带。这一选址背倚八卦山为屏、前瞰彰化平原、左右二溪环抱、占据山麓高地的形势特色已被充分认知，因此县署、文庙等主要官方建筑以及后来的竹城、土城等都遵循此山水格局陆续建设起来，即开展"实质性建构"。不过当时尚未开展详细的山水地形勘察，故县城周边山水要素中有命名者较少。直到嘉庆年间彰化县筹建砖城之际，始对县城周边约75里范围内的山水地形进行了详细勘察。不仅将山水要素一一命名，还梳理其脉络格局，建构起一套"祖山、父母山、主山"主干清晰、分支拱卫的格局表述，即完成"文本性建构"。此版山水格局为县城新一轮规划的合理性提供了依据，亦有助于加强地方官民对城市选址及新版规划的认同感。

再以淡水厅城为例。其于雍正九年（1731年）卜治于竹堑，当时对该选址背山面海、诸山环拱、二溪夹流、中踞高地的形势特征已有充分认识。城市主要官方建筑的择向布局、竹城土城的规划建设等都基于此初判格局而陆续展开，即初步实现山水格局的"实质性建构"。直至道光六年（1826年）淡水厅筹建砖城之际，又对厅城周围约50里范围内的山水地形进行了详细勘察和脉络梳理，建构起一个"祖山、少祖山、主山、左肩、右肩、左砂、右砂"明确的整体山水格局，并形成固定文字表述记录于官方志书中，即完成"文本性建构"。

这三个案例的共同之处，是在山水格局的"文本性建构"之前，这些城市已经依据特定的原则确立了大致选址，并初步建立起城市山水格局以确定城市及主要建筑的朝向和布局。换句话说，山水格局的"实质性建构"在城市选址之初已经开展。这些选址原则主要包括"倚山""面阔""夹溪""踞高"等，即背倚高山为屏，面朝平旷之原，左右二水夹流，中踞高爽地势——这不仅是上述三座城市共同的选址原则，也几乎是前述所有城市共同遵守的原则。此后更详细的地形勘察和更完善的山水格局建构工作往往发生于砖石城垣规划之际，并且通常是新一轮城市规划的第一步。一方面，详细的山水地形勘察为城市规划提供了更准确的地形条件和底图信息，是规划工作开展的基础。另一方面，梳理山川脉络旨在识别自然山水环境中的空间秩序，为即将建立的城市人工空间秩序提供依据。

从城市发展角度来看，上述三座城市都是在人口、经济发展到一定阶段之后才产生了重新规划城垣、补充完善山水格局的要求，反映出随着经济水平的提升，地方官民对于城市建设有了文化和审美层面上的更高要求。因此，山水格局的"文本性建构"可以理解为是适应此种需求而对早前"实质性建构"的理想化延展和艺术化再处理。

2."实质性建构"同步于"文本性建构"

与前述案例的次第建构不同，有些城市山水格局的"实质性建构"和"文本性建构"也可能同期完成。以噶玛兰厅城和恒春县城为例，这两座城市增置于清廷治台中后期，由于特殊的时局背景，其设治、选址、规划包括山水格局建构，皆在较短时间内完成。

噶玛兰厅城系于嘉庆十五年（1810年）前后勘察形势并呈请设治。在闽浙总督方维甸的奏折中，明确记载了当时对选址一带山川地形的详细勘察情况，包括宜兰平原的规模、形态、港口、聚落分布、土地条件等。与此同时，地理先生也在地方官员的授意下，依据堪舆理论相察形势，梳理脉络，对已有的规划方案提出了重要修改。在他的指点下，噶玛兰厅城建构起背倚后屏、前绕溪流、左盘青龙、右踞白虎的整体山水格局，决定了厅城的具体立向布局。恒春县城的山水地形勘察和山水格局建构也几乎是在筹划设县、治城选址的同时进行。钦差大臣沈葆桢、台湾道刘璈共同主持了恒春盆地的地形勘察和县城选址工作。"素习堪舆家言"的刘璈甚至直接为县城建构起"可见层次"上四象分明、朝对清晰、中踞高地的山水格局，并对"可感层次"的干支脉络进行梳理，以论证县城选址的合理性。

这两座城市山水格局的"实质性建构"和"文本性建构"大约在同一时段完成，一方面是因为这两座城市均是出于全台战略考虑而快速设治筑城，其城市规划追求一步到位，包括尽快建构多方共识的山水格局并落实于文字表述。另一方面是因为从技术上而言，山水格局的识别和建构是决定城市选址及立向布局的重要依据，将已经明确的实质性山水格局梳理成文本，不过是规划者和修志者的举手之劳。

3．"实质性建构"而无"文本性建构"

与前两类不同，有些城市并未形成明确记载的的文本性山水格局，但对照实际地形分析，城市与其周边标志性山水要素共同构成的山水格局仍清晰可辨，以埔里社厅城、台北府城、台中省城为例。

埔里社厅城以华盖山为主山，以白叶山、金龙山之凹为朝对，以横屏山、观音山为左右拱卫。台北府城以七星山为主山，以狮仔头山、文笔山之凹为朝对，左拥四兽山及三貂山脉，右揽尖冻山及林口台地。台中省城以酒桶山、大横屏山等为后屏，以大肚山为前案，群山环合，众水缠流。这三座城市都存在"可见层次"上四向环合、朝对清晰、居中四顾的山水格局；并且，这些山水格局直接决定着城市的朝向和布局，充分展现出城市规划对自然山水秩序的遵从。或许因为未来得及开展更大尺度的山水脉络梳理，或许只是因为未完成修志，这三座城市未能形成"可感层次"的山水格局，也未完成"文本性建构"。但这并不影响它们的"实质性山水格局"的存在。

尽管城市山水格局建构的具体过程多样，但它毫无疑问是城市选址规划过程中的重要环节，对城市的择向布局和详细规划起到决定性作用。在山水格局的"实质性建构"之外，一些城市追求并完成了"文本性建构"，形成对实质性山水格局的补充和强化。

4.2.3　城市山水格局的建构者及其理论：专业理论与人居常识

城市山水格局的建构工作往往有多个群体的参与和贡献。从清代台湾省城市案例来看，山水地形的实地勘察主要由勘察测绘人员承担，他们对一定范围内的山水要素进行详细考察，测量记录其道里、形态，绘制地图[1]，并根据要素的特点和作用为其命名。山水形势的脉络梳理主要由地理先生承担，他们探寻山水要素之间的关联，发现其潜在秩序，并采用堪舆术语将其落实于文字表述，为城市的选址、择向提供意见或建议。当然，最终决定城市选址、朝向、格局者是各级地方官员，上至钦差大臣、总督、巡抚，下至台湾道员、知府、知县等，都参与相关决策工作。他们综合勘察绘图人员呈现的信息和地理先生的建议进行评判，最终确定城市的选址及山水格局。以上各群体主要参与着城市山水格局的"实质性建构"，其"文本性建构"中还有地方志书修撰者的参与。后者往往将出自地理先生的格局叙述去粗取精，形成关于城市选址和山水格局的共识性表述，记录于官修志书中。

地理先生的山水格局梳理和建构主要依据堪舆理论。其理论派系五花八门，仅就清代台湾省城市而言，诸罗县城、彰化县城、淡水厅城的山水格局强调"寻龙"；而恒春县城、噶玛兰厅城的山水格局更强调"四象"朝对。具体形式虽然多样，但本质上它们都是将某种理想的形势格局套用于具体的地方山水环境中；或者说，以某种预设的格局框架来提取潜藏于纷繁复杂自然山水中的空间秩序。

地方官员的选址规划决策则依据一些更务实的规划原则，如择中、背山、面阔、夹溪、踞高等。这些原则来源于中华文明中长期积累传承的朴素的人居选址经验，它没有理论包装，更接近人居规划建设的常识[2]。地方官员对这些知识的掌握通常来源于其士人教育和施政经验（孙诗萌，2021）。因此，尽管地理先生提出五花八门的"专业"建构，城市的选址规划仍然表现出具有普遍性的空间形态特征，正是得益于地方官员遵从其人居常识与施政经验的把控。

多数情况下，地方官员所依据的规划原则和地理先生所依据的堪舆理论殊途而同归。例如在恒春县城的选址规划中，刘璈依据"堪舆家言"所勘定的城市选址，也获得了作为士人群体代表、拥有丰富施政经验的沈葆桢的认可，两种观念并行不悖。又如在彰化县城的选址规划中，地方官员先依据传

---

[1] 如沈葆桢、丁日昌、刘璈等人的奏折或文稿中都明确记载曾委办专人测量地形并绘图。

[2] 如《恒春县志》修纂者陈文玮曾指出，"相阴阳，度流泉，设官分职，量地任事"是守土官的本分（[清]光绪《恒春县志》卷首陈序）。

统规划原则而确定了选址，地理先生后又基于大尺度地形勘察而凝练为"葫芦吸露""蜈蚣照珠"模式，使原有方案得到了强化和更广泛的传播。这也反映出，地理先生的工作有时是对基于常规原则所获得的规划方案的复杂化与再包装。

4.2.4 城市山水格局建构的目的与意义：实用与象征

从清代台湾城市案例来看，无论地方官员或民间社会对于城市山水格局的建构都表现出极度的重视、饱满的热情。他们不仅投入巨大的人力、物力、财力开展相关工作，而且持之以恒，随时应变，并不满足于一劳永逸。那么，城市山水格局究竟为何对地方社会如此重要？

从实用价值来看，城市山水格局通常对城市的选址和具体规划建设起到决定性影响。

其一，城市整体山水格局，尤其是"可见层次"的山水格局，对城市选址的最终确定往往起到关键作用。在备选城址周围一定空间范围内是否存在符合特定距离、方位、形态要求的标志性山水要素，以使城市的总体山水格局符合相应等级治所城市的理想，是判断该城址优劣的重要标准。从前述案例来看，无论是"山前模式"或"盆地模式"的城市案例，几乎都符合在城址周边10~30里范围内满足倚山、面阔、夹溪、踞高的基本条件，这并非巧合，而是规划者的着力相察、刻意筛选。追求这样的总体山水格局，正是城市选址工作中的重要目标之一。是为城市山水格局的"定基"之用。

其二，"可见层次"中符合特定距离、方位、形态的标志性山川要素，往往被挑选成为确立城市轴线及主要官方建筑朝向的重要依据。"山前模式"城市往往以其后屏主山与城市基址的连线确定城市主轴，如诸罗县城、彰化县城、凤山新城等；"盆地模式"城市往往以盆地边缘四向上的标志性山峰确立城市主轴、次轴，如台北府城、埔里社厅城、恒春县城等。是为城市山水格局的"立向"之用。

其三，城市的具体空间布局通常是在依据前述山水格局明确了城市主轴和四向之后方才能展开，因此大尺度山水格局间接决定着城市的具体空间布局。例如，城市中特定的功能空间，如衙署、学校、坛庙等，各有其对于方位、地形甚至对景的特殊要求。尤其方位布局一项，需要综合考虑其绝对方位和相对于治署的相对方位。这些基于不同层次、不同目标的要求，使得城市的功能空间布局与其大尺度山水格局之间存在千丝万缕的联系。是为城市山水格局的"布局"之用。

其四，被选中参与建构城市山水格局的标志性山水要素，往往也成为后续着力建设的近城风景区或城中名胜地，成为城市风景体系中的重要空间节点。例如彰化县城主山八卦山、恒春县城内猴洞山等，都是典型代表。是为城市山水格局的"成景"之用。

尺度更大的"可感层次"山水格局，往往也对城市的定基、立向规划等起到重要参考作用。对大尺度山水脉络的梳理（如来龙干支分析等），有助于更快速地锁定城市在山水环境中的锚固位置，降低城市选址的随机性。例如，规划者在诸罗县城山水格局的"可感层次"范围中识别出来龙的三个分支，从而强调了主干的中心地位，使县城不得不选址于中干之下。又如，规划者从彰化县城山水格局"可感层次"范围的众多山脉中识别出最粗壮而绵长的主干，从而使县城选址毫无争议地定基于主干尽端的八卦山下。

从象征意义来看，建构城市山水格局的本质，是通过人工的相察识别发现天然山水环境中的空间秩序"密码"，以使城市规划建设遵循此自然秩序，从而获得人力无法左右的自然伟力的庇护。换句话说，城市作为最大尺度的人工建造物之一，寄托着人们与自然和谐相处的愿望，表达着通过遵从自然秩序而祈求自然庇护的意图。在对自然界尚缺乏理性认知的时代，这种观念和做法是人类朴素的精神信仰，也是不得不屈从的严酷现实。因此我们看到在清代台湾省城市规划实践中，有些城市在物质空间环境建设已相对成熟的情况下，依然追求城市山水格局的扩大化和精致化，如淡水厅城、彰化县城等；有些城市在迁建城址的同时立即重新梳理山水脉络、重塑山水格局，如凤山新城等。这些现象背后反映出，城市山水格局曾被古人视为与不可知的自然神力沟通交流的工具，是与天地相生相合的手段——这正是中国传统自然哲学、天地人和理念在城市规划建设领域的具体表现。

第5章 要素时序：衙垣学庙，分别缓急

中国古代地方城市依照规制通常包含衙署、学宫、城垣、坛庙等功能空间要素，清代台湾府州县厅城市也不例外。不过由于地处边疆、建置未久、材物匮乏等原因，这些城市"标配"的空间要素不一定齐备，其规划建设时序也各具特点。清代台湾城市中究竟包含哪些主要空间要素，其规划建设时序有何特点？这些表象背后又反映出地方城市规划建设中怎样的价值观念和深层考量？本章基于对清代台湾19个府州县厅、16座府州县厅城市的考察分析予以解答。

5.1 功能空间要素与研究方法[①]

关于中国古代地方城市中的功能空间要素，潘谷西（1999）认为明清时期城市中主要包括行政机构、文化与恤政机构、礼制祠祀场所、商业和居民区、军事机构、城防工程等[②]；黄琡玲（2001）指出清代台湾城市中的官制建筑主要包括官署、教育、祠庙、社会救济等四类[③]；笔者（2013，2019）曾指出明清时期地方城市中存在服务于行为规范、道德宣教、旌表纪念、信仰保障、慈善救济等5个功能层次的12类空间要素[④]。考察《大清会典》，清政府要求各级地方治城皆须建置的功能空间要素，至少包括分属于行政、防御、文教、祭祀、仓储、救济等六大类的近30项[⑤]。

上述空间要素数量众多，类型复杂，但从地方城市的核心职能来看，有四类最为重要，也最能衡量一座城市规划建设的进程和成效，即治署、城垣、学宫、坛庙。治署，是府州县厅城市的最高行政管理机构，也是这些城市作为地方治所的核心。城垣，是地方城市的基本防御设施，也是限定城市核心空间的人工边界。虽然并非所有城市都长期修筑和维护城垣，但城垣通常被认为是中国古代城市的基本构成要素和显著形态特征。学宫，是地方城市的文教中心，不仅自身承担着教育职能，还统领着城垣内外更广泛分布的一系列文教相关设施[⑥]。三坛一庙，即社稷坛、山川坛、邑厉坛、城隍庙，是明清时期国家祀典规定地方城市皆须设置的官方坛庙，也是地方城市官方祭祀体系的空间标志。上述四类要素分别是地方城市中行政、防御、文教、祭祀四项核心功能的承载空间，它们通常被认为是地方城市官方设施的基本配置。因此，本章选取这四类要素作为考察清代台湾城市之空间构成及规划时序的空间指标。

①
本章第5.1～5.6节部分内容曾以《地方城市空间要素规划建设时序研究：以清代台湾省为例》为题发表于《建筑史学刊》2021年第3期。收入本书时略有修改。

②
潘谷西《中国古代建筑史. 第四卷. 元明建筑》1999：34-42。

③
黄琡玲《台湾清代城内官制建筑研究》2001：31。

④
包括从属于行为规范层次的城池、城门、谯楼，从属于道德宣教层次的学宫、治署前广场，从属于旌表纪念层次的申明亭、旌善亭、牌坊、教化性祠，从属于信仰保障层次的三坛（社稷坛、山川坛、邑厉坛）、城隍庙、保障性坛庙，和从属于慈善救济层次的养济院、漏泽园等，共12类空间要素。

⑤
清代曾于康熙、雍正、乾隆、嘉庆、光绪五朝编修《大清会典》，其体例、篇幅不尽相同，但关于地方城市要素配置的规定大同小异。此处统计主要依据乾隆朝《钦定大清会典》。关于清代台湾城市对《大清会典》规定要素的建置情况，详见笔者在 Planning Perspectives 发表的论文 Conformity and Variety: city planning in Taiwan during 1683–1895。

⑥
通常包括教谕署、训导署、名宦祠、乡贤祠、忠义祠、节孝祠、文昌宫、魁星阁、文峰塔、书院等。详见孙诗萌《自然与道德：古代永州地区城市规划设计研究》2019：186-189。

①
连横《台湾通史》卷十六城池志/
衙署：356–361。

考察的时间指标则主要包括两项：一是各空间要素规划建设的时间基准点，即各府州县厅城市的设治时间。据史志记载，台湾府（台南）、台湾县（台南）、凤山县、诸罗县始设于康熙二十三年（1684年）；此一府三县格局延续约40年，为清廷治台前期。彰化县、淡水厅增设于雍正元年（1723年），澎湖厅增设于雍正五年（1727年），噶玛兰厅增设于嘉庆十五年（1810年）；此一府四县二厅/三厅格局持续150余年，为清廷治台中期。台北府、淡水县、恒春县、卑南厅增设于光绪元年（1875年），埔里社厅增设于光绪四年（1878年），台湾建省后，光绪十三年（1887年）又增设了新台湾府（台中）、台湾县（台中）、云林县、苗栗县、基隆厅、台东直隶州，光绪二十年（1894年）又增设南雅厅；形成一省三府一州十一县四厅格局，为清廷治台后期。上述时间点分别是本章考察各城市空间要素规划建设的基准点，上述三期则构成本研究的总体时间框架。

二是各空间要素的具体规划建设时间。一项要素的规划建设历程中，除创建外还可能发生多次增建、修建甚至迁建，本章主要考察各要素的创建时间。此外，一项要素的兴工与告竣时间可能不在同年，因兴工时间代表着该项要素对地方城市已开始发挥积极意义，故本章中以兴工年代作为其创建时间。

基于上述原则和限定，本章先对16座府州县厅城市中四类要素规划建设的基本情况和绝对时序进行考察，总结其规律和特点；再对各城市中四类要素规划建设的相对时序进行分析，解读其背后的价值观念与规划意图；最后对清廷治台前、中、后三期城市的要素配置率和规划建设速度时序做总体考察，总结其阶段性特征（表5-1）。

5.2 治署的规划建设情况及时序特点

治署是地方行政长官的办公场所，也是地方城市行政管理之中枢。清代台湾城市中依据行政层级分别有府署、州署、县署、厅署等，府县同城者则于同一城市中分别兴建府署和县署。清代台湾省19个府州县厅中除台湾府（台中）未建府署①外，其余全部建有相应等级的治署。治署的建置率为94.7%（图5-1）。

表5-1 清代台湾府州县厅四类7项要素规划建设时间

府州县厅	设治时间	治署 建设时间	治署 迟滞/年	官学 建设时间	官学 迟滞/年	城垣 建设时间	城垣 迟滞/年	城隍庙 建设时间	城隍庙 迟滞/年	社稷坛、山川坛 建设时间	社稷坛、山川坛 迟滞/年	邑厉坛 建设时间	邑厉坛 迟滞/年
台湾府（台南）	康熙二十三年 1684年	康熙二十五年 1686年	2	康熙二十三年 1684年	同	雍正元年 1723年	39	康熙二十五年 1686年	2	康熙五十年 1711年	27	雍正元年 1723年	39
附郭台湾县（台南）		康熙二十五年 1686年	2	康熙二十三年 1684年	同			康熙五十年 1711年	27	—	—	—	—
凤山县		康熙四十三年 1704年	20	康熙二十三年 1684年	同	康熙六十一年 1722年	38	康熙五十七年 1718年	34	—	—	康熙五十八年 1719年	35
诸罗县		康熙四十五年 1706年	22	康熙四十三年 1704年	20	康熙四十三年 1704年	20	康熙五十四年 1715年	31	康熙五十四年 1715年	31	康熙五十五年 1716年	32
彰化县	雍正元年 1723年	雍正六年 1728年	5	雍正四年 1726年	3	雍正十二年 1734年	11	雍正十一年 1733年	10	雍正二年 1724年	1	乾隆二十五年 1770年	47
淡水厅		乾隆二十一年 1756年	33	嘉庆二十二年 1817年	94	雍正十一年 1733年	10	乾隆十三年 1748年	25	道光九年 1829年	106	嘉庆九年 1804年	81
澎湖厅	雍正五年 1727年	雍正五年 1727年	同	乾隆三十一年 1766年	39	光绪十三年 1887年	160	乾隆三十四年 1769年前	<42	—	—	—	—
噶玛兰厅	嘉庆十五年 1810年	嘉庆十八年 1813年	3	光绪二年 1876年	66	嘉庆十五年 1810年	同	嘉庆十八年 1813年	3	嘉庆十七年 1812年	2	—	—
恒春县	光绪元年 1875年	光绪元年 1875年	同	光绪十二年 1886年	11	光绪元年 1875年	同	光绪十七年 1891年	16	光绪十三年 1887年	12	光绪十三年 1887年	12
台北府		光绪五年 1879年	4	光绪六年 1880年	5	光绪八年 1882年*	7	光绪十四年 1888年	13	光绪十四年 1888年	13	光绪十四年 1888年	13
附郭淡水县		光绪四年 1878年	3	光绪六年 1880年	5			光绪十四年 1888年	13	—	—	—	—
卑南厅（台东州）	光绪四年 1878年	光绪五年 1879年	4	—	—	—	—	—	—	—	—	—	—
埔里社厅		光绪四年 1878年	同	光绪九年 1883年	5	光绪四年 1878年	同	—	同	—	—	—	—
台湾府（台中）	光绪十三年 1887年	—	—	光绪十五年 1889年	2	光绪十五年 1889年	2	光绪十五年 1889年	2	光绪十五年 1889年	2	光绪十五年 1889年	2
附郭台湾县（台中）		光绪十四年 1888年	1	—	—			光绪十四年 1888年	1	—	—	—	—
云林县		光绪十四年 1888年	1	光绪十五年 1889年	2	光绪十四年 1888年	1	光绪十六年 1890年	3	—	—	光绪十年 1884年	-3
苗栗县		光绪十五年 1889年	2	—	—	光绪十六年 1890年	3	光绪十三年 1887年	同	—	—	光绪十年 1884年	-3
基隆厅		光绪十三年 1887年	同	光绪十九年 1893年	6	—	—	—	—	—	—	—	—
南雅厅	光绪二十年 1894年	光绪二十年 1894年	同	—	—	—	—	—	—	—	—	—	—

注：本表中各项要素的"建设时间"为兴工时期。

* 台北府城系光绪五年（1879年）划定城基，培土植竹，于光绪八年（1882年）方兴工筑城。

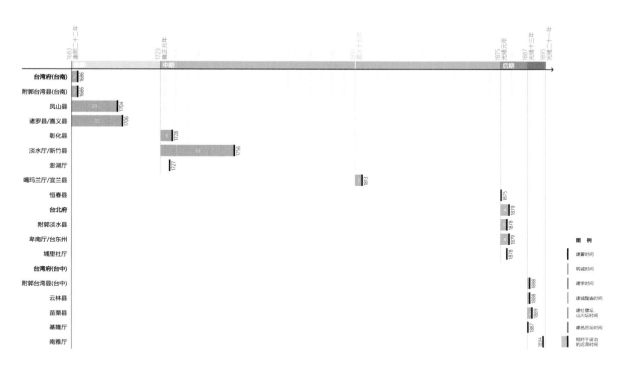

图5-1 清代台湾府州县厅治署规划建设时序

考察这18座治署的规划建设时间与该城市设治时间的关系，大致可分为三类：第一类为设治同年即开始建署者，共5个，即澎湖厅、恒春县、埔里社厅、基隆厅、南雅厅。第二类为设治后1～5年开始规划建设治署者，共10个，即台湾府（台南）、台湾县（台南）、彰化县、噶玛兰厅、台北府、淡水县、卑南厅、台湾县（台中）、云林县、苗栗县。第三类则在设治后20年以上才开始规划建设治署，共3个，即凤山县、诸罗县、淡水厅。

5.2.1 设治后1～5年建署者为主流

上述第二类即设治后1～5年建署之府州县厅数量最多，可谓清代台湾省城市中治署规划建设的主流。治署作为一邑行政之中枢，通常是设治后力求尽快建设的官方设施。于设治后1～5年建署看似迟缓，但若考虑到清代台地为新辟辖区，建置之初不仅人口稀少、财赋不足，连工程建设所需的工匠、物料也往往需要从内地给运，就不难理解这种延迟建署实属正常。如康熙《凤山县志》记载，"创制方始，百废未兴，兼以汪洋遥隔，砖石之属无所取焉，工料又数倍于内地，苟非糜金数万，难观厥成"[1]；又如道光《淡水厅筑城案卷》记载，"淡水素无产石，本处土砖质松易碎，必须

①
[清]康熙《凤山县志》卷二规制志/城池：11。

由内地定烧，运回应用。其匠作人工，亦较别属增昂"[1]。况且，这10座治署中有8座是在全新开辟的城址上创建[2]，其难度可以想见。其中，雍正元年（1723年）增设的彰化县于雍正六年（1728年）建署[3]，在其设县后5年（图5-2）。嘉庆十五年（1810年）增设的噶玛兰厅于嘉庆十八年（1813年）建署[4]，在其设厅后3年。光绪元年（1875年）增设的台北府、淡水县、卑南厅分别于光绪五年（1879年）、四年（1878年）、五年建署[5]，在其设治后3~4年。光绪十三年（1887年）增设的台湾县（台中）、云林县、苗栗县分别于光绪十四年（1888年）、十五年（1889年）建署[6]，在其设县后1~2年。

此类10个府州县厅中有8个是清廷治台中、晚期所增置，它们相较于前期所设之府县已有一定的人口、财赋基础；虽然仍存在工料匮乏等问题，但已有能力在设治后较短时间内启动治署的规划建设工作。

5.2.2 设治同时建署者皆出于战略考量

第一类的5个县厅于设治同时迅速建署，源于它们重要的战略地位和建置意图下对城市建设的特殊需求。澎湖于雍正五年（1727年）设厅源于其"于系台湾咽喉锁钥之处"的重要战略位置，同年即以旧巡检署改建为厅署[7]。恒春设县起于日军进犯，清廷遂于光绪元年（1875年）在台湾岛南端增设新县以彰示主权，设县同时迅速建署、筑城以期完备[8]（图5-3）。埔里社、南雅之设厅则意在开山抚番：埔里社厅为"办理抚番开垦事宜"，南雅厅为"管束番社，兼捕盗匪"[9]。二厅分别于光绪四年（1878年）、二十年（1894年）设厅并建署[10]。基隆于光绪十三年（1887年）设厅则意在海防，亦同年建署[11]。这5处县厅或近海，或近山，实属清代中国边疆之前沿，因此它们的建置都带有极强的战略性和功能性。在设治同时立即建署，正是为了更快速地建立统治、发挥功效。

5.2.3 治台初设府县建署迟滞

与前两类不同，第三类3个县厅迟滞20余年才建署，且全部为清廷治台前期所设。这主要是因为在它们设置后相当长时间内，其规划治所一带仍然

① [清]《淡水厅筑城案卷》：4-5。

② 位于台南的台湾府署、台湾县署沿用明郑时期旧基，其余府州县厅治署全部择址新建。

③ [清]道光《彰化县志》卷二规制志/官署：37。

④ [清]道光《噶玛兰厅志》卷二规制/公署：23-24。

⑤ 连横《台湾通史》卷十六城池志/衙署：357-358；[清]光绪《台东州采访册》廨署：13。

⑥ 连横《台湾通史》卷十六城池志/衙署：358-359；[清]光绪《云林县采访册》沙连堡/沿革：146；[清]光绪《苗栗县志》卷三建置志/廨署：34。

⑦ [清]光绪《澎湖厅志》卷二规制/公署：68。

⑧ [清]光绪《恒春县志》卷二建置志：43-45。

⑨ 《光绪朝东华续录选辑》：36-38。

⑩⑪ 连横《台湾通史》卷十六城池志/衙署：357。

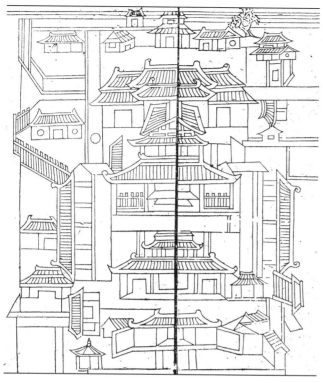

图5-2 彰化县署图
（道光《彰化县志》卷首）

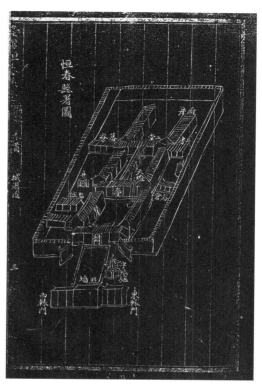

图5-3 恒春县署图
（光绪《恒春县志》卷首）

① [清]康熙《凤山县志》卷一封域志/疆界：4；[清]康熙《诸罗县志》卷一封域志/疆界：5。

② [清]康熙《凤山县志》卷二规制志/衙署：12；[清]康熙《诸罗县志》卷二规制志/衙署：26。

③ [清]康熙《诸罗县志》卷七兵防志/总论：112。

④ [清]道光《淡水厅志稿》卷一建置：30。

⑤ [清]同治《淡水厅志》卷三建置志/廨署：51。

地僻民稀，办公和建设条件尚不成熟。清廷治台之初，全岛仅府城（台南）一带有成片开发建设；当时的凤山、诸罗二县分别勘定于府城以南125里之兴隆庄和以北117里之诸罗山为县治①，但这两处规划治所在相当长时间内仍十分荒僻。一方面因为汉民稀少，需要处理的地方日常事务不多；另一方面也因为治地尚缺乏建设条件，故二县职官并未及时赴规划治所履任，诸罗县文武职官暂居府城以北40里的佳里兴办公，凤山县文武职官则干脆寄寓府城办公。直到康熙四十三年（1704年）福建省命二县职官各自归治，二县才相继兴建治署②，已值设治后20余年。

淡水厅虽与彰化县同设于雍正元年（1723年），境况却颇为不同。相比于彰化县的"周原肥美，居中扼要"③，淡水厅管辖的大甲溪以北广大地区，彼时仍人烟稀少、环境恶劣。淡水同知初驻彰化县城内，至雍正九年（1731年）才移驻竹堑，并分管大甲溪北刑名、钱谷事务④。又25年后（1756年），才于竹堑城内规划建设淡水厅署⑤（图5-4）。

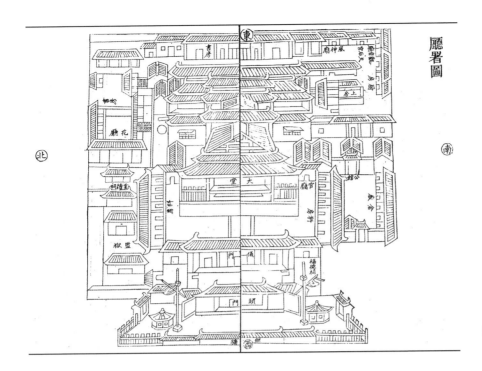

图5-4 淡水厅署图
（同治《淡水厅志》卷一）

5.3 城垣的规划建设情况及时序特点

修筑城垣常被认为是中国古代城市的基本形态特征。一般来说，筑城的目的主要有三：一为安全防御，二为限定空间，三为象征建置[1]，清代台湾省的筑城也是上述三重意图的综合体现。除光绪年间增设的卑南厅（后改台东州）、基隆厅、南雅厅未筑城垣外，其余16个府州县厅皆筑有城垣，共计13座[2]。城垣的建置率为81.25%。不过由于特殊原因，台地城垣大多经历过木栅、莿竹、夯土、砖石等不同形式或阶段：13座城垣中有2座的初始形态是木栅城，有4座的初始形态是竹城，有3座的初始形态是土城，有4座的初始形态是砖石城。无论以何种物质形式，城垣的规划建设都说明地方社会在特定时间出现了对城垣的明确需求。因此本节以这13座城垣所有形式中的最早筑城时间为准进行考察（图5-5、表5-2）。

考察这13座城垣的规划建设时间与该城市设治时间的关系，大致可分为三类：第一类于设治同年即开始筑城，共有3座，即噶玛兰厅城、恒春县城、埔里社厅城。第二类于设治后1~5年开始筑城，共有4座，即台北府城、台湾府城（台中）、云林县城、苗栗县城[3]。第三类则在设治后10年以上才开始

[1] 详见刘淑芬《清代台湾的筑城》1985；孙诗萌《"道德之境"：从明清永州人居环境的文化精神和价值表达谈起》2013。

[2] 其中3座府县同城。另凤山县、澎湖厅、云林县曾发生迁治，故各有2处城址。本章只考察它们的初始城址及筑城情况。

[3] 连横《台湾通史》云"苗栗县城，未建"；刘淑芬（1985）和黄琼玲（2001）也采纳连横观点，不认为苗栗有城。但苗栗县确曾有竹城，光绪《苗栗县志》卷首"县治图"中亦绘有莿竹城。

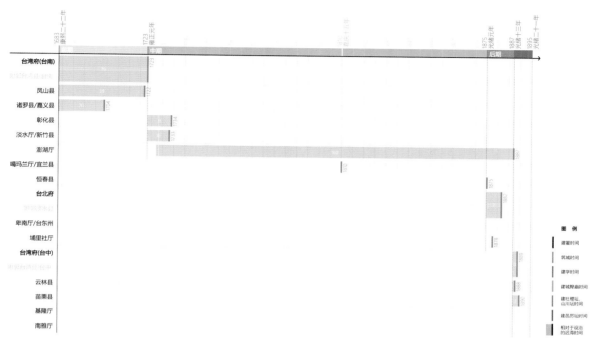

图5-5 清代台湾府州县厅城垣规划建设时序

表5-2 清代台湾府州县厅城垣规划建设信息

府州县厅	设治时间		筑城时间		初始材质	迟滞时间/年
台湾府（台南）	康熙二十三年	1684年	雍正元年	1723年	木（筑木栅城并建七门）	39
凤山县			康熙六十一年	1722年	土（筑土城，设东西南北四门）	38
诸罗县			康熙四十三年	1704年	木（筑木栅城并建四门）	20
彰化县	雍正元年	1723年	雍正十二年	1734年	竹（环植莿竹为城）	11
淡水厅			雍正十一年	1733年	竹（环植莿竹为城）	10
澎湖厅	雍正五年	1727年	光绪十三年	1887年	砖石（筑于妈宫）	160
噶玛兰厅	嘉庆十五年	1810年	嘉庆十五年	1810年	土（筑土城并于城内环植九穹树）	同年
恒春县	光绪元年	1875年	光绪元年	1875年	砖石	同年
台北府			光绪八年 *	1882年	砖石	7
卑南厅			—	—	—	—
埔里社厅	光绪四年	1878年	光绪四年	1878年	土（垒土为城，加植莿竹）	同年
台湾府（台中）	光绪十三年	1887年	光绪十五年	1889年	砖石（先建八门四楼，次年筑城）	2
云林县			光绪十四年	1888年	竹（植竹三重）	1
苗栗县			光绪十六年	1890年	竹（环植莿竹）	3
基隆厅			—	—	—	—
南雅厅	光绪二十年	1894年	—	—	—	—

注：本表中各府州县厅的"筑城时间"为兴工时期。

* 台北府城系光绪五年（1879年）划定城基、培土植竹，但后来修改方案，于光绪八年（1882年）方兴工筑城。

筑城，共有6座，即台湾府城（台南）、凤山县城、诸罗县城、彰化县城、
淡水厅城，澎湖厅城；其中有3座的迟滞时间甚至接近或超过40年。

5.3.1 设治后10年以上筑城者近半

上述第三类即设治后迟滞10年以上筑城的府州县厅数量最多，接近半
数。并且，这些府州县厅全部为清廷治台前、中期所设，反映出这一阶段
筑城迟滞的普遍现象。究其原因，主要归结于当时清廷消极治台的"不筑
城政策"。清廷收复台湾之初变乱常发，康、雍两朝一直担心贼众据城不易
讨伐，因而不许台湾府县筑城[①]。此外，工料匮乏、仰仗内地给运也是主要
原因之一。但地方社会确实有保障安全、限定空间的实际需要，经过长期争
论，清廷才准许台湾府县在所划定城基之外修筑木栅或莿竹，权以为城。于
是直到康熙四十三年（1704年）台湾府建置已20载时，诸罗县才率先筑起
全台第一座木栅城[②]（图5-6）。相比之下，同期设置的台湾府（台南）贵
为全台首府，军队布防严密；凤山县有龟、蛇二山耸峙、不墉而固的山水形
势，且有左营重兵把守，它们对城垣防御的需求皆不如诸罗急迫。因此这一
府一县的筑城时间又滞迟了10余年：凤山县于康熙六十一年（1722年）创
筑土城；台湾府（台南）于雍正元年（1723年）创建木栅城[③]。雍正年间增
设的彰化县、淡水厅分别于雍正十二年（1734年）、十一年（1733年）创筑
竹城。前者仿诸罗县令周钟瑄之法，"于街巷外遍植莿竹为城"[④]；后者早
一年"环植莿竹"，并建四门四楼[⑤]。这两座竹城皆筑于其设治10余年后，
但相比于初设府县已提前不少。直到乾隆晚期受林爽文事件影响，清廷在
台湾的"不筑城政策"终于有所松动。乾隆皇帝特许台湾府城（台南）、
诸罗县城改建砖石城垣，其余彰化、凤山诸县仍沿用竹、木城垣。此后随
着台地人口集聚、财赋渐增，不少竹、木城垣则陆续改为土、石（图5-7～
图5-10）。

澎湖厅于设治后160年才筑城，为一特例。雍正五年（1727年），澎湖
厅治初设于文澳，武营驻于妈宫。起初因其山岛环抱、天然形势易守难攻[⑥]，
且布有重兵，并无专门筑城之需。但光绪十一年（1885年）中法战争中澎湖
陷落，清廷意识到城池防御刻不容缓，遂于光绪十三年（1887年）发兵筑妈
宫城[⑦]。两年后（1889年）完工，移厅治于妈宫城内（图5-11）。

①
康熙末年闽浙总督觉罗满保、福
建水师提督姚堂，雍正年间广东
巡抚鄂弥达等皆曾奏请台湾府县
筑城，但都遭到清廷拒绝。

②
[清]康熙《诸罗县志》卷二规制
志/城池：25。

③
[清]嘉庆《续修台湾县志》卷一
地志/城池：6；连横《台湾通
史》卷十六城池志：351。

④
[清]道光《彰化县志》卷二规制
志/城池：35-36。

⑤
[清]同治《淡水厅志》卷三建置
志/城池：43。

⑥
[清]乾隆《澎湖纪略》卷二地理
纪/城池：29。

⑦
[清]光绪《澎湖厅志》卷二规制/
城池：54-55。

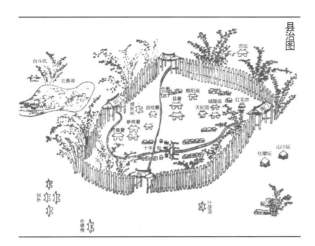

图5-6　诸罗县城图
（康熙《诸罗县志》卷首）

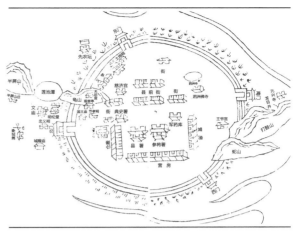

图5-7　凤山旧城图
（乾隆《重修凤山县志》卷首）

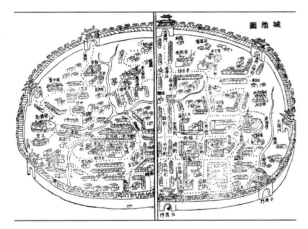

图5-8　台湾府城图
（乾隆《重修台湾县志》卷首）

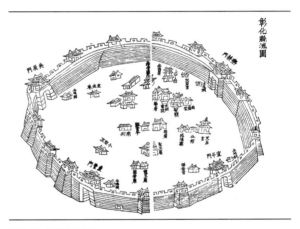

图5-9　彰化县城图
（道光《彰化县志》卷首）

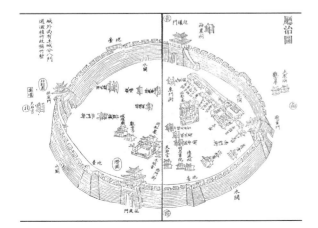

图5-10　淡水厅城图
（同治《淡水厅志》卷一）

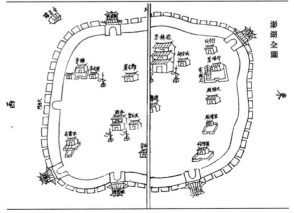

图5-11　澎湖厅城图
（光绪《澎湖厅志》卷首）

5.3.2 中、后期筑城较前期为迅

　　第二类即设治后1～5年开始筑城者数量次之，且皆为清廷治台后期增设的府州县厅。由于同光之际台湾在东南海疆的战略地位日益凸显，清廷出于海防考虑而不再干预台地筑城，因此大多数新增府县能在设治后较快开始筹划筑城事宜。如光绪元年（1875年）增设的台北府，其实到光绪四年（1878年）才任命首任知府并启动规划工作，一年后即划定城基，培土植竹，三年后（1882年）兴工筑城[①]。光绪十三年（1887年）增设的新台湾府（台中），在建省同时已大致勘定城垣基址，两年后（1890年）兴工筑城，先建八门四楼，后建砖石城基，可惜城垣最终未能全部完工[②]。同为光绪十三年（1887年）增设的云林、苗栗二县，分别于光绪十四年（1888年）、十六年（1890年）兴筑竹城[③]，在其设治后1～3年（图5-12）。

5.3.3 设治同时筑城者出于特殊安防需求

　　相比于前两类府州县厅不同程度地迟滞筑城，第一类即于设治同时立即筑城者虽然数量不多，却十分引人注目。尤其是在清代台湾这样一片孤悬海外的新辟疆土，筑城的资金工料皆不充裕，且高度仰仗大陆输送[④]，庞大的筑城工程能在设治同年立即上马，必有其特殊原因。

　　此类3县厅（即噶玛兰厅、恒春县、埔里社厅）的共同特点是地处汉番交界前沿，其设治本就由外患内乱所起，因此更加迫切地要求修筑城垣，以保障国家领土，护卫人民安全。如前文所述，恒春县的设立源于同治十三年（1874年）日军以番地不隶中国为由对台湾南部琅峤一带进犯（即牡丹社事件）。清廷为宣示主权，以绝日本窥伺，于次年（1875年）在琅峤增设恒春县，并立即筑城加强防御[⑤]。恒春县城由钦差大臣沈葆桢亲自选址，由时任候补道、后来的台湾道刘璈亲自规划。城垣全为砖石砌筑，且城楼、城垛、窝铺、炮台、卡房、城濠、连桥、涵洞等设施完备。城垣兴工于光绪元年（1875年）十月，甚至早于建署；告成于光绪五年（1879年）七月。该城也是现今全台保存最完整的清代城池之一。光绪四年（1878年）增设埔里社厅，则是清廷于台湾中路落实"开山抚番"的战略部署。埔里社地处

① 尹章义《台北筑城考》1983；《清季申报台湾纪事辑录》1984：1050。

② 连横《台湾通史》卷十六城池志：353。

③ 连横《台湾通史》卷十六城池志：354；[清]光绪《苗栗县志》卷三建置志/城池：33。

④ 如台湾府城（台南）的城门、敌楼、官署、栅门等所需木材全部购自厦门，运送来台。又如淡水厅城部分石材、木料购自内地。再如恒春县城建署所需木料、砖瓦皆购自内地，工匠则由福建渡海而来。甚至清末修筑台中省城时，工匠材料也全部仰给内地。

⑤ [清]光绪《恒春县志》卷二建置：43-44。

①
连横《台湾通史》卷十六城池
志：355。

②
如台湾府（台南）于雍正元年
（1723年）由知县周钟瑄始筑
木栅城；凤山县于康熙六十一
年（1722年）由知县刘光泗始
筑土城；诸罗县于康熙四十三年
（1704年）由知县宋永清始建
木栅城等。

③
[清]道光《噶玛兰厅志》卷二规
制/城池：21-22。

深山，毗邻生番，城池防御自然不能松懈。因此其筑城工程不仅于设厅同年（1878年）开展，且由台湾总兵吴光亮亲自主持，垒土为城，并加植莿竹①，与台地一般府县筑城多由知府、知县主持不同②。噶玛兰厅的设厅背景，是在从少数民族手中夺取的适宜农耕的宜兰平原建立统治。宜兰平原一马平川、无山川为限，特别需要人工城垣以防御生番、保障安全。因此嘉庆十五年（1810年）噶玛兰厅卜治于平原中心的五围后，立即兴筑土城，以固防御③（图5-13）。由于此类县厅对安全防御的突出要求，其城垣材质倾向选择土城或砖石城，而未像台湾其他府县那样经历单纯的木栅或竹城阶段（图5-14～图5-18）。

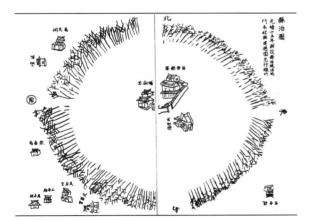

图5-12 苗栗县城图
（光绪《苗栗县志》卷一）

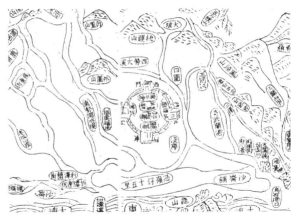

图5-13 噶玛兰厅城图（局部）
（咸丰《噶玛兰厅志》卷首）

图5-14 台湾府城（台南）大南门（宁南门）及瓮城

图5-15　凤山县旧城东门（凤仪门）

图5-16　恒春县城南门

图5-17　台北府城北门（承恩门）

图5-18　台湾府城（台中）北门（坎孚门）

5.4　学宫的规划建设情况及时序特点

　　明清时期地方府县皆设官学，为一邑文教之中枢。地方官学往往庙、学并置，庙即文庙（又称孔庙、圣庙等），行祭祀之责；学即儒学，掌教育之职。庙、学或同时建设，或次第营造。清代台湾僻居海隅，且建置未久，并非所有府县皆能庙、学兼备。在19个府州县厅中，有10个府县厅兼有庙学，即台湾府（台南）、台湾县（台南）、凤山县、诸罗县、彰化县、淡水厅、宜兰县、台北府、淡水县、台湾府（台中）；有2县建有文庙，但未建儒学，即恒春县、云林县；有3厅虽无庙学，但建有官方书院以"辅儒学之不逮"[①]，即澎湖厅、埔里社厅、基隆厅；此外还有4个县厅未建有任何形式的官学[②]。本节中将上述15座庙学及书院皆视为地方官学，故清代台湾府州县厅官学的建置率为78.9%。

①
[清]光绪《澎湖厅志》卷四文事：107。

②
即台湾县（台中）、苗栗县、卑南厅（后改台东州）、南雅厅。详见连横《台湾通史》卷十典礼志、卷十一教育志：196、200、209；[清]光绪《苗栗县志》卷九学校志：137。

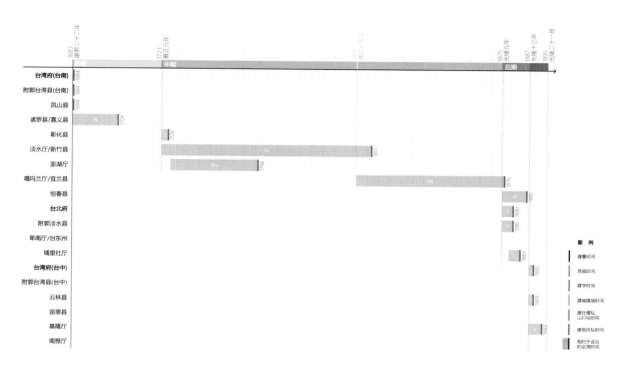

图5-19　清代台湾府州县厅官学（含书院）规划建设时序

考察这15座府州县厅官学的规划建设时间与该城市设治时间的关系，可分为三类：第一类于设治同年即建学，共有3座，即台湾府学（台南）、台湾县学（台南）、凤山县学。第二类于设治后1~5年建学，共有7座，即彰化县学、台北府学、淡水县学、台湾府学（台中）、云林县文庙、埔里社厅启文书院、基隆厅崇基书院。第三类于设治后10年以上建学，共有5座，即诸罗县学、淡水厅学、宜兰县学、恒春县文庙、澎湖厅文石书院（图5-19、表5-3）。

5.4.1　设治同年即建学者皆为初设府县

第一类即于设治同年立即规划建设官学的3府县，皆为清廷治台初辟之府县。这3座庙学也是清代台湾最早兴建的3座府县官学。其中，台湾府学（台南）系康熙二十三年（1684年）由当时驻台最高长官台厦道周昌、首任知府蒋毓英始建文庙；康熙三十九年（1700年）由巡道王之麟续建儒学[①]。台湾县学（台南）系康熙二十三年（1684年）由首任知县沈朝聘始建文庙，康熙四十二年（1703年）续建儒学[②]。凤山县学系康熙二十三年（1684年）由首任知县杨芳声在规划县治一带（兴隆庄）依托天然泮池择址创建[③]。这3

①②
[清]康熙《重修台湾府志》卷二规制志/学校：34。

③
[清]康熙《凤山县志》卷二规制志/学宫：14。

表5-3 清代台湾府州县厅官学（含书院）规划建设信息

府州县厅	设治时间		建学时间		具体类型	迟滞时间 / 年
台湾府（台南）	康熙二十三年	1684年	康熙二十三年	1684年	台湾府学、府文庙	同年
台湾县（台南）			康熙二十三年	1684年	台湾县学、县文庙	同年
凤山县			康熙二十三年	1684年	凤山县学、县文庙	同年
诸罗县			康熙四十三年	1704年	诸罗县学、县文庙	20
彰化县	雍正元年	1723年	雍正四年	1726年	彰化县学、县文庙	3
淡水厅			嘉庆二十二年	1817年	淡水厅学、厅文庙	94
澎湖厅	雍正五年	1727年	乾隆三十一年	1766年	文石书院（未建庙学）	39
噶玛兰厅	嘉庆十五年	1810年	光绪二年	1876年	宜兰县学、县文庙	66
恒春县	光绪元年	1875年	光绪十二年	1886年	恒春文庙（以猴洞山澄心亭改建）	11
台北府			光绪六年	1880年	台北府学、府文庙	5
淡水县			光绪六年	1880年	淡水县学、县文庙	5
卑南厅			—	—	—	—
埔里社厅	光绪四年	1878年	光绪九年	1883年	启文书院（未建庙学）	5
台湾府（台中）	光绪十三年	1887年	光绪十五年	1889年	台湾府学、府文庙	2
台湾县（台中）			—	—	—	—
云林县			光绪十五年	1889年	云林文庙（于文昌祠祀孔子）	2
苗栗县			—	—	—	—
基隆厅			光绪十九年	1893年	崇基书院（未建庙学）	6
南雅厅	光绪二十年	1894年	—	—	—	—

座官学皆是在未建署、未筑城的情况下先行规划建设，并由时任地方最高长官起事，可见开台之初对地方文教的重视。

其中，凤山县学的规划建设尤其值得关注。由于凤山县初设时治地人烟稀少，该县职官一直寓居府城办公。凤山县学正是在荒凉的规划县城治地上创建的第一座官方建筑。究其原因，一是该选址的山水形势极符合中国古代学宫之理想——"前有天然泮池，荷花芬馥，凤山拱峙"，左有"屏山插耳"，右有"龟山、蛇山旋绕拥护"，"形家以为人文胜地"[1]。既有如此理想的学宫选址，不如尽早建设，培育人才。二是当时面对汉番杂居、风气未开的规划治地，也的确有借学宫之建设开化地方人文的意图。正如首任台湾知府蒋毓英所言，"化民成俗，莫先于学"[2]，文教建设对草莱初辟的台湾尤为重要（图5-20～图5-22）。

①
[清]康熙《重修台湾府志》卷二规制志/学校：34。又[清]康熙《凤山县志》载："龟、蛇二岫，壮文庙之巨观。十里荷香，莲潭开天然之泮水。"（卷一封域志/形胜：4）

②
[清]康熙《重修台湾府志》卷十艺文志/蒋郡守传：344。

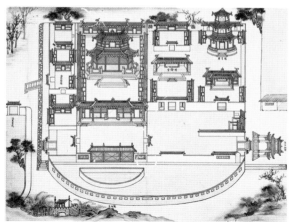

图5-20　重修台湾府学图
（蒋元枢《重修台郡各建筑图说》）

图5-21　孔庙礼器图
（蒋元枢《重修台郡各建筑图说》）

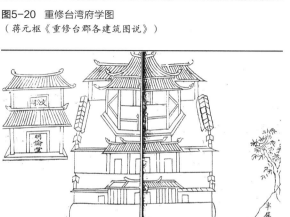

图5-22　凤山县学图
（乾隆《重修凤山县志》卷首）

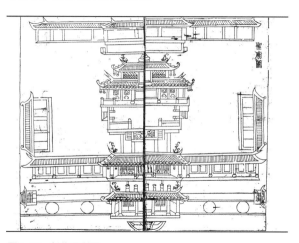

图5-23　彰化县学图
（道光《彰化县志》卷首）

5.4.2　设治后1～5年建学者居多

①
[清]道光《彰化县志》卷四学校
志/学宫：113-114。

②
连横《台湾通史》卷十一教育
志：209；卷十典礼志：194。

③
连横《台湾通史》卷十典礼志：
196；卷十一教育志：209。

　　第二类即于设治后1～5年建学者，是后来增置府县中的主流。此类7座府县官学中，包括4座庙学、1座文庙、2座官方书院。其中，彰化县学系雍正四年（1726年）由知县张镐创建[①]，在其设治后3年（图5-23）。台北府学、淡水县学系光绪六年（1880年）由知府陈星聚创建[②]，在该府、县设治后5年。若以台北府城的规划建设工作正式启动于光绪四年（1878年）计，则两座官学的始建仅迟滞2年。台湾府学（台中）系光绪十五年（1889年）由首任台湾巡抚刘铭传主持规划建设[③]，在设治后2年。云林县未建儒学，但于光绪十五年（1889年）"暂就文昌祠奉祀孔子"[1]，权作文庙，在其设治后2年。埔里社厅、基隆厅未建庙学，但分别于光绪九年（1883年）、十九年（1893年）建启文书院、崇基书院[2]，在其设治后4~5年。少数县厅虽未能同时并建庙学，但先建文庙或官方书院也算对地方城市文教规制的遵守。

5.4.3 设治后10年以上建学者各有原因

第三类于设治后10年以上才建设官学者各经历了不同波折，但都表现出地方城市对文教设施的不懈追求。诸罗县学系康熙四十三年（1704年）知县宋永清"择地议建"[3]，已届其设治后20年（图5-24）。开台一府三县中，唯诸罗县建学最晚，这是因为其县城规划建设整体迟滞20年。但即便如此，建学在该城市四类要素建设时序中仍最为优先，反映出开台府县重视文教建设的优良传统。淡水厅学系嘉庆二十二年（1817年）由淡水同知张学溥建[4]，已届其设治后95年（图5-25）。清代台湾的"厅"一般不设儒学，生员须赴附近府县考试。不过，淡水厅官员曾多次申请设立厅儒学，"请就厅考试"，一直未被准行[5]。直到嘉庆十五年（1810年）值闽浙总督方维甸巡台之际，淡水生徒再次题请设立学校，才获批准。经过一番筹备，终于在嘉庆二十二年（1817年）兴工建学，二十四年（1819年）开考[6]。次年（1820年），淡水籍生徒郑用锡乡试中举，后于道光三年（1823年）中进士，成

①
连横《台湾通史》卷十典礼志：199；卷十一教育志：209。

②
连横《台湾通史》卷十一教育志：212。

③
两年后知县孙元衡建成（[清]康熙《诸罗县志》卷五学校志/学宫：67-68）。

④
[清]同治《淡水厅志》卷五学校志/学宫：122-123。

⑤
淡水厅官员曾于乾隆三十一年（1766年）、三十八年（1773年）两次"请就厅考试"，皆未准行。

⑥
[清]道光《淡水厅志稿》卷二学校：78-79。

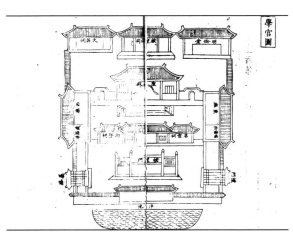

图5-24 诸罗县学图
（康熙《诸罗县志》卷首）

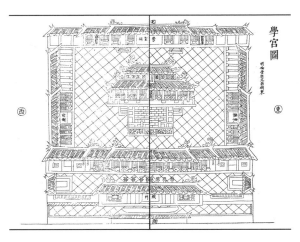

图5-25 淡水厅学图
（同治《淡水厅志》卷一）

①
[清]道光《噶玛兰厅志》卷四学校/书院：139。

②
连横《台湾通史》卷十一教育志：209；卷十典礼志：195。

③④
[清]光绪《恒春县志》卷二建置：71。

⑤
[清]光绪《澎湖厅志》卷四文事：110。

⑥
[清]光绪《澎湖厅志》卷四文事：107。

为台湾入清百余年来首位本地登科进士。噶玛兰厅设立之初也未建儒学，而附试于淡水厅。时任台湾知府杨廷理认为文教不可缺，于是在嘉庆十七年（1812年）即设治后2年创建仰山书院，"以辅成乎庠序"①。该书院的设立甚至早于厅署建设1年，足见文教建设之优先。光绪元年（1875年）噶玛兰厅改宜兰县，次年（1876年）正式建立宜兰县学②。这座庙学的最终建立，一方面源于改厅为县后的规制要求；另一方面则得益于"开兰进士"杨士芳新科及第的鼓舞和他的慷慨捐助。此举意在通过提升文教建设而倡导文风，鼓励后学。恒春县文庙系光绪十二年（1886年）以城内猴洞山澄心亭改建。"亭内供至圣先师、文武二席神牌。山下浚泮池，建棂星门，环筑宫墙，权为文庙"③。这座文庙规模不大，但泮池、棂星门、宫墙皆备，系按文庙规制悉心营建。此外，《恒春县志》中也明确提出待将来人文蔚起，有"另选空旷，建造黉宫"之打算④。澎湖厅未建儒学，但有文石书院，系乾隆三十一年（1766年）通判胡建伟创建⑤。该书院的兴建虽已届设厅后39年，但"在澎湖所关为独重"⑥（图5-26~图5-31）。

图5-26　台湾府学大成门至泮池（台南）

图5-27　凤山县凤仪书院

图5-28　台湾府学大成殿（台南）

图5-29　彰化县学大成殿

图5-30　台湾府学明伦堂匾（台南）
（乾隆十五年（1750年）巡视台湾监察御史杨开鼎题）

图5-31　彰化县学大成殿内御笔题匾
（嘉庆御笔"圣集大成"匾；同治御笔"圣神天纵"匾）

5.5　三坛一庙的规划建设情况及时序特点

　　明清时期地方城市的官方坛庙配置有"三坛城隍，国典也"的说法，即社稷坛、风云雷雨山川坛、邑厉坛、城隍庙是地方城市必备的官方坛庙[①]。相比于治署、城垣、官学之于地方日常生活的功能性和实用性，三坛一庙所承担的祭祀功能似乎并不那么直接和迫切。然而，清代台湾16座府州县厅城市在其有限的时间里，仍然规划建设起15座府县城隍庙、8座社稷坛、8座山川坛和10座邑厉坛；其建置率分别为78.9%、50.0%、50.0%和62.5%——透露出这些坛庙对地方城市的重要意义。

①
清雍正年间又增加先农坛入祀典。关于三坛一庙对地方城市的重要意义，详见5.6.4节。

5.5.1　城隍庙建置率高，时序与建署／筑城相关

　　清代台湾16座府州县厅城市中筑有13座城垣，但建有15座城隍庙

①
[清]咸丰《噶玛兰厅志》卷三祀典/兰中祠宇：116–117。

②
连横《台湾通史》卷十典礼志：197。

③
[清]光绪《云林县采访册》沙连堡/祠庙：159。

④
[清]光绪《苗栗县志》卷十典祀志/祠祀：159。

⑤
《明史》卷四十九志二十五礼三/城隍。

⑥
[清]乾隆《重修凤山县志》卷五典礼志/坛庙：147。

⑦
连横《台湾通史》卷十典礼志：186。

⑧
[清]康熙《凤山县志》卷三祀典志/庙：45。

⑨
[清]道光《彰化县志》卷五祀典志：155。

⑩
[清]乾隆《澎湖纪略》卷二地理纪/庙祀：37–38。

（图5-32、图5-33）。除卑南厅（台东州）、埔里社厅、台湾县（台中）、南雅厅外，其余府州县厅各有其城隍庙；一些府县同城的城市则同时建有府城隍庙和县城隍庙，如台湾府和台湾县（台南）、台北府和淡水县。城隍庙供奉的是保障城池的城隍神。由于城隍神与守土官、城隍庙与衙署之间存在一种阴阳对应关系，城隍庙的规划建设时间往往与该城市建署或筑城的时间存在关联。考察清代台湾15座城隍庙的规划建设时间与该城市建署/筑城时间的关系，大致可分为三类。

第一类城隍庙与建署或筑城同时进行，共5个府县厅，即噶玛兰厅、基隆厅、台湾府（台中）、云林县、苗栗县。噶玛兰厅于嘉庆十八年（1813年）同时建设厅署和厅城隍庙①，在其设治后3年。基隆厅于光绪十三年（1887年）同时建厅署及城隍庙，在其设治同年。台湾府（台中）于光绪十五年（1889年）同时筑城并建城隍庙（但未建府署）②，在其设治后2年。云林县于光绪十四年（1888年）同时筑城、建设县署及城隍庙③，在其设治后1年。苗栗县于光绪十六年（1890年）同时筑城并建城隍庙④，在其设治后3年。从光绪《苗栗县志》县城图上看，在初创的竹城中央，城隍庙是与苗栗县署、捕盗署并置的仅有的3座官方建筑之一，可见其对新设城市的重要意义（图5-34）。城隍庙不仅在建设时间上常常与衙署、城垣保持同步，在空间形态上也存在对应关系。明洪武三年（1370年）曾定地方府县城隍庙制"高广视官署厅堂"⑤；清代还规定"凡府州县守土官入境，必告于（城隍）庙而后履任"⑥，都反映出城隍庙与地方官、地方治所之间的深刻关联。

第二类城隍庙的建设早于筑城时间，共5个府县厅，即台湾府（台南）、台湾县（台南）、凤山县、彰化县、澎湖厅。台湾府（台南）城隍庙系康熙二十五年（1686年）在明郑旧基上修建⑦，早于其筑城37年（图5-35）。台湾县（台南）城隍庙系康熙五十年（1711年）由知县张宏创建，早于其筑城12年。凤山县城隍庙系康熙五十七年（1718年）由知县李丕煜创建⑧，早于其筑城4年。彰化县城隍庙系雍正十一年（1733年）由知县秦士望创建⑨，早于其筑城1年。澎湖厅城隍庙的始建时间不详，但确早于修纂《澎湖纪略》的乾隆三十四年（1769年）⑩，即早于其筑城110余年。这5个府县厅多为清廷治台前期所设，存在较为普遍的筑城迟滞问题。在长期缺乏实质性城垣保障的情况下，它们不得不诉求于城隍庙的"象征性"保障功能。

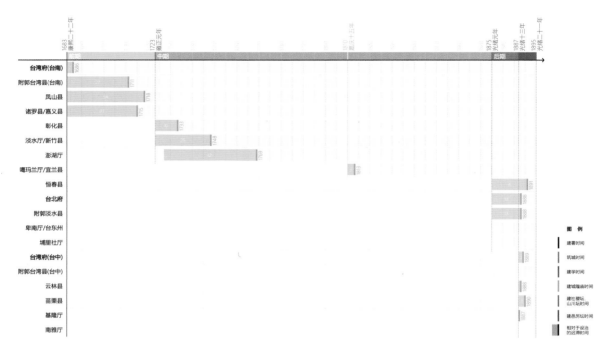

图5-32　清代台湾府州县厅城隍庙规划建设时序

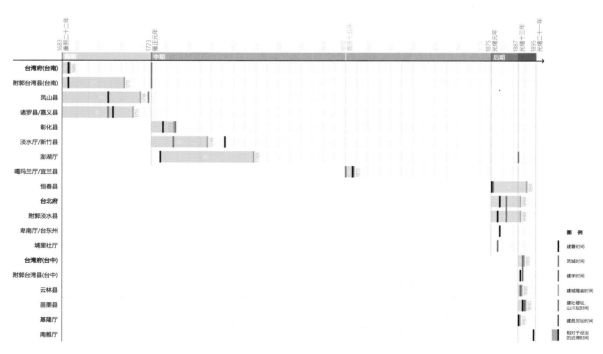

图5-33　清代台湾府州县厅城隍庙与治署、城垣的规划建设时序关系

①
[清]康熙《诸罗县志》卷四祀
典志/坛祭：64。

②
[清]同治《淡水厅志》卷六典
礼志/祠祀：149。

③
[清]光绪《恒春县志》卷十一
祠庙：223。

第三类城隍庙的建设时间晚于建署或筑城时间，且往往是四类要素中最后完成者，共5个府县厅，即诸罗县、淡水厅、恒春县、台北府、淡水县。诸罗县城隍庙系康熙五十四年（1715年）知县周钟瑄捐创建[①]，晚于其建署、筑城近10年（图5-36）。淡水厅城隍庙系乾隆十三年（1748年）同知曾日瑛建[②]，晚于其筑城15年（图5-37）。恒春县城隍庙系光绪十七年（1891年）知县高晋翰创建[③]，晚于其建署、筑城15年。台北府城隍庙、淡水县城隍庙皆系光绪十四年（1888年）创建，分别晚于其建署、筑城近10年。这5个府县厅多为清廷治台中、后期所设，它们设治后优先开展建署、筑城等基本功能建设，城隍庙的建设则相对滞后（图5-38～图5-42）。

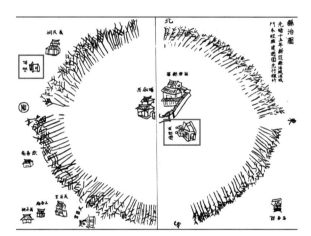

图5-34 苗栗县城隍庙及邑厉坛
（光绪《苗栗县志》卷一）

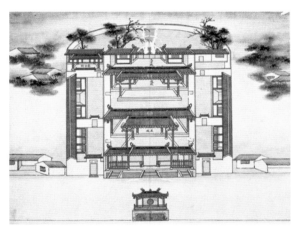

图5-35 重修台湾府城隍庙图
（蒋元枢《重修台郡各建筑图说》）

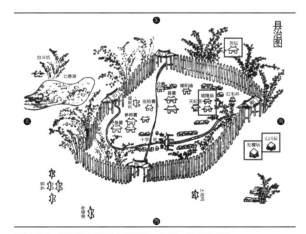

图5-36 诸罗县城隍庙及社稷、山川、邑厉三坛
（康熙《诸罗县志》卷首）

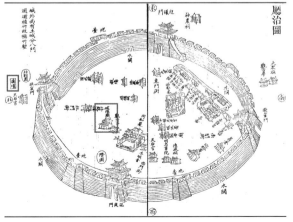

图5-37 淡水厅城隍庙及邑厉坛
（同治《淡水厅志》卷一）

图5-38　淡水厅城隍庙

图5-39　台湾府城隍庙（台南）

图5-40　凤山新城城隍庙

图5-41　台湾府城隍庙匾（台南）

图5-42　淡水厅城隍庙"理阴赞阳"匾

5.5.2　社稷、山川二坛多同时建设

①
[清]道光《彰化县志》卷五祀典
志/坛祭：151-152。

②
[清]咸丰《噶玛兰厅志》卷三祀
典志/兰中祠宇：116。

③
连横《台湾通史》卷十典礼志：
196。

清代台湾16座府州县厅城市共建有8座社稷坛、8座山川坛和10座邑厉坛。其中，社稷、山川二坛皆为同时规划建设，表现出一种遵守规制的整齐感（图5-43）。考察这8对社稷坛、山川坛的规划建设时间与该城市设治时间的关系，大致可分为二类。

第一类系在设治后1~2年快速建设，共有3个府县，即彰化县、噶玛兰厅、台湾府（台中）。彰化县于雍正二年（1724年）建社稷、山川二坛[①]，在其设治后1年。噶玛兰厅于嘉庆十七年（1812年）建社稷、山川二坛[②]，在其设治后2年。台湾府（台中）于光绪十五年（1889年）建社稷、山川二坛[③]，亦在其设治后2年。由于此二坛为国家祀典要求地方府县皆须设置，故一些府县选择在启动城市规划建设后快速完成相关坛庙的建设并开始祭祀，带有"快速达标"的意味。

第二类则接近或晚于建署、建学、筑城的最晚时间，共有5个府县厅，即台湾府（台南）、诸罗县、淡水厅、恒春县、台北府。台湾府（台南）较

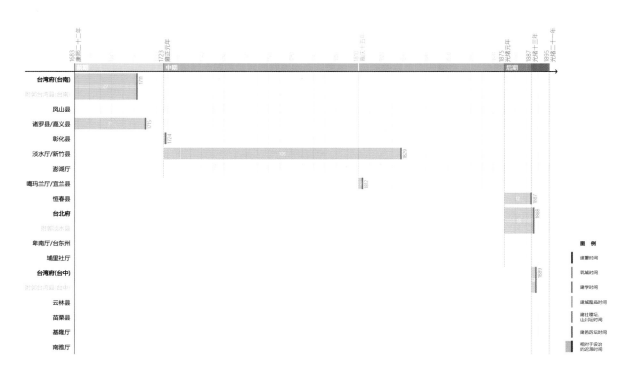

图5-43　清代台湾府州县厅社稷坛、山川坛规划建设时序

早完成建署、设学，在迟迟无法筑城的情况下，于康熙五十年（1711年）即其设治后27年并建社稷、山川二坛及城隍庙[①]，意在完成地方城市建设规制。诸罗县于康熙四十三年（1704年）奉文归治后的2年内迅速完成了设学、筑城、建署，再10年后并建三坛及城隍庙[②]，亦有完备规制之意（图5-36）。恒春县在完成建署、筑城、设学后，于光绪十三年（1887年）并建三坛[③]，在其设治后13年。台北府在完成建署、设学、筑城后，于光绪十四年（1888年）并建三坛及城隍庙，在其设治后14年。淡水厅在完成筑城、建署后，于道光九年（1829年）并建二坛[④]，在其设治后14年。都带有完备规制的意味。

①
[清]嘉庆《续修台湾县志》卷二政志/坛庙：60-61。

②
[清]康熙《诸罗县志》卷四祀典志/坛祀：62-63。

③
[清]光绪《恒春县志》卷十一祠庙：219-220。

④
[清]同治《淡水厅志》卷六典礼志/祠祀：148-149。

5.5.3 邑厉坛建设时间较灵活

清代台湾16座府州县厅城市共建有10座邑厉坛（图5-44）。邑厉坛的规划建设情况首先表现出与社稷、山川二坛的相关性：8个建有社稷、山川二坛的府县中有7个也建有邑厉坛，即诸罗县、彰化县、恒春县、台北府、台湾府（台中）、台湾府（台南）、淡水厅。并且，邑厉坛的建置时间多与

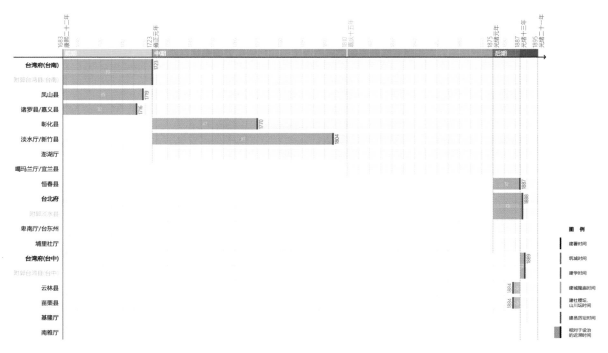

图5-44 清代台湾府州县厅邑厉坛规划建设时序

①
本节统计四素排序时皆以社稷坛、山川坛为坛庙类之代表，暂不考虑城隍庙和邑厉坛的四素排序。

社稷、山川二坛同步或略晚。恒春县于光绪十三年（1887年）并建三坛；台北府于光绪十四年（1888年）并建三坛；台湾府（台中）于光绪十五年（1889年）并建三坛，皆同步。诸罗县于康熙五十五年（1716年）建邑厉坛，晚于建社稷、山川二坛1年；台湾府（台南）、淡水厅、彰化县分别于雍正元年（1723年）、乾隆三十五年（1770年）建邑厉坛，分别晚于建社稷、山川二坛12年、25年和46年（图5-37）。

也有一些邑厉坛的规划建设与社稷、山川二坛并无关联。凤山县未建社稷、山川二坛，但于康熙五十八年（1719年）建有邑厉坛，在其设治后35年。噶玛兰厅建有社稷、山川二坛，但未建邑厉坛。云林县和苗栗县均未建社稷、山川二坛，但都建有邑厉坛，并且这两座邑厉坛都建于光绪十年（1884年），早于其设治3年（图5-34）。这大概是因为在其设治之前该地人口已较稠密，故有祭祀厉鬼之需求。

总体来看，邑厉坛与社稷、山川二坛的规划建设时间大多接近，且大多处于各城市中衙、垣、学、庙四类要素营建时序之末。它们的规划建设在一定程度上标志着地方城市规制的完成。

5.6 四类要素之间的规划建设时序规律

前节分别考察了16座府州县厅城市中治署、城垣、学宫、三坛一庙四类要素的规划建设情况，及其相对于该城市设治时间（即绝对时序）的特征和规律（图5-45）。如果考察这四类要素①相互之间的规划建设时序（即相对时序），则发现19个府州县厅呈现出15种不同的时序组合（图5-46）。这些组合中主要呈现出以下四点规律。

5.6.1 治署优先："听断无所，无以肃观瞻"

治署不仅是清代台湾省城市中建置率最高（94.7%）的官方设施，也往往是这些地方城市中最先建设的官方设施，甚至是部分晚期新辟县厅唯一建设的官方设施。

清代台湾19个府州县厅中有18个建有各级治署，其建置率在四类要素中排名第一，说明治署是清代台湾省城市中最普遍建置的一类官方设施。

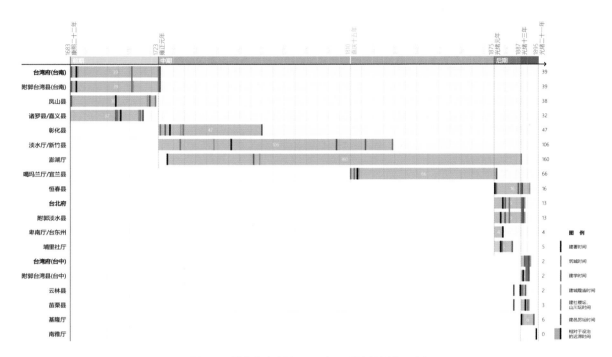

图5-45 清代台湾府州县厅四类7项要素规划建设时序

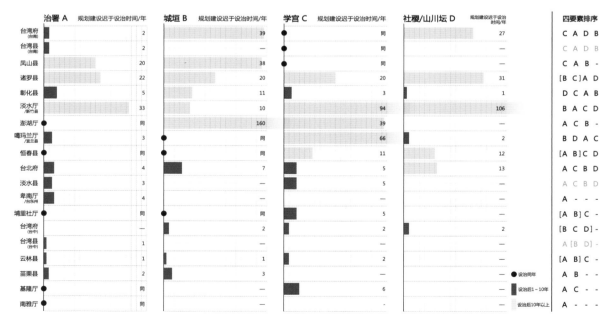

图5-46 清代台湾府州县厅衙、垣、学、庙规划建设时序组合
（以社稷坛、山川坛为"三坛一庙"代表）

①
[清]乾隆《澎湖纪略》卷二地理
纪/公署：30。

②
[清]李丕煜. 重修（凤山县）县署
记//[清]康熙《凤山县志》卷九
艺文：144。

③
[清]宋永清. 新建（凤山县）县署
记//[清]康熙《凤山县志》卷九
艺文：141–142。

治署之于地方城市的重要意义，首先是职官办公、施行政治之中枢，正所谓"署，位之表也。莫不有署以为出而治事、入而退思之地，此署之所由设也"①。治署也是国家行政之表观，于系一邑观瞻。康熙年间的凤山知县宋永清曾感慨于署廨未建："制度规模付之荒烟蔓草，上而朝廷，下而民社，体统不肃，如观瞻何？"于是创建治署。后任知县李丕煜也曾指出："听断无所，无以肃观瞻。"②治署还是沟通民情、教化民众的重要场所，即"衙署之设，固系听政平情之所，亦为士民发祥之地"③。

在这18个治署中，有11个是各城市四类要素中最先（或唯一）规划建设者，"首建率"为61.1%，说明治署在地方城市规划建设中具有突出的优先地位（表5-4）。不过，这种优先性也呈现出阶段性差异：11个优先建署的府州县厅中绝大多数（90.9%）为光绪元年（1875年）以后增设；而7个非优先建署的府县则全部设置于清廷治台前、中期。其中，康熙二十三年（1684年）初设之台湾府（台南）、台湾县（台南）依明郑旧署办公；凤山县、诸罗县分别寓居府城和佳里兴办公，当时郡县初辟，百事待兴，既然已有权宜之所，自不急于新建。雍正年间增设之淡水厅、嘉庆年间增设之噶玛兰厅，则不约而同地先建城垣，后建治署；概因其地处前沿，以城垣保障为先，署廨自可缓图。然而同光时期内忧外患之下，清廷转变态度积极经略、以求长久，故后期增设府县多克服困难，优先建署，以便迅速开展治理。

表5-4　治署在各府州县厅四类要素规划建设中的优先级排序

	府州县厅	数量
治署排序第一	澎湖厅、恒春县、台北府、淡水县、卑南厅、埔里社厅、台湾县（台中）、云林县、苗栗县、基隆厅、南雅厅	11
治署排序第二	台湾府（台南）、台湾县（台南）、凤山县、诸罗县、淡水厅	5
治署排序第三	彰化县、噶玛兰厅	2
总计		18

5.6.2　城垣当急："卫国守民，存国体而壮观瞻"

城垣在清代台湾省城市中建置率排名第二（81.3%），其在四类要素中的首建率也仅次于治署。在地处战略前沿、汉番杂居的清代台湾，城垣作为地方城市的基本防御设施和空间限定手段，在城市规划建设中仍具有较普遍的优先性。

清代台湾16座府州县厅城市中有13个建有城垣。其中7个在四类要素中
首先筑城，城垣的首建率为53.8%。这7个优先筑城的府县中，有3个于设治
同时筑城（即噶玛兰厅、恒春县、埔里社厅），其筑城行为在整个城市规划
建设过程中属绝对优先，主要出于前沿县厅外御敌寇、内防番乱的考虑。另
外4个府县（即诸罗县、淡水厅、台湾府、云林县）并非于设治同年立即筑
城，但其筑城时间仍在四类要素中相对优先。这主要是由于其规划治城一带
草莱初辟，须依托城垣确立空间边界、保障官民安全。其余6个非首筑城的
府县中，筑城在四类要素规划建设中排序第二者1个，排序第三者3个，排序
第四者2个——筑城在城市规划建设中的优先度与城市建置的总体时段呈反
向关系（表5-5）。

①
[清]光绪《苗栗县志》卷三建置
志/城池：33。

②
[清]刘铭传. 新设郡县兴造城署工
程立案折（光绪十六年二月十六
日）//[清]刘铭传《刘壮肃公奏
议》：291–293。

③
[清]光绪《苗栗县志》卷三建置
志/城池：33。

表5-5 城垣在各府州县厅四类要素规划建设中的优先级排序

	府州县厅	数量
城垣排序第一	诸罗县、淡水厅、噶玛兰厅、恒春县、埔里社厅、台湾府（台中）、云林县	7
城垣排序第二	苗栗县	1
城垣排序第三	凤山县、澎湖厅、台北府	3
城垣排序第四	台湾府（台南）、彰化县	2
总计		13

城垣之所以在清代台湾省城市规划建设时序中具有较为普遍的优先地
位，源于其防御安全、限定空间、彰示国威的三重意义。安全防御和限定
空间是城垣的最基本功能，正所谓"城池之设，上以卫国，下以卫民"①，
"保障攸关，未可缓图"②。不过，清代台湾不少城市在筹资困难、工料匮
乏的情况下，宁可先植莿竹（如彰化县、淡水厅等）或先建城门城楼（如台
湾府（台中）、苗栗县等）也要开工筑城，还因为城垣具有"存国体而壮观
瞻"③的象征意涵。这在光绪元年（1875年）以后增设的11个府州县厅中表
现得尤为明显：其中8个筑有城垣（2个府县同城），首筑城者4个，次筑城
者1个，并且全部是在设治后3年内兴工，与开台府县大多迟滞筑城的情况截
然不同。这一时期筑城之普及和迅速，一方面与新增府县多位居前沿、近山
临海，对安防有更强烈的需求有关；另一方面也有内忧外患之下，清廷欲借
助城垣之完整坚固以彰示国威、安民抚番的意图。概以言之，城垣在清代台

①
[清]康熙《诸罗县志》卷五学校志/学宫：68。

②
[清]同治《淡水厅志》卷五学校志：117。

③
[清]吴性诚. 捐建淡水学文庙碑记（1824）//[清]道光《淡水厅志稿》卷四艺文：206–208。

④
[清]康熙《重修台湾府志》卷十艺文志/蒋郡守传：344。

⑤
[清]施士岳. 凤山县文庙记//[清]康熙《凤山县志》卷九艺文：139。

湾省城市规划建设中具有较高的优先地位，是综合应对台地政治、军事、社会、经济等条件的必然选择。

5.6.3　学宫唯要：“化民成俗，莫先于学”

学宫在清代台湾省城市中的建置率在四类要素中位列第三。尤其在开台府县中学宫的首建率最高，为此后全台文教设施建设奠定了基调。

清代台湾19个府州县厅城市中有15个建有地方官学。其中特别值得注意的是，开台一府三县全部是在未建署、未筑城的情况下优先建学，首建率为100%。台湾府（台南）、台湾县（台南）、凤山县皆于设治之初立即建学；诸罗县也屡有建学之议①，奉文归治启动城市整体规划建设后，学宫依然是四类要素中最先规划建设者，甚至早于建署2年。在其他11个建有官学的府县城市中，建学在其四类要素规划建设中排序第一者还有1个，排序第二者有8个，排序第三者有1个，总体上仍表现出较明显的优先性（表5-6）。

表5-6　官学（含书院）在各府州县厅四类要素规划建设中的优先级排序

	府州县厅	数量
官学排序第一	台湾府（台南）、台湾县（台南）、凤山县、诸罗县、台湾府（台中）	5
官学排序第二	彰化县、澎湖厅、恒春县、台北府、淡水县、埔里社厅、云林县、基隆厅	8
官学排序第三	淡水厅	1
官学排序第四	噶玛兰厅	1
总计		15

学校对于地方城市的重要意义，正所谓“地方风俗之美，人才之盛，皆视学校为转移”②；“黉宫为教化风俗所自出”，尤其具有“为里党树典型，为国家宣德教”③的重要价值。对于僻居海隅、汉番杂居、风气未开的清代台湾，兴建学校既是培养人才、振兴文风的途径，也是移风易俗、安邦抚民的手段。因此，早期渡台官员们在兴建学校方面有着高度共识：开台知府蒋毓英以“化民成俗，莫先于学”④而创建台湾府学；凤山教谕以建立县学寄托“台之发科者自凤山始”⑤的美好愿望。那些无法速成宏敞庙学的县

厅则分期实践，如噶玛兰厅先建书院，但许下有待"人文必盛，乃建专学，非故缓也，盖有待也"①之承诺；恒春县权以猴洞山诚心亭改建文庙，仍抱有"将来人文蔚起，似应另选空旷，建造黉宫"②之打算。尤其清廷治台晚期增设的11个府州县厅，在极有限的开发时间里仍心系建学：其中3个已庙学兼备，2个权建文庙，2个创建官方书院，也都存有来日展拓官学、振兴文风之志向。

总体来看，清代台地郡县大多重视学校建设，一是因为地方官学本就是地方城市官方设施的基本配置；二则源于在新辟之台湾通过学校施行教化、培植人文、使之"与内地郡县同"，有着更为迫切而深远的政治意义。今天，台湾府学（台南）、凤山凤仪书院等清代官学建筑都被完整保存下来，让人们通过历史环境仍能感受到几百年前的城市规划者们对文教建设的遵崇与关切（图5-26～图5-31）。

5.6.4 三坛一庙必备："阳纲既立，阴律宜修"

三坛一庙在清代台湾地方城市中的建置率在四类要素中排名最末。它们往往在四类要素中最晚建设，标志着城市官方设施规划建设之齐备。

清代台湾16座府州县厅城市共建有15座府县城隍庙，8座社稷坛、山川坛，10座邑厉坛。这三坛一庙的建置率虽然在四类要素中排名靠后，但都超过半数。地方府县设置三坛一庙，不仅是规制要求，还因为它们在当时的确被认为是对地方社会具有"保障功能"的重要设施。城隍神"保民禁奸,通节内外，其有功于人最大，其仪在他神祠之上"③；社稷坛"所以祈年也"；山川坛祈"出云雨，育百谷"；邑厉坛祀厉鬼使归之，"归之则厉不为民病，亦所以保民也"④。三坛一庙所"保障"的风调雨顺、农业丰收、百姓安居等是中国传统农业社会的头等大事，故这些坛庙被列为官方祀典之首，在地方城市中获得格外的重视⑤。

不过，三坛一庙在清代台湾城市规划建设中的时序偏好，却与治署、城垣、官学有所不同。以城隍庙而论，15座城隍庙中有10座是在各城市四类要素中最后或次后规划建设。再以社稷坛、山川坛而论，8对二坛中有5对的规划建设居于四类要素的最后或次后（表5-7）。它们似乎暗示着官方设施规划建设的几近完成。对于这种时序偏好，凤山知县李丕煜曾用"先安

①
[清]咸丰《噶玛兰厅志》卷四学校/书院: 139。

②
[清]光绪《恒春县志》卷二建置/文庙: 71。

③
[宋]陆游.宁德县重修城隍庙记// [宋]陆游《渭南文集》卷十七: 96-97。

④
[清]康熙《永州府志》卷九祀典: 239。

⑤
详见孙诗萌《自然与道德: 古代永州地区城市规划设计研究》2019: 206-208。

①③

[清]李丕煜. 新建（凤山县）城隍庙记//[清]康熙《凤山县志》卷九艺文：144–145。

②

[清]林桂芬. 建造（苗栗县）城隍庙碑记//[清]光绪《苗栗县志》卷十五艺文志：231–232。

④

即治署、城垣、官学、城隍庙、社稷坛、山川坛、邑厉坛，共计7项。

⑤

全素齐置率，即本章统计的四类7项要素齐备的城市数量与总城市数量的比值。

表5-7　三坛一庙在各府州县厅四类要素规划建设中的优先级排序

要素		府州县厅	数量
城隍庙	四类要素中最后建设者	诸罗县、恒春县、台北府、淡水县、苗栗县	5
	四类要素中次后建设者	台湾府（台南）、台湾县（台南）、凤山县、彰化县、噶玛兰厅	5
社稷坛 山川坛	四类要素中最后建设者	诸罗县、淡水厅、恒春县、台北府	4
	四类要素中次后建设者	台湾府（台南）	1

民，后理神"予以解释，他说："国家先成民而后致力于神，非缓之也。民为神主，急其所当急，而凡百兴作，乃不至于缓所不可缓。"①苗栗知县林桂芬也有类似见解，他到任治地后提出"衙垣坛庙，一一待举，经之营之。创建不易，于是分别缓急。首建衙门为抚字催科之地，继兴书院为观风问俗之区。阳纲既立，阴律宜修"，于是创建城隍庙，"春秋崇祀，使民咸知畏敬恐惧"②。由此可知，地方城市的规划建设有轻重缓急之序，正所谓"安民在先，理神在后"；"阳纲为首，阴律为继"。但无论务实务虚，官方设施之完备乃守土者之职，不可缺也。"是前人之所缓，正今日之不可不急者也"③，因此在优先实现行政、教育、防御等实用功能之后，仍须补全祭祀之职，达成地方城市规制齐备。

5.7　功能空间要素配置与规划建设时序的阶段性特征

前节考察了清代台湾省城市中衙、垣、学、庙四类要素规划建设的时序组合，发现它们在整个城市规划建设过程中存在着或优先，或滞后的时序偏好。若从长时段考察，则发现清廷治台前、中、后期建置的城市中，四类要素的建置情况和时序组合也呈现出不同特征（图5-47）。

5.7.1　前、中期建置城市要素齐备率高，用时长，时序反常

清廷治台前、中期建置的8个府州县厅（7座城市）中，衙、垣、学、庙四类7项要素④全部齐置的府县有5个，城市层面的全素齐置率⑤为62.5%。未能齐置的府县中，凤山县未建社稷、山川二坛，澎湖厅未建社稷、山川、邑厉三坛，噶玛兰厅未建邑厉坛；但它们都建有城隍庙，因此就四类要素

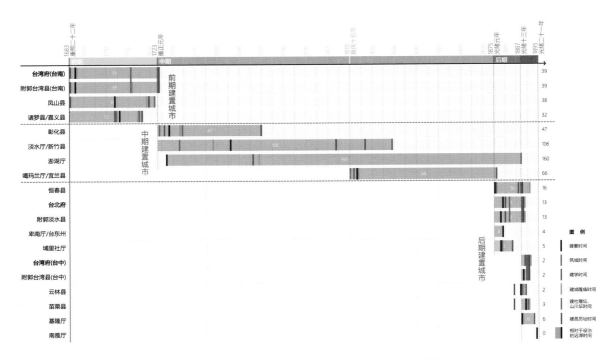

图5-47 清代台湾府州县厅空间要素规划建设时序的阶段性特征

中的"坛庙"一项来看，也不算完全不达标。若以这8座府州县厅城市总共应建四类56项要素，而实建50项要素计算，则要素层面的要素齐备率[1]为89.3%。这反映出前、中期建置城市对地方城市建设规制的遵守度和完成度均较高。

这8个府州县厅自设治开始，分别用了39年、39年、38年、32年、47年、106年、160年、66年完成了上述四类要素的规划建设。其中，诸罗县用时最短，为32年；但若从其于康熙四十三年（1704年）奉文归治正式启动城市规划计算，则用了近12年完成全部四类7项要素的规划建设，是前、中期建置城市中净用时最短的一个。澎湖厅用时最长，为160年；主要因为其迟滞筑城拉长了城市的整体规划建设进程。这8个府州县厅完成各项要素规划建设的平均用时为10.5年/项。

考察其四类要素规划建设的时序组合规律，前期一府三县中绝大部分（75%）遵循着"先建学—再建署—后筑城"的顺序。唯独诸罗县城因"刘却之乱"而受到官方对其治安问题的高度重视，故破例兴筑起全台第一座木栅城垣。但总体来看，这一时期的城市规划建设突出表现出两个特点：一是

①
要素齐备率，即本章统计的所有实建要素数量与所有应建要素数量的比值。

优先建学，即期冀通过学校建设移风易俗、培养人才，以尽快在荒蛮的海隅边地建立起遵循华夏礼俗的汉人社会制度；二是迟滞筑城，即带着"易失易复"的侥幸心理对待台地治安问题，直到康熙末年发生震动朝野的林爽文事件，才终结了施行近40年的"不筑城政策"，使台湾城市规划建设逐渐步入正轨。

中期建置的4个县厅在空间要素的规划建设时序方面几乎难以发现整体性的规律。更处前沿的县厅往往更优先筑城，更晚建学，如淡水厅、噶玛兰厅。更居腹地的县厅则更优先建学，而迟滞筑城，延续前期建置城市的时序特点，如彰化县。这4个县厅的明显共性，是它们完成四类要素规划建设的时间都较长；不仅明显长于后期增设城市，也长于前期建置城市①。这一时期建置的4个县厅，是清代台湾19个府州县厅中完成四类要素规划建设用时最长的4座城市。

5.7.2　后期建置城市要素齐备率低，用时短，时序常规

清廷治台后期建置的11个府州县厅（9座城市）中，衙、垣、学、庙四类7项要素全部齐置的府县仅有3个（即恒春县、台北府、淡水县），城市层面的全素齐置率为27.3%。未能齐置的府县中，四类要素皆置者有1个，即云林县（仅未建社稷、山川二坛）；完成三类要素规划建设者有5个，即埔里社厅（未建三坛一庙）、台湾府（台中）（未建府署）、台湾县（台中）（未建学宫、城隍庙）、苗栗县（未建学宫、社稷坛、山川坛）、基隆厅（未建城垣、三坛）；此外，还有2个县厅仅完成了一类要素的规划建设，即卑南厅和南雅厅（均仅建治署）。若以这11座府州县厅城市总共应建四类77项要素，而实建49项要素计算，则要素层面的要素齐备率为63.6%。这说明，这一时期增置城市在遵守地方城市建设规制方面能基本达标；但四类要素的齐置率很低，大部分县厅缺乏足够的时间和能力完成相应建设规制。

上述四类要素齐置的3个府县，分别用了16年、13年、13年完成全部四类7项要素的规划建设，平均完成时间为14.0年。这一速度远快于前期和中期同等条件城市的平均用时（前期为36.7年，中期为76.5年）。其余府县中，云林县用了2年时间完成了四类要素的规划建设；埔里社厅用了5年时间完成了除三坛一庙之外的三类要素的规划建设；台湾府（台中）用了2年时

间完成了除府署之外的三类要素的规划建设；台湾县（台中）亦用了2年时间完成了除学官、城隍庙之外的三类要素的规划建设；苗栗县用了3年时间完成了除学官、社稷坛、山川坛之外的三类要素的规划建设。

如果以实际完成所有要素规划建设的平均用时计算，则后期11个府州县厅共用67年完成了49项要素的规划建设，其单项平均用时为1.4年/项。而前期、中期建置城市完成相应要素的规划建设平均时间分别是5.7年/项和15.8年/项，前、中期总体平均用时为10.5年/项。后期建置城市规划建设的速度几乎是前、中期城市的8倍，充分反映出同光时期清廷转变态度后在城市规划建设方面大刀阔斧、快马加鞭的势头（表5-8、图5-48）。

考察其四类要素规划建设的时序组合规律，后期增置城市的要素完备程

表5-8　清代台湾前、中、后期建置城市空间要素完成情况及用时比较

	府州县厅	完成类	完成项	完成时间/年	项平均完成时间/年	各期总完成项	各期项平均完成时间/年
前期	台湾府（台南）	4	7	39	5.6	26	5.7
	台湾县（台南）	4	7	39	5.6		
	凤山县	4	5	38	7.6		
	诸罗县	4	7	32	4.6		
中期	彰化县	4	7	47	6.7	24	15.8
	淡水厅	4	7	106	15.1		
	澎湖厅	4	4	160	40.0		
	噶玛兰厅	4	6	66	11.0		
后期	恒春县	4	7	16	2.3	49	1.4
	台北府	4	7	13	1.9		
	淡水县	4	7	13	1.9		
	卑南厅	1	1	4	4.0		
	埔里社厅	3	3	5	1.7		
	台湾府（台中）	3	6	2	0.3		
	台湾县（台中）	3	5	2	0.4		
	云林县	4	5	2	0.4		
	苗栗县	3	4	3	0.8		
	基隆厅	2	3	6	2.0		
	南雅厅	1	1	1	1.0		
总　计						99	6.0

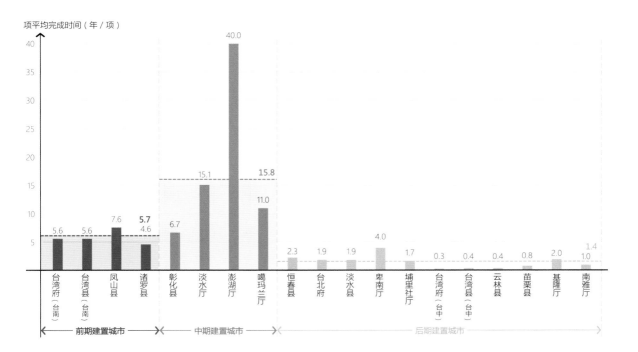

图5-48　清代台湾前、中、后期建置城市空间要素完成用时比较

度虽然不高，但基本遵循着"先建署-再筑城或建学-后立庙"的顺序。这11个府州县厅中有10个最先建署，反映出治署在后期增置城市的规划建设过程中具有绝对优先度。这些府州县厅中有8个筑有城垣（2个府县同城），其中4个的筑城在四类要素的规划建设时序中与建署并列第一，2个的筑城位列第二；2个的筑城位列第三；反映出后期增置城市对城垣建设普遍重视。尤其是深入内山、承担开山抚番职能的城市，更加倚重城垣建设；而作为省城的台中府、县，则出于政治象征考虑而特别在意城垣建设的迅速和完整。这些府州县厅中有7个建有官学，其中1个的建学在四类要素规划建设时序中与建署、筑城并列第一；其余6个的建学位列第二；反映出后期增置城市对学宫建设亦颇为重视，并给予较高的优先级。这些府州县厅中有5个建有社稷、山川二坛，且全部是各城市所有实建要素中最后规划建设者，表现出强烈的后建偏好。

综上，虽然四类要素的规划建设时序表现出一定规律，但19组要素呈现出15种不同的组合排列，恰恰反映出地方城市规划建设时序的多样性。这种多样性正是地方城市规划建设过程中对其复杂的政治、经济、军事、社会等条件的应对与调整。地方城市空间要素的规划建设虽有一定之规，仍变化万千。

第6章 两座省城：古典规划传统之绝响

光绪十一年（1885年），在清廷上下对中法战争的反思中，慈禧太后下懿旨改福建巡抚为台湾巡抚，使台湾成为清朝建置的第20个行省[①]。四年后（1889年），在台湾中部的稻田间，建起清朝最后一座全新选址、规划、建设的省城[②]，新台湾府城（以下简称台中省城[③]）。在这座省城规划建设的同时，位于台湾北部、早其10余年创建的台北府城，承担着临时的省会职能。虽然它不是按省城标准规划建设，但实际作为省城使用近10年。

这两座省城的选址规划建设发生于清廷治台的最后20年间，与前、中期建置的台地城市已有较多不同。与清代中国的其他省城比较，它们也颇为另类：不同于其他省城多是在前代或清初基础上改造完善，这两座城市是在毫无建设基础的新地上全新选址规划建设起来。它们由大陆渡台官员和技术人员规划设计，甚至由大陆工匠施工建造；不仅反映出当时省城和府城规划建设的制度与通法，也呈现出几千年规划传统在新辟土地上的应用和变通。从大时代背景来看，这两座城市规划建设的时间已值中国近代化进程之中，其主事者如沈葆桢、刘铭传等也都是洋务派代表人物；但就在跨海电缆、城际铁路、工厂局所等一系列当时最先进的事物在台湾岛上陆续出现的时候，这两座城市的规划建设却遵守甚至标榜着传统理念与方法。

本章具体考察这两座城市的规划建设历程与特点，发掘其在中国城市规划史、建设史中的独特价值。下文首先分别梳理两座城市的规划建设历程，再从选址、规模、塑形、择向、配置、实施六个方面总结其共性与特色，最后基于同地域和同时代比较解读这两个案例的代表性与特殊性，管窥其背后的中国城市规划传统[④]。

6.1 两座省城的规划建设历程

6.1.1 台北府城的规划建设历程

光绪元年（1875年）经钦差大臣沈葆桢奏议，正式设立台北府，统辖北部三县之地[⑤]。当时沈葆桢已亲自踏勘地形，选定位于台北盆地中心的艋舺地方为府治；但筑城建署事宜未及详细规划，皆留待台湾道具体筹划[⑥]。此后，台北府城的实际规划者曾发生多次变化，其规划重点也相应做出调整。总体来看，大致经历了三个阶段。

① 清康熙初年形成内陆十八省格局，光绪十年（1884年）增置新疆省，次年（1885年）增置台湾省。

② 东北三省建置虽晚于台湾省，但其三座省城均沿用清初创建的将军辖区治城，并非新建。详见6.3.2节。

③ "台中"之名始于日本殖民时期，即1896年设"台中县"。在1887年至1895年间，今台中地方的官方名称为"台湾府"。但为避免与台湾府（台南）混淆，本章称该府城为"台中省城"。

④ 本章部分内容曾以《清末台中省城与台北府城所见传统城市规划理念与方法》为题发表于《城市规划》2022年第1期。收入本书时略有修改。

⑤ 即附郭淡水县、新竹县（由淡水厅改）和宜兰县（由噶玛兰厅改）。

⑥ [清]沈葆桢. 台北拟建一府三县折（光绪元年六月十八日）//[清]沈葆桢《福建台湾奏折》：55–59。

①
尹章义《台北筑城考》1983。林
达泉（？—1878年），广东大埔
人。光绪三年（1877年）八月授
台北知府，次年（1878年）三月
到任，十月即卒于官。

②
[清]光绪《台湾通志稿》列传/政
绩/林达泉。详见4.1.3节。

③
陈星聚（1817—1885年），
河南临颖人。同治十年（1871
年）任淡水同知，光绪四年
（1878年）升台北知府，在中法
战争中保卫台北有功。

④
连横《台湾通史》卷三经营纪：
71；卷十一教育志：209，211。

⑤
岑毓英（1829—1889年），
广西西林人。光绪七年（1881
年）四月授福建巡抚，七月渡
台筹办海防。光绪八年（1882
年）四月升云贵总督。

⑥
[清]岑毓英. 渡台查明情形会筹
防务折（光绪七年九月二十六
日）//[清]岑毓英《岑襄勤公奏
稿》卷十七：34–39。《清季
申报台湾纪事辑录》光绪七年
（1881年）九月十五日《闽抚回
辕》：1008。

⑦
《清季申报台湾纪事辑录》光
绪八年（1882年）二月初七日
《雇匠□城》：1050。

⑧
《清季申报台湾纪事辑录》光绪
八年（1882年）五月二十一日
《台事汇录》：1058。

（1）第一阶段，即光绪四年至八年（1878—1882年），由台北知府林达泉、陈星聚主持府城整体规划，由福建巡抚岑毓英推动筑城工程。

光绪三年（1877年）八月，在沈葆桢的力荐下，光绪皇帝特批原江苏海州知州林达泉试署台北知府[①]。林达泉于次年（1878年）三月抵台上任，因府城未建，暂驻新竹旧淡水厅署办公。主持府城新建规划，正是他的主要职责之一。不过，他不仅须处理台北事务，还兼撰淡水、新竹两县事，公务繁忙，劳累过度，光绪四年（1878年）十月即卒于官。虽然文献中并未记载林在府城规划方面的具体作为，但从他回复民众请愿、维护府城选址的言论[②]来看，他对城址一带一定做过详细考察，也必有其规划设想。只可惜，林达泉仓促离场，府城规划建设的后续工作遂全部交由继任知府陈星聚[③]主持。

陈星聚上任之初仍驻新竹办公，远程主导府城总体规划。至光绪五年（1879年）三月，府城城垣基址及主要街道已分别勘定；台北府署建筑也已落成，陈星聚遂移驻台北。此后，陈星聚一方面继续推进城中主要官方建筑的规划建设，如光绪四年（1878年）建淡水县署；光绪六年（1880年）建台北府学、淡水县学、登瀛书院、考棚等[④]；另一方面，他又向北府绅民发布《招建告示》，告知民房地基的规划尺寸、租赁费用及租建方式，以推进城中私人建设。至光绪六年（1880年），城中府后街、府前街、西门街、北门街的沿街民房店肆皆陆续建成。

城垣基址虽已勘定，但陈星聚认为其土质松软，故先令在划定基址上植竹培土，待条件成熟再兴工筑城（尹章义，1983）。光绪七年（1881年），新任福建巡抚岑毓英[⑤]巡台筹办防务。在进行了一个半月的实地调研后，他指出"**新设台北府、淡水宜兰各县尚无城垣……不足以资捍卫**"[⑥]，于是大力推动府城筑城工程。他一方面派专人"**按地势以绘图**"；另一方面在广东招募工匠百余名，计划于次年（1882年）二月春节后由香港渡台筑城[⑦]。岑毓英所推动的城垣方案，是以陈星聚版规划为基础，又经过"**岑宫保亲临履勘，划定基址，周径一千八百余丈**"[⑧]。廖春生（1988年）曾对这版城垣平面进行推测（图6-2）。不过，随着光绪八年（1882年）四月岑毓英升任云贵总督，台北府城的筑城工程并未按照原定图纸继续施工，而是被新任规划者全盘修改。

（2）第二阶段，即光绪八年至十一年（1882—1885年），由台湾道刘璈^①重做城垣规划，重塑城市山水格局。

光绪七年（1881年），几乎在岑毓英被调补福建巡抚的同时，先前规划恒春县城的候补道刘璈被补授二品顶戴按察使衔福建台湾道^②。当时福建巡抚半年驻福州，半年驻台湾（台南），台湾道实为常驻台湾的最高地方长官。光绪八年（1882年）四月岑毓英升迁后，刘璈接管了台北府城的规划主导权。五月，刘璈视察工地，将"全城旧定基址均弃不用"^③，做出了两点重要改动：一是缩减了府城规模，从原定的1 800余丈缩减至1 506丈；二是将城垣朝向整体转动，以顺应台北盆地的山水空间秩序。从《1898年台北府城测绘图》（图4-30）及遗存至今的城市格局来看，府城内的道路走向与城垣走向明显不属于同一坐标系。前者基本为正南北—东西向，由林达泉、陈星聚所划定；后者较前者顺时针转动约13度，由刘璈所划定。虽然关于刘璈修改府城规划的意图尚缺乏直接文献记载，但从他"素习堪舆家言"的专业背景和规划恒春县城的实践经验来看，这一举动符合他的城市规划理念，也符合他对台北盆地山水形势的可能认知（图4-28）。

府城城垣按照刘璈的规划迅速施工，两年后（1884年）完工^④。实际建成的城垣周围1 506丈，开五门：东曰照正，西曰宝成，南曰丽正，北曰承恩，小南曰重熙。五座城门正位于原定道路与新定城垣的交会点上。由于城工耗资巨大，且劝捐并不顺利^⑤，在筑城的两年时间里府城内的其他官方建设进展缓慢。

（3）第三阶段，即光绪十一年至十七年（1885—1891年），由首任台湾巡抚刘铭传^⑥主持府城续建与现代化改造。

光绪十年（1884年）法国进犯台湾，清廷任命刘铭传为福建巡抚赴台治军。战后台湾建省，刘铭传为首任台湾巡抚。在筹备建省及省城选址规划的过程中，刘铭传一直驻守台北府城办公。在他的省域规划中，台北府城一直处于重要地位^⑦，但刘铭传并没有改变前任规划者们奠定的城市山水格局和空间骨架，而是充实完善其功能设施，并对城市基础设施进行近代化改造。

刘铭传在台北府城及周边地区的规划建设主要着重于四个方面：一、在城内集中规划建设了巡抚衙署、布政使衙署等省级办公设施，使台北府城在台中省城尚未启用的时间里承担起代理省会的职能。二、在城内外创办了善后局、支应局、捐输局、清赋局、军装局、军器局等与建省、防务、筹款相

①
刘璈（1829—1886年），湖南临湘人。同治末年任浙江候补道，被派往台湾营务处，协助沈葆桢筹办恒春县城选址规划。光绪七年（1881年）授加按察使衔分巡台湾兵备道兼学政。（史威廉，王世庆《刘璈事迹》1975）。

②
《清季申报台湾纪事辑录》光绪七年（1881年）十一月十三日《台湾道刘（璈）奏恭报到任日期折》（十月二十三日京报）：1016-1017。刘璈凭左宗棠力荐而出任台湾道。

③
《清季申报台湾纪事辑录》光绪八年（1882年）五月二十一日《台事汇录》：1058。

④
连横《台湾通史》卷十六城池志：354。

⑤
[清]刘璈. 禀复函饬调移山后勇营加招土勇并劝捐城工兼另劝林绅捐助防务由（光绪九年（1883年）十一月十一日）//[清]刘璈《巡台退思录》：224-228。

⑥
刘铭传（1836—1896年），安徽合肥人。光绪九年（1883年）授督办台湾事务大臣赴台筹备抗法，旋授福建巡抚。光绪十一年（1885年）授台湾巡抚。光绪十六年（1890年）因病辞职。

⑦
跨海电缆由福州先抵达台北，再联通至台湾省其他城市（基隆、彰化、台南）。第一期铁路自基隆经台北修至新竹。刘铭传设立的各种新式局所也大部分布置于台北。

①
连横《台湾通史》卷十六城池
志/局所：361-363。

②
王诗琅，王国璠《台北市志》
卷三政制志/建设篇：1086；
[清]刘铭传. 台设西学堂招选生
徒延聘西师立案折（光绪十四
年（1888年）六月初四日）//
[清]刘铭传《刘壮肃公奏议》：
297-298。

③
[清]刘铭传. 台北建造衙署庙宇
动用地价银两立案折（光绪十五
年（1889年）七月初七日）//
[清]刘铭传《刘壮肃公奏议》：
290-291。

④
连横《台湾通史》卷十典礼志：
193-194。

⑤
[清]刘铭传. 台湾郡县添改撤裁折
（光绪十三年（1887年）八月
十七日）//[清]刘铭传《刘壮肃
公奏议》：285。

关的办事机构；创建了伐木局、脑磺总局、硝药局、火药局、铁路总局、通商总局、邮政总局等加强台湾资源开采、运输、商贸的办事机构①；并在城内外创建西学堂、番学堂等新式学堂②，使台北实际成为调动全台、开发全台的枢纽。三、在城内重砌道路，增设明沟，架设电灯电线，置办电车、人力车等③，改善基础设施；在城外架设铁路，铺设海底电缆，使台北府城成为联络全台及沟通两岸的门户。四、还创建社稷坛、风云雷雨山川坛、先农坛、邑厉坛、武庙、天后宫、府城隍庙、县城隍庙等官方祭祀设施④，补齐台北府城作为地方城市的基本建设规制。

不难看出，刘铭传一方面在台北不断创新，植入各种新式功能和设施，将台北视为实现实业救国理想的试验场；另一方面，也在台北补齐坛庙，仍将其视为全国空间治理体系中的一座传统治城。然而，随着刘铭传于光绪十六年（1890年）底请辞卸任，台湾新政遂停。此后虽然台北府城于光绪二十年（1894年）正式成为台湾省省会，但其城市规划建设无大进展。

德国学者申茨（1976）、中国台湾地区学者李乾朗（1979）、尹章义（1983）、陈朝兴（1984）、廖春生（1988）、苏硕斌（2010）等曾对清代台北府城的空间变迁和规划建设开展研究（图6-1、图6-2）。本节参考上述成果，以《1898年台北府城测绘图》为基础，将光绪四年至十七年（1878—1891年）间府城规划建设三个阶段的空间面貌示意（图6-3～图6-9）。

6.1.2 台中省城的规划建设历程

光绪十三年（1887年）八月，刘铭传在《台湾郡县添改撤裁折》中正式提出以彰化桥孜图地方建立省城，并设立首府台湾府、附郭首县台湾县⑤。这一选址最早是光绪七年（1881年）在福建巡抚岑毓英的委托下，由时任台湾道刘璈在台中盆地内为拟建立的台湾直隶州所勘定（详见本书4.1.4节）。6年后，当刘铭传为新省城选址时，也相中了台中盆地，遂采纳了先前岑毓英和刘璈的选址方案。虽然省城选址已大致明确，但刘铭传没有急于启动城市规划建设。他一边先建铁路，为省城创造更好的交通运输条件；一边则在台北府城内兴建省级办公机构和服务于建省、开山等计划的各类新式局所。因为他清醒地认识到，台中省城选址虽"地势宽平，气局开展，

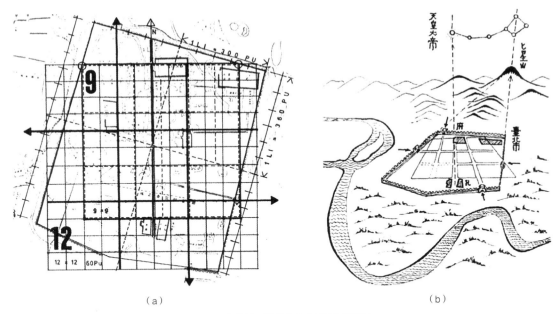

（a）　　　　　　　　　　　　　　　　　　　（b）

图6-1　申茨关于清代台北府城规划的研究

（Schinz，1976）

（a）网格下的台北府城规划；（b）台北府城的风水关系

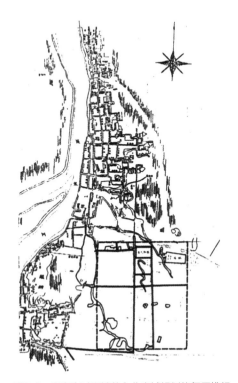

图6-2　廖春生对岑毓英台北府城规划的复原推想

（廖春生，1988：112）

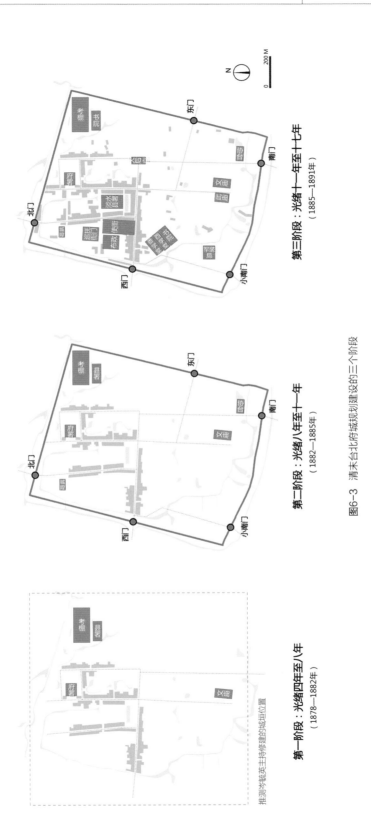

图6-3　清末台北府城规划建设的三个阶段

图6-4　自观音山俯瞰台北盆地形势

图6-5　大屯山脉主峰七星山

图6-6　自台北府城北郊远望七星山

图6-7　淡水河口大屯山、观音山对峙如门户

图6-8 台北府城东门（景福门）

图6-9 台北府城小南门（重熙门）

①
[清]刘铭传. 拟修铁路创办商务折（光绪十三年（1887年）三月二十日）//[清]刘铭传《刘壮肃公奏议》：268-273。

②
[清]刘铭传. 遵议台湾建省事宜折（光绪十二年（1886年）六月十三日）//[清]刘铭传《刘壮肃公奏议》：279-284。

③
光绪十三年（1887年），台北府城内的巡抚衙署和布政使衙署已建成。

④⑤
[清]刘铭传. 新设郡县兴造城署工程立案折（光绪十六年（1890年）二月十六日）//[清]刘铭传《刘壮肃公奏议》：291-293。

⑥
事实上在刘铭传提出上述立案奏请之前，省城建设已于光绪十五年（1889年）先行启动。

襟山带海……实堪建立省会"，但其"地近内山，不通水道，不独建筑衙署庙宇运料艰难，且恐建城之后，商贾寂寥，虽有城垣，居民稀落"①。简言之，通过铁路改善台中盆地的交通运输条件，是省城兴工建设的前提。此外，当时新省初立，万事需要筹款，而省城"另造城池衙署需费浩繁，一时万难猝办"②，也在经济上制约着省城规划。因此，在确定省城选址后的两三年时间里，台中盆地内的城市规划建设进展缓慢。

不过，新省既立，各路职官业已渡台上任③，寄居台北自非长久之计。光绪十五年（1889年）末，台湾布政使沈应奎、台湾道唐景崧提出："（省城）城垣保障攸关，衙署监狱为办公羁禁之所，未可缓图。……纵使撙节万分，经始安能无备"④，提议尽快开展省城建设。考虑到经费有限、材料匮乏等问题，他们提出解决方案，即城垣"先筑土城，外掘城濠，遍植莉竹"，城门、城楼、炮台等则"一并用砖"，其"知府、武营及院司各衙，俟经费得筹，再行分年续建"；庙祠、试院等则"由府县邀商绅富民先尽民捐，再行筹助办理"⑤。由此亦可知，当时台中省城已有规划方案，即"原勘城垣基址周围十一里有奇"，这应是在刘铭传主持下完成的。刘铭传对沈、唐之请表示赞成，经与台府官绅筹议，明确了城垣工程应"及时兴办"的态度。他于光绪十六年（1890年）二月奏请的建设方案很快获得光绪皇帝朱批准行，省城建设遂正式启动⑥。

城垣工程先建八门四楼，后筑土城石基，至光绪十七年（1891年）十二月，"壁基告成"[①]。大东门曰"震威"，楼曰"朝阳"；小东门曰"艮安"；大西门曰"兑悦"，楼曰"听涛"；小西门曰"坤顺"；大南门曰"离照"，楼曰"镇平"；小南门曰"巽正"；大北门曰"坎孚"，楼曰"明远"；小北门曰"乾健"。城内建有台湾府学、考棚、宏文书院、台湾县署、府城隍庙、县城隍庙、天后宫等官方办公、文教、祭祀设施；城外则建有社稷坛、风云雷雨山川坛、先农坛、邑厉坛等官方祭祀设施[②]。

光绪十六年（1890年）末，刘铭传称病请辞。十七年（1891年），邵友濂继任台湾巡抚。他认为台中省城交通不便，且城工经费浩繁，遂将工程缩减规模，甚至搁置[③]。光绪二十年（1894年），他又提出桥孜图选址先天不足，且建设多年仍无法移驻，不堪当省会，于是奏请改以台北府城为省会[④]。该请寻获批准，尚未完工的台中省城遂废。

德国学者申茨、美国学者潘内尔（Pannell，1973）、中国台湾地区学者赖志彰（1991）等曾对清代台中省城的规划建设开展研究（图6-10、图6-11）。本节参考上述成果，主要以赖志彰（1991）对清末台中省城的复原平面[⑤]为基础，开展相关分析（图6-12～图6-16，表6-1）。

6.2 两座省城的选址规划理念与方法

台中省城和台北府城的选址规划发生于清廷治台后期总体积极经略的背景下。这两座城市的选址规划有颇多共性，它们不仅表现出与清廷治台前、中期建置城市的差异，也更明显地体现着中国传统城市规划的原则与方法，具体表现出"择中而治，山水中央"的选址理念；"城市规模，等级秩序"的规模理念；"城垣形态，理想图示"的塑形理念；"山川立向，随形就势"的择向理念；"设施完备，文教为先"的配置理念；"官民共建，定章起造"的实施理念等。

6.2.1 择中而治，山水中央

两座城市的选址均严格遵循着"择中而治"的原则。这里的"中"包括两个层面：一是"辖域"之中；二是"山水"之中。

① 伊能嘉矩《台湾文化志》2011：390。

② 连横《台湾通史》卷三经营纪：73；卷十典礼志：196-197；卷十一教育志：210；卷十六城池志：357-359；王建竹，林猷穆《台中市志》：568-570。

③ 王建竹，林猷穆《台中市志》：569。

④ [清]谭钟麟等. 为台湾省会要区地利不宜拟请移设以定规模恭折仰祈圣鉴事（光绪二十年（1894年）一月二十五日）// 《明清台湾档案汇编》第5辑第101册：343-345。

⑤ 赖志彰依据日据时期台湾总督府档案（1890）对台中省城平面进行了复原，包括城墙、城门、城内主要建筑的位置及水系，但未提供尺寸数据。

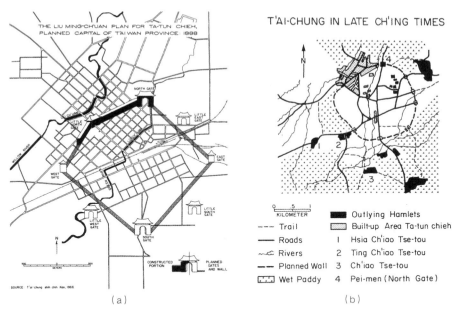

图6-10 潘内尔关于清代台中省城规划的研究

（Pannell，1973：36，39）

（a）刘铭传的台中省城规划；（b）晚清台中省城

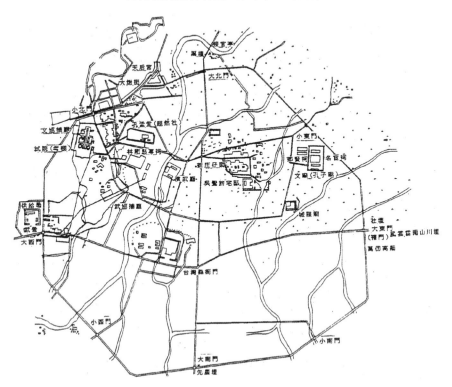

图6-11 赖志彰对清末台中省城平面的复原推想

（赖志彰，1991：20）

图6-12 台中省城小北门（乾健门）遗址

图6-13 犁头店万和宫

图6-14 大墩（今台中公园）

图6-15 大墩溪今貌（柳川）

图6-16 新盛溪今貌（绿川）

表6-1　台北府城、台中省城官方设施规划建设比较

		台北府城	台中省城
防御设施	城垣	光绪八年（1882年）二月兴工； 光绪八年（1882年）五月更改城基； 光绪十年（1884年）十一月告成	光绪十五年（1889年）八月建八门四楼； 光绪十六年（1890年）三月筑城； 光绪十七年（1891年）十二月告成
衙署设施	巡抚衙署	光绪十三年（1887年）	—
	布政司衙署	光绪十三年（1887年），旧为巡抚行台	—
	府衙	光绪五年（1879年）	—
	县衙	光绪四年（1878年）； 光绪十五年（1889年）刘铭传复建	光绪十四年（1888年）
文教设施	府儒学/文庙	光绪六年（1880年）	光绪十五年（1889年）
	县儒学/文庙	光绪六年（1880年）	—
	考棚	光绪六年（1880年）	光绪十五年（1889年）
	书院	登瀛书院，光绪六年（1880年） 明道书院，光绪十九年（1893年）	宏文书院，光绪十五年（1889）
	西学堂	光绪十二年（1886年）设于城外； 光绪十六年（1890年）迁建城内	—
	番学堂	光绪十六年（1890年）	—
祭祀设施	社稷坛	光绪十四年（1888年），在府城东南	光绪十五年（1889年），在东门外
	风云雷雨山川坛	光绪十四年（1888年），在府城东南	光绪十五年（1889年），在东门外
	先农坛	光绪十四年（1888年），在东门外	光绪十五年（1889年），在南门外
	邑厉坛	光绪十四年（1888年），在北门外	光绪十五年（1889年），在北门外
	府城隍庙	光绪十四年（1888年）	光绪十五年（1889年）
	县城隍庙	光绪十四年（1888年），在府城隍庙内	—
	天后宫	光绪十四年（1888年）	在大墩街
	武庙	光绪十四年（1888年）	—
其他局所设施	全台筹防总局	光绪十年（1884年）	—
	军装局	光绪十一年（1885年）	—
	支应局	光绪十一年（1885年）	—
	捐输局	光绪十一年（1885年）	—
	军器局	光绪十一年（1885年），在大稻埕	—
	全台清赋总局	光绪十二年（1886年）	—
	善后局	光绪十二年（1886年）	—
	法审局	光绪十二年（1886年），在巡抚署内	—
	官医局	光绪十二年（1886年）	—
	电报总局	光绪十二年（1886年）	—
	硝药局	光绪十二年（1886年），在大稻埕	—
	伐木局	光绪十二年（1886年），在大稻埕	—
	火药局	光绪十二年（1886年），在大隆同庄	—
	台湾通商总局	光绪十三年（1887年）	—
	脑磺总局	光绪十三年（1887年）	—
	铁路总局	光绪十三年（1887年）	—
	台北通商局	光绪十三年（1887年），在东门外	—
	清道局	光绪十三年（1887年）	—
	邮政总局	光绪十四年（1888年）	—
	官银局	光绪十六年（1890年）	—
	蚕桑局	光绪十六年（1890年），在大稻埕	—
	通志局	光绪十七年（1891年），在登瀛书院内	—

注：参考连横《台湾通史》，王建竹，林猷穆《台中市志》等绘制。

1）辖域之中

"辖域之中"指倾向将治城布置于所辖区域地理中心的选址原则。施添福（1989）曾指出，清代台湾府州县厅治的空间分布及变迁反映出"依据人文发展的可能中心地点选择区位"的规律，当辖域扩大而致旧治区位丧失其中心性时，则要么析土另立新县厅，要么调整辖域，以维持治所的中心性。这种中心性倾向，正是由行政治理、军事调配的便利原则所决定：地方守土官集总务、民政、财政、建设、交通、军事、抚垦等诸多事务于一身，工作极为繁杂，为方便治事理民，县厅治城往往倾向于选择辖区内可能的中心地点，"以便从这一点能以最少的时间或最短的距离接近辖区内的人民"（施添福，1989）。台中省城和台北府城的选址都反映出这一"辖域居中"原则（图6-17）。

台中省城选址最早被提出设治就是因为其"居全台之中"的切要区位。

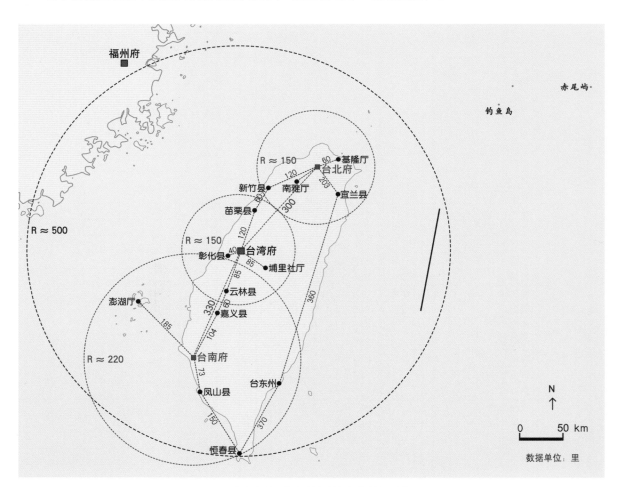

图6-17 台中省城、台北府城选址的"辖域居中"原则
（图中标注数据据[清]光绪《台湾通志稿》）

① [清]刘璈. 禀覆筹议移驻各情由（光绪七年（1881年）九月十五日）//[清]刘璈《巡台退思录》：5-6。

② [清]刘璈. 禀奉查勘扑子口等处地形由（光绪七年（1881年）十二月初六日）//[清]刘璈《巡台退思录》：6-7。

③ [清]光绪《台湾通志稿》疆域。

④ [清]刘铭传. 拟修铁路创办商务折（光绪十三年（1887年）三月二十日）//[清]刘铭传《刘壮肃公奏议》：268-273。

⑤ [清]沈葆桢. 台北拟建一府三县折（光绪元年（1875年）六月十八日）//[清]沈葆桢《福建台湾奏折》：55-59。

⑥ [清]光绪《台湾通志稿》列传/政绩/林达泉。

早在建省之前，岑毓英已提出将同位于台南的台湾道、台湾府之一移至中路以"居中控制"的想法①。刘璈实地踏勘后提出在台中盆地内设立台湾直隶州，以形成"南、北、中三路势成鼎足，以巡道居中调度"之势②。台湾建省以后，更是以全台疆域治理为原则来考虑省城的选址问题。台中距台南府城335里，北距台北府城300里③，恰居山前南北之中，具有联络南北、调控全局的绝对区位优势。因此，刘铭传以其"当全台适中之地"④为由确定了这一省会选址。

台北府城选址的确定也得益于其居辖域之中的区位优势。沈葆桢在奏请台北设府时就已指出，旧淡水厅疆域日增，但厅治（今新竹）屈居一隅，"驾驭难周，政教难齐"，故以北部三县统设一府，以艋舺居中而为府治⑤。后来有地方绅民质疑府城选址，认为艋舺不如新竹旧厅治繁华，知府林达泉便以"艋甲居台北之中"予以反驳，并断定凭此居中区位，虽然暂时荒僻，但10年之后必日新月盛⑥。

2）山水之中

"山水之中"指治城倾向选择山环水抱之中的独特山水形势。台中省城和台北府城都处于典型的盆地地形中央，这一特征在两者的选址评价中被反复强调，被认为是治城选址的理想模式（图6-18）。

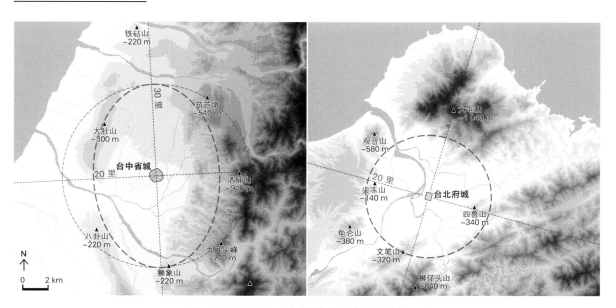

图6-18 台中省城、台北府城选址的"山水居中"原则

关于台中省城的地形环境，刘铭传评价其"山环水复，中开平原，气象宏开"[①]"地势宽平，气局开展，襟山带海，控制全台，实堪建立省会"[②]；刘璈表述得更为具体，"大甲溪、大肚山以内周围数百里，平畴沃壤，山环水绕，最为富庶"，且"内山南北两水交汇，转出梧棲海口"，此中尤为"钟灵开阳之所……实可大作都会"[③]。关于台北府城的地形环境，沈葆桢总结其"当鸡笼、龟仑两大山之间，沃壤平原，两溪环抱，村落衢市，蔚成大观"[④]；林达泉评价"此地四山环抱，山水交汇，府治于此创建，实足收山川之灵秀而蔚为人物"[⑤]。这些评价是对城市所处山水环境之格局规模、空间形态、水泉土壤、交通条件、防御条件等的综合判断，概括起来以山环水抱、地势开阔、水丰土肥、交通便利为要点。

实查两座城市所处的大尺度地形，不仅山环水抱的盆地地形明显，并且两座城市不约而同地位居盆地之中心。台中盆地由西侧高耸的中央山脉余脉和东侧较矮低矮的大肚山、八卦山台地围合，形成一南北长、东西短的椭圆形盆地。发源于东部内山的大肚溪、大甲溪分别在盆地南、北两侧西行穿过，切割出盆地向南、西、北三面的出口。盆地内地势自西北向东南缓缓下落，旱溪、大墩溪、新盛溪[⑥]等溪流密布；大墩一带地势突高。以四周明显可辨呈环抱之势的山脉为空间边界，这一"中开平原"的尺度约为南北60里、东西40里，而台中省城正位于其中心。台北盆地由北侧的大屯山脉、西侧的林口台地、东南侧的中央山脉北部丘陵围合而形成。南来的新店溪与西南来的大嵙崁溪在盆地中央交汇为淡水河，又接纳东来的基隆河后向西北流入大海。以四周明显可辨呈环抱之势的山脉为空间边界，其间"沃壤平原"的尺度约为直径40里，而台北府城亦位于其中心。

相比于清代台湾其他城市，台中省城和台北府城对于"山水之中"（即盆地模式）的选址偏好尤为强烈。如前文所述，清廷治台前、中期选定的城址全部位于山前滨海地带，背倚高山、面朝大海是其基本模式。延用明郑旧基的台南府城尤其紧邻大海，依港而建。而到后期选定的城址，尤其是台中、台北这两座高级治城，四面环山、中开平阳的盆地地形则成为首选。这一选址标准的转变，一方面是由不同时期的防御、治理、交通等现实条件和需要所决定：清廷治台前、中期的治理范围限于山前平原地带，内山尚属番禁之地，而对台军事补给、物资交流等皆仰仗内地，因此城市多近海，依托港口而发展；同光时期，随着清廷在台湾施行开山抚番，

① [清]刘铭传. 台湾郡县添改撤裁折（光绪十三年（1887年）八月十七日）//[清]刘铭传《刘壮肃公奏议》：285。

② [清]刘铭传. 拟修铁路创办商务折（光绪十三年（1887年）三月二十日）//[清]刘铭传《刘壮肃公奏议》：268–273。

③ [清]刘璈. 禀奉查勘扑子口等处地形由（光绪七年（1881年）十二月初六日）//[清]刘璈《巡台退思录》：6–7。

④ [清]沈葆桢. 台北拟建一府三县折（光绪元年（1875年）六月十八日）//[清]沈葆桢《福建台湾奏折》：55–59。

⑤ [清]光绪《台湾通志稿》列传/政绩/林达泉。

⑥ 大墩溪即今柳川，新盛溪即今绿川，在日本殖民时期被改造（王建竹，林猷穆《台中市志》：478–479）。

治理重心要求内移，山间盆地遂进入规划者视野。另一方面，选址标准的改变也归因于治台策略和心理需求上的转变：前、中期清廷治台保守，治城选址往往只求实用便利，而不重象征意义；同光时期，清廷日益重视台湾的海疆门户地位，既然增置府县、新立行省，城市建设在满足基本功能需求之外，当然还要遵循正统，彰显国威，因而这两座高级治城的选址更倾向于遵照传统理想模式。思路转变之下，曾经作为全台首府长达200余年的台南府城，被诟病其"逼近海口，形势不佳"[①]。而台中省城和台北府城的选址，则获得上至沈葆桢、岑毓英、刘铭传等朝廷大员，下至刘璈、林达泉、陈星聚等地方长官的一致认可。这些不同层级、不同背景的规划者在城市选址方面能有如此默契，正反映出中国传统文化中对于政治空间与山水空间合一的深层追求。

6.2.2 城市规模，等级秩序

台中省城和台北府城的城垣规模与其行政等级之间表现出特定关联。城市规模依据行政等级而确定的规划理念和制度在《周礼·考工记》《春秋》等早期文献中皆有记载[②]；后代视之为古制，但未必严格遵行。从文献记载和实物遗存来看，全国范围内不同等级城市的规模差异并不明显：王贵祥（2012）指出，"并不能够从（明代）城市的行政等级中得出一个十分清晰的规模级差系列，这说明明代城镇规模并不是严格按照行政等级确定的"；成一农（2009）指出，"清代既不存在城市行政等级制约城市规模的制度，也不存在城市行政等级决定城市规模的现象，城市规模与城市行政等级之间的相关性并不强"。不过，在规划建设于清代晚期的台中省城、台北府城，以及清代台湾其他县厅城市之间，却表现出较为明显的规模差异。

台中省城的城垣规模，根据刘铭传规划为周围11里有奇[③]；笔者据赖志彰复原图校核其周长约合清代11.5里，与文献记载相符。台北府城的城垣规模，根据刘璈规划为周长1 506丈，约合清代8.4里；笔者据李乾朗复原图校核其周长约为清代8.3里，也与文献记载基本相符。11里与8里之间，乍看似乎并无明显的等级差异；但若将城垣周长里数转化为城市所辖里坊数，则有不同发现。

按里坊模数推断，台中省城的原型为方4里，周16里，辖16坊；台北府城的原型为方2里，周8里，辖4坊（图6-19）。但在实际规划建设中，台中省城为了节约功料并附和理想图示，削正方形之四角而呈八边形，故而在总体符合方4里模数的前提下，实际周长仅为11里有余，缩减了约1/5。台北府城则基本符合方2里的模数，东西宽2里，南北略长[①]。如此看来，清末台中省城和台北府城的城垣规模遵循着一定之规，即省城方4里，辖16坊之地，开8门；府城方2里，辖4坊之地，开4门[②]。这可能是规划者按照当时所理解的省级和府级城市规模而初定，又依据现实条件和需求进行了微调。

考察清代台湾省城市之城垣初始规模的总体情况（图6-20、表6-2），3座府城的城垣周长介于8.4～14.8里，平均周长为11.5里。10座县厅城的城垣周长介于2.5～7.2里，平均周长4.5里。其中，4座厅城的城垣周长介于2.5～4.4里，平均周长3.4里；6座县城的城垣周长介于3.8～7.2里，平均周长5.2里。县城较厅城规模更大，其平均周长约为厅城的1.5倍。从时间分期来看，清廷治台后期建置城市的城垣周长略大于前、中期。总体而言，清代台湾省府县厅城市的城垣初始规模存在着较为明显的等级差异。

与清代全国同等级城市规模相比，台中省城城垣周长（11.5里）小于全国省城平均周长（19里），台北府城城垣周长（8.4里）小于全国府城平均周长（9里）[③]。台湾省城市规模普遍偏小的原因可能有二：一是台湾省疆域较内地省份为小，人口较少，其所辖治城规模自然也偏小。二是台地工程建设无论材料、工匠皆仰给内地，且经费不足，故实际城市规划中倾向于缩减规模以节省功料。不过，台中省城和台北府城的城门数量并不低于全国同等级城市的平均值[④]，这说明两座城市只是通过缩小城垣周长应对特殊困难，而非降低规制。

6.2.3　城垣形态，理想图示

台中省城和台北府城的城垣形态都表现出对理想图示的强烈追求。许多学者曾指出"方城"是中国古代城市的基本原型和理想形态：如郑孝燮（1983）提出中国古代城市的**"方形根基"**[⑤]；李允鉌（2005）指出方形（含矩形）是中国古代理想的城市形态[⑥]；申茨（2008：410）认为"幻方"是中国古代城市的原型，是构成中国城市空间秩序的基本法则。韩东洙（1994：43-45）统计清代156座府城的城垣形态发现，其中超过60%的府

[①] 申茨（1976）认为台北府城采用了2大里乘2小里的模数。

[②] 台北府有东、西、南、北四正门，此后又在西南方向增开一小门。

[③] 全国省城、府城的平均周长数据来自成一农（2009：129），笔者换算为里。

[④] 据韩东洙（1994：48）统计，清代省城（内城）平均开6门，府城（内城）平均开4门。

[⑤] 郑孝燮《关于历史文化名城的传统特点和风貌的保护》1983。

[⑥] 李允鉌《华夏意匠：中国古典建筑设计原理分析》2005：391。

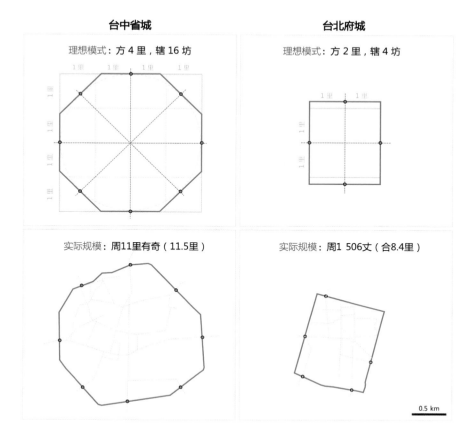

图6-19 台中省城、台北府城的理想模式与实际规模

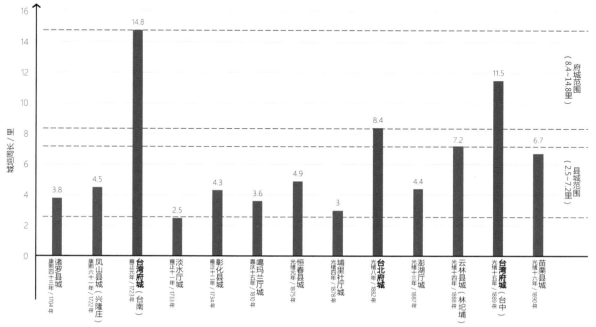

图6-20 清代台湾府州县厅城垣的初始规模与等级分布

表6-2　清代台湾府州县厅城垣初始规模及相关信息

府州县厅	城垣始筑时间		城垣始筑规模		城门数量	主持规划者	出处
	年号	公元	原始数据	换算／里			
台湾府（台南）	雍正元年	1723年	2 662丈	14.8	7	知县周钟瑄	嘉庆《续修台湾县志》卷1地志/城池：6
凤山县	康熙六十一年	1722年	810丈	4.5	4	知县刘光泗	乾隆《重修凤山县志》卷2规制志/城池：29
诸罗县	康熙四十三年	1704年	680丈	3.8	4	知县宋永清	康熙《诸罗县志》卷2规制志/城池：25
彰化县	雍正十二年	1734年	779丈	4.3	4	知县秦士望	乾隆《重修福建台湾府志》卷5城池：77
淡水厅	雍正十一年	1733年	440丈	2.5	4	同知徐治民	同治《淡水厅志》卷3建置志/城池：43
澎湖厅	光绪十三年	1887年	789丈	4.4	6	总兵吴宏洛	光绪《澎湖厅志》卷2规制/城池：54-55
噶玛兰厅	嘉庆十五年	1810年	640丈	3.6	4	知府杨廷理	咸丰《噶玛兰厅志》卷2规制/城池：21
恒春县	光绪元年	1875年	880丈	4.9	4	候补道刘璈	光绪《恒春县志》卷2建置/城池：43
台北府	光绪八年	1882年	1 506丈	8.4	5	台湾道刘璈	连横《台湾通史》卷16城池志：354
卑南厅	—	—	—	—	—	—	
埔里社厅	光绪四年	1878年	3里许	3.0	4	总兵吴光亮	连横《台湾通史》卷16城池志：355
台湾府（台中）	光绪十五年	1889年	11里有奇	11.5	8	巡抚刘铭传	刘铭传《刘壮肃公奏议》：291
云林县	光绪十四年	1888年	1 300丈有奇	7.2	4	知县陈世烈	连横《台湾通史》卷16城池志：354
苗栗县	光绪十六年	1890年	1 200余丈	6.7	4	代理知县林桂芬	光绪《苗栗县志》卷3建置志：33
基隆厅	—	—	—	—	—	—	
南雅厅	—	—	—	—	—	—	

城平面为方形（含矩形），说明"方城"在府城形态规划中的代表性。从城垣形态来看，台北府城城垣平面呈矩形，台中省城城垣平面呈八边形；它们都呈现出清晰的几何原型，并且是清代台湾所有府州县厅城市中仅有的两个具有理想几何形态的城市。

台北府城选择方形的城垣形态，可谓清末新城规划对"方城"传统的

①
王建竹，林猷穆.《台中市志》：
569。

又一次实践；有学者指出，这是"中国历史上最后一次，城市布局参照了
'神奇方形'（magic square）概念而规划"（申茨，2008：410）。台中省
城的城垣规划则以理想八卦图形为蓝本，不仅城垣形态接近正八边形，其
八座城门也分别以乾（健）、坎（孚）、艮（安）、震（威）、巽（正）、
离（照）、坤（顺）、兑（悦）八卦命名①。有学者认为，这是为了"象征
一四宇安乾坤之相的'天罗地网'"，以达到保地方平安的目的（赖志彰，
1991：37，50）（图6-21）。

与这两座城市不同，清代台湾省其他城市的城垣形态多为圆形或不规则
形（图6-22）。这些形态的产生主要反映出城市规划建设的经济性原则：圆
形是面积一定情况下周长最短，即最节省城功的形态；不规则形是顺应自然

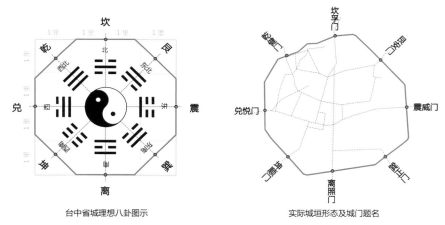

图6-21 台中省城的理想八
卦图示与实际形态

台中省城理想八卦图示　　　　　　　实际城垣形态及城门题名

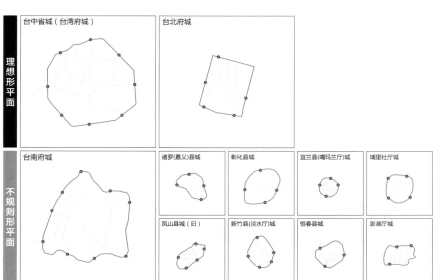

图6-22 清代台湾城市城垣
形态比较（部分）

地形地势或既有建成环境和道路格局的结果。即便是贵为全台首府长达200余年的面积庞大的台南府城，也呈现出仓促围合既有建成环境的不规则形。相比之下，台中省城和台北府城的理想几何形态更显特殊。究其原因可能有二：其一，这两座城市拥有更高的行政等级，城市面貌关乎一省一府之观瞻，有必要选择更能彰显人文理想、更富象征意涵的城垣形态。其二，当时清朝皇帝和台湾省官员们已决心积极经略台湾、扭转颓败局势，他们希望借由宏大、工整的城市形态，传达出天朝大国的威望和长久治理的决心。因此，既遵循古制又富于意涵的理想几何形态，成为这两座城市的最佳选择。

6.2.4 山川立向，随形就势

　　台中省城和台北府城的规划建设中，都突出表现出依山川立向、随形势布局的规划原则。中国古代城市对择向格外重视，城市主要道路及城门的朝向、主要官方建筑的朝向等多有讲究。确立朝向的基本原则和方法大致有地理方位、山川朝对等不同体系，此二者有时单独使用，有时综合作用。

　　在城市主要道路和城门择向方面，台中省城依据理想八卦图示规划，其道路格局大致以南北、东西干道为骨架，再有通向四隅小门的放射形支路。八座城门大致朝向八个方位，但从大尺度地形图上观察，它们的具体朝向又恰好呼应盆地边缘八个方向上的标志性山峰或河谷：东门（震威门）朝向盆地东侧的酒桶山（海拔约940米）；小东门（艮安门）朝向东北方向的葫芦墩山（海拔约540米）；小南门（巽正门）朝向东南方向的九九尖峰（海拔约740米）；小西门（坤顺门）朝向西南方向的八卦山（海拔约220米）；小北门（乾健门）朝向西北方向的沙辘山（海拔约200米）；南门（离照门）朝向盆地南侧的狮象山（海拔约220米）；北门（坎孚门）遥对盆地北侧开口及更远的铁砧山（海拔约220米）；西门（兑悦门）则朝向盆地西侧开口，以大肚山、八卦山为门户。这些朝山在《彰化县志》中皆有记载，如酒桶山"山顶圆形，似熬酒桶"，九九尖山"峰尖莫数，状若火焰"，沙辘山"山峰特秀，为北方诸山之冠"，八卦山"为邑治之主山"等[①]，可知它们都是当时地方上公认的标志性景观。台北府城在首轮规划中几乎是正南北朝向的，以南北、东西向道路构成其空间骨架。光绪八年（1882年）刘璈重新规划城垣时才重塑府城山水格局，使城垣及城门分别与盆地边缘的标志性

①
[清]道光《彰化县志》卷一封域志/山川。

山峰建立起朝对关系：其北门朝向盆地东北侧的大屯山主峰七星山（海拔约
1 040米）（图6-5、图6-6）；南门朝向西南方向、约与七星山对峙的狮仔
头山（海拔约840米）；东门朝向东南方向的四兽山（海拔约340米）；西
门朝向西北方向、约与四兽山对峙的尖冻山（海拔约140米）；小南门朝向
西南方向的文笔山（海拔约320米）。这种山川立轴、城门朝对的规划手法
在清代台湾城市中并不少见，一些县厅城的规划建设中亦有使用（详见本书
4.1.1、4.1.2节）（图6-23～图6-25）。

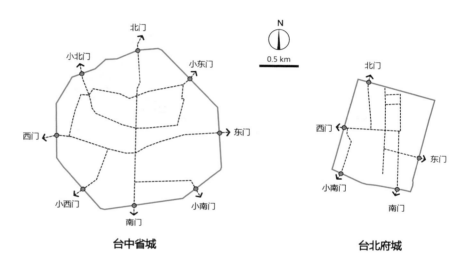

图6-23　台中省城、台北府
城的主要道路朝向

台中省城　　　　　　　　　　　　**台北府城**

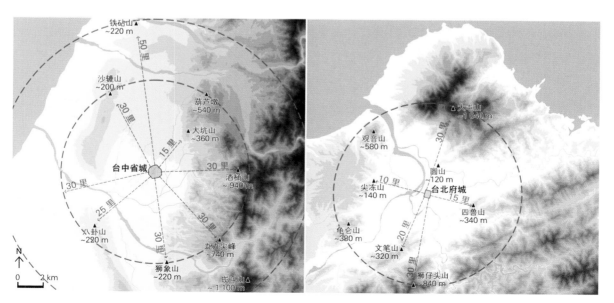

图6-24　台中省城、台北府城因应山水形势的城门朝对

图6-25 自基隆河南岸远望大屯山脉

在城内主要官方建筑择向方面，坐北朝南通常是默认朝向，但特定的水形、地形条件也可能改变这种惯常。在台北府城规划之初，城南一处略向南凸、形如襟带的天然水形就引起了规划者的重视，故将一贯偏爱天然泮宫水形的文庙学宫选址于此，并根据水形角度确定了建筑主轴朝向。同期规划建设的府衙、县衙等则布局于城北，坐东向西，朝向当时的福州省城。刘璈接手台北府城规划后，似也感到城南的天然泮池难能可贵，因此他将矩形规整的城垣唯独在南部改变了形态，以迁就水形。后来刘铭传主持规划的登瀛书院、西学堂、番学堂等文教建筑也选址于溪流沿线，并根据溪流方向确定建筑主轴朝向。而同期规划建设的各级衙署建筑，如巡抚衙、布政使衙、淡水县衙等，则布局于府城西北，坐北朝南（图6-26）。台中省城内实际完工的建筑数量有限，但文庙、考棚等文教建筑受天然水系影响而立向的情况亦颇为明显。不难看出，水形对文教建筑的选址择向有着更突出的影响。

综合来看，这两座城市的城门、道路及主要建筑的择向同时受到地理方位原则和山水朝对原则的影响，但不同建筑的受影响程度又有差别。例如，城门和文教建筑的择向更主要受到自然山水要素的影响；衙署建筑的择向则更多考虑地理方位的政治意义。两种择向原则分别代表着对自然秩序和道德秩序的遵从（孙诗萌，2019）。在同一座城市的规划建设中，这两种原则往往相辅相成。

6.2.5 配置完备，文教为先

清代地方行政建制城市中一般规划建设有衙署、城垣、学宫、坛庙等基本空间要素，作为地方城市的基本设施配置。台中省城和台北府城的规划建设时间和使用时间虽然都不长，但这两座城市仍然尽可能周全地规划

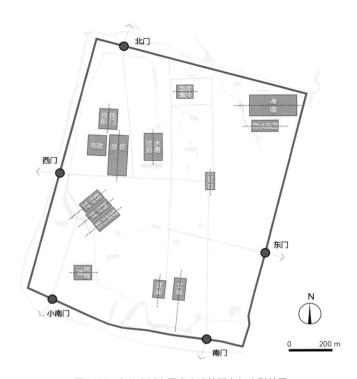

图6-26　台北府城主要官方建筑朝向与水形关系

建设起上述官方设施，以求地方规制之齐备（表6-1）。其规划建设的衙署设施主要包括省、府、县各级衙署及相关办公建筑；城防设施主要包括城垣、城门、炮台等；文教设施主要包括府、县学宫文庙、考棚、书院等；坛庙设施主要包括社稷坛、风云雷雨山川坛、先农坛、邑厉坛、府县城隍庙、天后宫等。

以衙署、城垣、学宫、三坛一庙四类7项要素为指标统计，除台中省城未建府署外，两座城市的其余要素全部齐备。在清廷治台后期增置的11个府州县厅中，四类要素兼具者仅有4个，四类7项要素齐备者仅有3个；台中省城和台北府城能在极有限的时间里达到较高的要素齐备率，显示出其作为高级治城的高度的自我要求。台北府城于光绪元年（1875年）设府，4年后（1879年）兴建府署，再1年后（1880年）兴建府学，再2年后（1882年）修筑城垣，再6年后（1888年）建齐三坛一庙，共计用时13年完成上述四类7项要素的规划建设。台中省城于光绪十三年（1887年）设府，2年后（1889年）同时建学、筑城、兴建三坛一庙，共计用时2年完成上述三类6项要素的

237

规划建设。相比于台南府城历时39年才建齐上述要素，台中省城和台北府城的规划建设已是非常迅速。尤其是台中省城以2年时间完成了除府署之外全部要素的规划建设，几乎是清代台湾城市中速度最快者。在这四项要素中，三坛一庙的规划建设尤其具有标志性，因为相比于衙署、城垣、学宫等具有极强的实用功能，三坛一庙仅供官方祭祀，它们对地方城市的象征意义大于实用价值。台中省城几乎是以全台最快速度完成了三坛一庙的规划建设，不仅表现出对尽快达成规制的追求，也透露出为全台府县做足表率、引领全省的意识（图5-45、图5-46）。

从两座城市中四类要素的规划建设时序来看，文教设施的先行建设颇值得关注。台北府城在兴筑城垣前两年（1880年）已完成台北府学、淡水县学、考棚、书院等文教建筑的规划建设；台中省城在兴筑城垣的同年（1888年）即完成台湾府学、考棚、书院的规划建设——文教设施都是两座城市中较优先规划建设且完成度较高的设施类型。其中，承担科举选拔功能的考棚更是在两座城市设府之初最先筹划的公共建筑之一。光绪元年（1875年）沈葆桢奏请增设台北府后不足一个月，便提出在"艋甲地方捐建考棚"，并使"巡抚阅兵台北时按临考试，益广朝廷作育之意"[1]。当时台北府城尚未规划，唯考棚建设已提上日程。光绪十五年（1889年）刘铭传奏请台中省城开工建设时，也特别提到"捐建考棚"一事，并指出"学校鼓励人才，不能不亟为筹议"[2]。至次年（1890年）二月，新台湾府考棚已火速建成并举行岁试，巡抚刘铭传亲莅考场（赖志彰，1991：75-77）。可知兹事体大，"人文所系，风教攸关"也。台中省城和台北府城文教设施建设的先行，源自中国城市规划重视文教环境的深厚传统，亦符合当时这两座边疆治城急于在新辟地区建立华夏礼俗的迫切需求。

6.2.6 官民共建，定章起造

两座城市的规划建设中亦体现出官方力量与民间力量的共同作用。在新建城市的规划建设中，规划者除负责各类官方设施的规划布局外，也关注如何激发、引导和约束民间力量参与建设。这在台北府城的规划建设过程中有十分清晰的体现。

早在台北府城规划之初，规划者就对城内的官建和民建部分进行了明确

①
[清]沈葆桢. 岁科考试请归巡抚片（光绪元年（1875年）七月初八日）//[清]沈葆桢《福建台湾奏折》：64-65。

②
[清]刘铭传. 增设府县请定学额折（光绪十六年（1890年）闰二月初七日）//[清]刘铭传《刘壮肃公奏议》：302。

①
《清代台湾大租调查书》1987：
922-923。

划分：城垣、道路及各类官方建筑的选址都由规划者先行划定，并陆续开展建设；其余民房、商铺等民建建筑，则由官方主持制定土地划分和租赁建设规则，再由地方绅民依照规则分别建设。光绪五年（1879年）三月，在知府陈星聚的主持下，先经过"公正绅董"的"酌中公议"，再经过上级主管部门（即台湾道）的批准，制定了对城内民房地基的划分与建设规则，并向全城绅民发布了《招建告示》（以下简称《告示》），《告示》中明确规定：地基规模，为每块广1丈8尺，进深24丈，宽深比例3∶40；租用方式，为全部地基只租不售，租赁人须先交纳现销地基银15圆，以后每年再纳地租2圆；"各向田主交银立字，赴局报明，勘给地基，听其立时起盖"；营建要求，可"一人而独造数座，或数人而合造一座"，并无一定之规，"各随力之所能，听尔绅民之便"[①]。此后正是在此公议定章的引导和约束下，台北府城内主要街道两侧的民房商铺陆续建设起来。

6.3 两项规划的代表性与特殊性

以上总结了清末台中省城和台北府城规划实践中所体现的传统城市规划理念与方法。将这两座城市放置于同地域、同时代的规划案例中进行比较，则能更直观地发现它们在中国城市规划传统中的代表性与特殊性。

6.3.1 同地域比较：对规划传统的"自觉"遵从

相较于同地域中的城市规划案例，即清代台湾省其他府州县厅城市，台中省城和台北府城表现出对国家高级治城建设规制更高的遵守度，以及更坚守传统的理想性。

城市选址上，台中省城和台北府城选择了盆地地形、山水中央。其所处的台中盆地和台北盆地，正是整个台湾岛上气局最为开阔的两处盆地地形。这种选址偏好迥异于清廷治台前、中期建置城市散布山前、临近海港、易失易复的选址模式，更直白地传达出山水格局与政治格局合一的理想和意为经久之计的决心。反观台南府城，虽然历史悠久，商贾繁荣，却仍被清廷高官诟病其形势堪忧。原因正在于其迫近大海、居偏不中的选址，并不符合中国文化传统中对高级治城的期待。

城垣形态上，台中省城和台北府城都追求理想几何图形及其背后丰富的人文意涵。而包括台南府城在内的台地其他城市则多采用圆形或不规则形。它们兴筑城垣的过程本就历尽波折，毋言追求额外的象征意义。因此，这些城市的城垣塑形大多只强调基本的防御和庇护功能，谨遵经济性原则。而在台中省城和台北府城的城垣规划中，除了完成安全防御和划定空间的基本任务外，雄伟壮丽的城垣本身还代表着国家的威严和希望。

要素配置上，台中省城和台北府城都极力追求衙、垣、学、庙等地方城市基本规制的完备。并且，它们比台地大部分城市用了更短的时间完成上述要素的规划建设。尤其台中省城，在经费相当紧张的情况下仍于同年开展建学、筑城、立庙等多项工程建设，正是为了以新城象征新省，鼓舞士气。

综上，台中省城和台北府城的规划建设中反映出不同于清廷治台前、中期建置城市的更加积极进取、有所作为的态度。这种态度促使它们在城市规划中融入更深刻的反思和更充分的表达。

6.3.2 同时代比较：带有传统规划体系的"不自觉"烙印

相较于同时代全国其他地区的城市规划实践，台中省城和台北府城的规划建设则表现出些许"不合时宜"的对传统的遵崇与坚守。

这两座城市规划建设的时代已值封建王朝之尾声，延续几千年的封建社会正在解体，西方文明冲击下的半殖民地半封建社会正在形成。当时在中国发生的由中国人主导的城市建设之主流，是"洋务运动""实业救国"影响下由新兴工业、交通线路开发而带动的城市建设。例如，唐山因光绪三年（1877年）李鸿章开办开平煤矿、修建唐胥铁路而发展，形成早期工业城市雏形；南通在民族资本家张謇的经营下开展工厂、港口、学校、公园等新建设，形成中国早期近代化城市试验；郑州由于京汉铁路、洛汴铁路的开通而成为交通枢纽，在车站与旧城之间开展新市区规划建设（董鉴泓，2004：311-318，324-328；吴良镛，2006：16）。这类城市大多依托工矿场地、交通线路而选址；以工厂、港口、车站、商业等新兴功能设施为主要内容，不再兴筑城墙和传统治城的基本配置；城市布局主要遵循经济实用原则。事实上，19世纪最后十几年的台湾岛也是洋务运动的实践场，在洋务派骨干刘铭传的带领下，开展了修铁路、架电缆、开煤矿、办工厂等一系列近代化建

①
详见王鹤，董卫《沈阳城市形态历史变迁研究：从明卫城到清盛京时期》2011；王茂生《清代沈阳城市发展与空间形态研究》2010；刘佳丽《吉林城的兴建与发展（清初至民国初）》2007；何鑫，陆平《齐齐哈尔城空间拓展及平面布局》1997。

设。然而，刘铭传主持的台中省城和台北府城规划，并没有在城市选址、空间布局等层面上体现出新时代的新思想，而依然遵循古制。这种反差，反映出台中省城和台北府城是中国传统城市规划体系的产物，它们不自觉地带有这一体系的深刻烙印。

当然，这一时期也存在为了维护王朝统治而开展的其他新行政中心城市的规划建设，但数量很少。以清代最后新设的5座省城为例，东北三省城（即奉天府城、吉林府城、龙江府城）都沿用之前的将军辖区旧城[①]，只有新疆、台湾二省开展了新省城建设。不过，同为新设边疆省城，新疆迪化府城仅将原有的满、汉二城联为整体，没有重新选址，也未提出具有象征意义的完整蓝图（王小东，谢洋，2014）。只有在当时的台湾省，同时存在着创建全新省城的必要性与可能性。也正是在这样的条件下，台中省城这样一座遵守传统规制又富于象征意涵的理想城应运而生。

6.3.3　中国城市规划传统中的典型案例

中国城市规划传统自先秦发源以来，纵使有丰富多样的支脉与变化，其主流一脉相承——既遵崇古制，又有各代创造；既追求人文空间秩序的严整与明晰，又追求与自然山水环境的和谐统一；既有规制通法，又强调因地制宜、灵活变通。从这一渐进成熟、传续数千年的城市规划体系来看，台中省城和台北府城实际上是一套通行理念与方法在特定的山水环境之间、政治背景之下的具体实践。这两项规划实践中既表现出这一体系的共性——如对城市山水格局的精心选择与巧妙建构，对城市空间要素的齐全配置，对文教环境的优先建设等；也表现出应对具体状况的特性——如基于经济条件而调整城市规模，应对山形水势而改变理想城廓等。这种变通本身，也是这一体系的典型特征。

总体而言，台中省城作为清代中国最后一座全新选址规划建设的省城，台北府城作为清代晚期一座全新创建的府城，都真实展现出传统城市规划体系的最后面貌。在这两项规划实践中，具体表现出"择中而治，山水中央"的选址理念；"城市规模，等级秩序"的规模理念；"城垣形态，理想图示"的塑形理念；"山川立向，随形就势"的择向理念；"设施完备，文教为先"的配置理念；"官民共建，定章起造"的实施理念等。相比于同时代中广泛发生的近现代城市建设，这两座城市对传统规划理念与方法的"坚守"略显孤立。这恰恰表明它们是这一传统体系中的产物，"不自觉"地带有这一体系的深刻烙印。相比于同地域中的其他府州县厅城市，这两座城市对盆地地形的偏好、对等级规制的遵从、对理想几何形廓的追求等同样特殊。这些对规划传统的"自觉"遵从，表明它们作为全国高级行政中心城市的自我要求，也透露出当时清廷对台湾省积极经略、长久治理的决心。在"自觉"与"不自觉"之间，这两座清代晚期创建的台湾省城与府城，成为对中国城市规划传统的极佳注脚[①]。

① 这两个研究案例亦有其局限性。台中省城开工两年即中止建设，其宏伟规划并未完全实现。台北府城历经三轮规划，其最终形态是折中结果。因此，两座城市在总体功能布局方面的特征不明显。此外由于缺乏人口数据，对城市规模形态与人口之间的关联也难作分析。

第7章

地方城市规划的『守制』与『应变』

清代台湾16座府州县厅城市是中国古代数量庞大、层级分明的地方城市群体中的一员，它们的选址规划建设由大陆渡台官员和技术人员主持，遵循当时地方城市规划建设的基本制度和理念方法，是一组覆盖省域尺度、历时长久、过程清晰的地方城市规划实践。从中国城市规划史、建设史乃至人居史视角来看，这组清代台湾实践都有着独特的研究价值，应当被深入发掘和认识。

7.1 中国城市规划史中的台湾价值

清代台湾城市规划实践在我国城市规划建设史上的独特价值，至少可以从以下四方面认识。

7.1.1 两千年地方城市规划传统的最后真容

清代台湾城市绝大部分未受前代物质性干扰，其选址规划建设过程清晰，呈现出传承千年的中国地方城市规划传统的最后真容。

这16座府州县厅城市中，除台湾府城（台南）外全部为清代全新选址、规划、建设。由于未受到前代城市规划和物质遗存的干扰，这些城市的规划过程和空间结果完全表现出当时地方城市的规划制度与理念方法。它们的选址，反映出当时城市选址的一般原则和边疆新地的特殊考量；它们的城垣规模，反映出当时依据城市行政等级和人口数量所开展的规模控制；它们的山水格局建构，反映出当时对自然山水秩序的强烈遵崇和解读地方山水形势、建构城市山水格局的多元手法；它们的空间要素建置，反映出当时各级行政治所城市的一般配置，和具体规划建设过程中的次第缓急、随机应变。

由于排除了前代物质性干扰，我们可以确定上述规划行为和结果是当时的规划者们按照其规划理念与方法的主动作为，而非被动延续。如此而言，一套自秦汉初立、唐宋发展、至明清集大成的地方城市规划传统，在其最后阶段的真容如何，正可从清代台湾16座府州县厅城市的规划过程与结果中一探究竟。

7.1.2　省域城市体系规划的探索性实践

①
诸罗县城、凤山县城的规划建设
迟滞20年。

②
[清]吴金. 请将台湾另分一省添设
巡抚（乾隆二年（1737年）四月
十五日）//《台案汇录丙集》卷
八：291–293。

③
李祖基. 台湾建省的历史进程
《人民日报（海外版）》2005
年10月12日，第3版。

④
[清]沈葆桢. 请移驻巡抚折（同治
十三年（1874年）十一月十五
日）//[清]沈葆桢《福建台湾奏
折》：1–5。

⑤
[清]丁日昌. 请速筹台事全局
疏（光绪二年（1876年））//
《道咸同光四朝奏议选辑》：
80–82。

⑥
连横《台湾通史》卷六职官志：
117–118。

⑦
连横《台湾通史》卷六职官志：
118。

清代台湾省府、州、县、厅城市齐备，200余年间体系逐渐形成，展现出省域城市体系规划的探索性实践。

清廷治台200余年间，台湾行政建置从隶属于福建省的台湾府，发展到管辖三府一州的台湾省，呈现出省级政区从无到有的完整规划建设历程。其间，台湾人口从10余万增加至320余万；行政区划从1府3县增加至3府1直隶州15县厅；治所城市从台湾府城1座[①]增加至府州县厅城市16座。清代台湾作为省级地区的人居开发和城市建设，无论在规模、速度、实现度等方面，都是我国城市规划建设史上不能忽视的一笔。

虽然台湾的实际建省时间已接近19世纪末，但早在18世纪上半叶，中央官员已有在台湾建省之议。乾隆二年（1737年）四月，内阁学士兼礼部侍郎吴金奏请"将台湾另分一省，专设巡抚一员，带兵部侍郎衔"[②]。虽然此建议在当时未被采纳，但却是关于台湾建省的最早倡议[③]。它强调了台湾重要的战略价值和严峻的治理挑战，对后来的执政者和规划者产生了深刻影响。鸦片战争以后，我国东南海疆局势日益严峻，台湾的战略地位日趋重要。同治十三年（1874年），渡台善后的钦差大臣沈葆桢奏请"移福建巡抚驻台"，已表露建省之意[④]。他于次年（1875年）奏请增设台北府，形成南、北二府首尾兼顾之势；又主导分南、中、北三路开通山前—山后通道，为省域治理做足准备。光绪二年（1876年），福建巡抚丁日昌奏请"速派威望素著知兵重臣，驻台督办……以统筹全局"[⑤]。光绪七年（1881年），福建巡抚岑毓英有意将台湾道移驻中路，以对全台"居中控制"。中法战争后，台湾形势更为紧要，曾任闽浙总督的左宗棠于光绪十一年（1885年）奏言，应"将福建巡抚改为台湾巡抚，所有台澎一切应办事宜，概归该抚经理"[⑥]。同年，军机大臣醇亲王奕譞奏言以"台湾为南洋枢要，宜有大员驻扎控制"[⑦]。至此，多年来的建省之议终于促使统治者下定决心——慈禧太后下懿旨改福建巡抚为台湾巡抚，标志着台湾省正式成为清代中国第20个行省。

清廷治台的200余年间，以光绪元年（1875年）为分界，前190余年间台湾的行政区划虽然从1府3县缓慢增至1府7县厅，并陆续规划建设起7座府县厅城市，但其治理重心偏南的整体格局并未改变。光绪元年以后，在几任闽浙总督、福建巡抚的积极筹划下，开始对台湾按照省级政区标准开展行政区划与城市规划。最终，在首任台湾巡抚刘铭传的主导下，建立起3府1州15县厅的省域区划体系，并规划建设起16座省府州县厅城市，形成"山前—山后二纵路、南—中—北三横路"的省域空间格局。

光绪年间的台湾省域规划，可谓当时全国最具探索性的省域规划实践。与其相应建构的省域城市体系格局，反映出中国城市规划传统中择中而治、兼顾四方的基本原则。

7.1.3 前现代中国最后一座全新选址规划的省城

清末台湾省城坚守规制传统，定位高级治城，塑造了中国封建王朝时期最后一座全新选址、规划、建设的省城。

台中省城（即新台湾府城）由首任台湾巡抚刘铭传亲自勘察、选址、规划，甚至专门筹建一条铁路以解决其交通运输问题。这座省城在相地选址、规模定制、形态塑造、空间布局、立轴择向等方面，都有着深刻的思考和丰富的意涵，力求通过对传统规制的坚守和再现，表达台湾建省之宏图与经久治理之决心。虽然其蓝图最终未能全部实现，但并不妨碍它曾经是一座精心规划且被寄予厚望的省城。

对比约略同期规划建设的几座省城，1884年建省的新疆省省会迪化府城，基本沿用了乾隆年间的旧城址，仅将既有的迪化汉城、满城连接起来，权作新省城。刘铭传在论述台湾省城规划时曾指出，*"新疆以迪化州为省垣，城署无须建造"*；而台湾*"改设行省，必须以彰化中路为省垣……另造城池衙署，需费浩繁"*[①]。光绪三十三年（1907年）改设的奉天、吉林、黑龙江三省，其省城则分别沿用原来的将军辖区首府，即奉天府城、吉林府城和龙江府城。奉天府城的前身可上溯至战国时期燕国的候城；府城城垣则是在明代沈阳中卫城基础上增建[②]。吉林府城的前身是选址创建于康熙十二年（1673年）的乌喇船厂城，该城于康熙十五年（1676年）成为宁古塔将军驻地，乾隆二十二年（1757年）成为吉林将军辖区首府[③]。龙江府城的前身是选址创建于康熙三十年（1691年）的齐齐哈尔城，该城于康熙三十八年（1699年）成为黑龙江将军驻地，嘉庆年间毁于火，光绪十三年（1887年）在旧城基础上增筑砖城[④]。这三座城市的选址创建时间都较早，改省时并未开展大规模规划改建。

① [清]刘铭传. 遵议台湾建省事宜折(光绪十二年（1886年）六月十三日)//[清]《刘壮肃公奏议》：279-284。

② 李声能《沈阳历代城址考》2010；王鹤，董卫《沈阳城市形态历史变迁研究：从明卫城到清盛京时期》2011。

③ 刘佳丽《吉林城的兴建与发展》2007：5-9。

④ 何鑫，陆平《齐齐哈尔城空间拓展及平面布局》1997。

①
[清]沈葆桢. 台北拟建一府三县
折（光绪元年（1875年）六月
十八日）//[清]沈葆桢《福建台
湾奏折》：55-59。

因此，虽然台湾不是清代中国最后建置的行省，但台中省城却是最后一座全新选址、规划、创建的省城。它展现了省级城市规划的真实面貌，却不幸成为省城规划传统之绝响。

7.1.4　边疆人居开发史上的典型案例

清代台湾的人居开发经历了从保守靠海禁山、到积极开山抚番的巨大转变，是边疆人居开发史上的典型案例。

作为我国东南海疆的新开辟地区，清代台湾人口从康熙年间的10余万增长至光绪年间的320余万；辖域从仅占嘉南平原发展至覆盖全台；经济从仅产稻米、蔗糖、鹿皮等，发展至"煤、茶、樟脑皆有利可图"[①]，商贾云集，华洋杂处；治所城市从最初的府城1座发展至府州县厅城市16座——其人居开发的规模、速度、成效皆颇为显著。

就全台人居开发的整体而言，大致经历了由南而北、由海及山的空间变迁。台湾谚语"一府二鹿三艋舺"正反映出其经济重心由南向北逐渐转移的事实。清廷治台前、中期，一方面由于移民、供给（军饷）皆仰仗大陆，另一方面由于内山番禁限制，当时的城市几乎都位于山前滨海地带，呈现"山麓治城+沿海港口"的组合模式，如"台南府城+安平港""诸罗县城+猴树港""彰化县城+鹿仔港""淡水厅城+竹堑港"等——治城选址规划主要表现出"山前模式"。同光时期，由于台湾战略地位日益重要，且番地常为外族觊觎，清廷转而施行开山抚番，积极经略。因此后期新增城市多布局于山间盆地及山后地区。治城选址规划也不同于此前的"山前模式"，而主要呈现"盆地模式"。从"山前模式"向"盆地模式"的转变，是清代台湾人居开发在地理、政治、军事、经济等条件综合作用下的必然选择和显著特征。

就单个城市地区的人居开发而言，除初设一府三县外，大部分府州县厅在其正式设立之前经历过行政上设置巡检司、军防上设置塘汛等机构的过程。物质空间形态方面，它们在正式选址规划治城之前，多已存在一定规模的汉庄甚至街市。新城的规划建设多依托既有的聚落基础，并选择地势更高、更为开阔的新地开展。参与群体方面，都可见官方与民间力量的互动协作，共同影响。综上，清代台湾人居开发无论是省域总体或16个城市个案，都为我国边疆人居开发史研究提供了有益的补充。

7.2 清代台湾实践对地方城市规划传统的"守制"与"应变"

　　如果说几千年来中国古代城市规划形成一个纵向延绵起伏、横向铺展宽阔的深厚传统，那么，自秦汉迄明清的各级地方城市——作为庞大国家空间治理的抓手，作为地方百姓生产生活的场所，作为中华文明传承延展的舞台——其规划正是这一传统中最广泛且稳定的存在。自秦建立统一郡县制以来，各级地方城市的规划建设自有其规制与通法：唐《令》、明《典》等官方法规中罗列着有关地方城市规划之内容、程序、主体的规定；地方官员的执政记录、政余自述中记载着他们主持及参与城市规划实践的过程与构想；地理堪舆论著、民间工匠口诀中流传着分门别类的规划方法和建设技艺；方志舆图、山水城图中描绘着城市的规划意象和实现结果。借由这些资料，我们看到城市规划的规制与通法深刻影响着广大地方城市的规划建设，使它们呈现出既和谐又多样的面貌。

　　在上述地方城市规划传统中观察清代台湾城市，它们的规划实践既表现出对规制的遵守，又呈现出应对具体地理、政治、军事、经济、社会等条件和需要的应变。在这种"守制"与"应变"之间，我们更加明辨清代台湾城市规划的特点，也更加理解这套地方城市规划传统的本质。

　　基于前文3~6章的专题论述，清代台湾城市对于地方城市规划传统的"守"与"变"，突出体现在以下四个方面。

7.2.1 因应山水之"守"与"变"

　　紧密结合山水环境进行城市规划设计，被认为是中国古代城市的典型特征[①]。不过，地方城市是否普遍具有经过人工建构的城市山水格局；如果有，其山水格局由谁规划，依据何种理论、采取何种方法而建构，仍是值得深入探讨的问题。对于清代台湾16座府州县厅城市而言，如何选择和应对复杂的山水环境，是它们在选址规划过程中面临的首要难题。本研究发现，这些城市的选址和山水格局建构主要遵循三种模式，即"山前模式""盆地模式"和"海港模式"（图7-1）。与我们对海岛地区城市的固有印象有所不同，16座城市中竟有多达13座表现出"山前模式"和"盆地模式"的典型特征。

①
吴良镛、李先奎、鲍世行、邹德慈、陈传康、罗哲文等先生皆支持此观点。详见鲍世行，顾孟潮《杰出科学家钱学森论城市学与山水城市》1994。

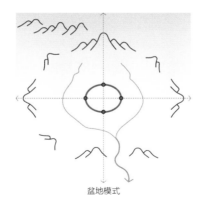

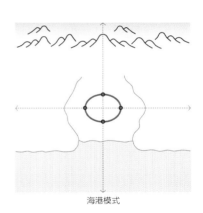

山前模式　　　　　　　　　　盆地模式　　　　　　　　　　海港模式

图7-1　清代台湾城市选址模式示意
（SUN S，2024）

它们强调对特定自然山水环境的选择并建立起明确的山水格局。其中大部分城市的山水格局在方志中有所记载；少部分虽缺乏文献记述，但依据地形分析和实地调查亦可识别。总之，清代台湾城市中大部分在选址规划过程中着力建构起各具特色的城市山水格局。

基于前文第3、4章对典型案例的考察分析，清代台湾城市因应山水环境的城市选址与山水格局建构主要表现出以下特点。

（1）在城市相地选址过程中着重考察其山水地形，判断其形势特点，并初步建构城市山水格局。具体包括：识别环抱山势及其中的标志性山水要素（如确定主山、朝山、案山等）；综合环山、面阔、夹水、踞高、择中等原则而大致确定城市基点（通常为衙署位置）；依据城市基点与周围特定标志性山水要素的空间关系而大致确立城市朝向（通常为衙署或主街朝向）。其中，基于对山水形势的识别判断而确定城市选址，与初步建构城市山水格局，实为同一规划步骤的不同表现。

（2）在城市选址阶段着重考察的山水环境（即初建城市山水格局阶段所涉及的山水环境），主要指自城市选址四望可见的山水要素所构成的空间层次，即山水格局的"可见层次"。这一空间层次中的标志性山水要素，往往对城市的选址、立向、布局等产生直接影响。从清代台湾城市案例来看，这一层次的空间尺度是以城市为中心、半径10～30里的范围。

（3）城市规划中着力与"可见层次"中的标志性山水要素建立特定空间关联的做法，可称为城市山水格局的"实质性建构"。其建构内容主要包括：建立直接影响建筑坐向的山水轴线（主要针对衙署、学宫、城门等官方建筑）；建立不直接影响建筑朝向的朝对关系，或形成城市整体环合关系等。

（4）山水格局的"实质性建构"通常有勘察测绘人员、地理先生、地方官员等群体的共同参与。勘察测绘人员主要对一定范围内的山水地形进行勘察、测量、识别、命名、记录、绘图等工作，为山水格局的梳理和建构提供基础信息。地理先生主要对山水形势脉络进行梳理和表述，并为城市选址、择向提供建议。地方官员作为地方城市的总规划师，对勘察测绘人员提供的信息和地理先生提出的建议进行综合评判，基于他们的士人教育和施政经验，最终确定城市选址和山水格局。

（5）在建立起"可见层次"的"实质性山水格局"之后，城市往往进一步追求建构"可感层次"的"文本性山水格局"。"可感层次"指自城市四望不一定可见，但经过专业人员的勘察梳理而可被感知，从而对城市的选址规划产生间接影响的山水要素所构成的空间层次。城市山水格局的"可感层次"在其"可见层次"之外。从清代台湾城市案例来看，其空间尺度的外延是以城市为中心、半径50～75里范围，有些甚至近百里。

（6）"可感层次"山水格局的建构，通常由地理先生完成。他们基于更大空间范围内的地形勘察而梳理山水要素的来龙去脉，辨别其主干、分支，并套用堪舆理论的范型和术语来建构。由于它们最终往往落实于明确完整的文字表述，故可称为"文本性山水格局"（或"文本性建构"）。从清代台湾城市案例来看，近2/3的城市存在山水格局的"文本性建构"。完成文本性建构的时间通常晚于城市选址及山水格局的"实质性建构"，且往往是在城市的人口、财赋已具备一定基础时，才结合城市扩建规划而开展。从某种意义上说，地方城市的山水格局建构扩展至"可感层次"，并着力于"文本性建构"，表明城市发展中已产生超越一般实用性需求的象征性需求——如提升其文化象征意义，或寻求更高的政治地位。也有少数城市在选址的同时即同步推进山水格局的"实质性建构"与"文本性建构"，力求一步到位。

（7）城市山水格局的建构与强化，往往贯穿于城市规划的长期过程之中。地方城市往往在选址定基之时，就初步建立起城市山水格局；在城市规划建设过程中，则主要通过建筑朝对、镇应向避等空间手段，不断强化其山水格局；在城市扩建规划中，则往往将山水格局由"可见层次"扩展至"可感层次"，在"实质性建构"之外加强"文本性建构"。

（8）地方城市规划中之所以格外重视城市山水格局的建构，主要有实

①

孙诗萌《浅论中国古代城市规划的"三个传统"》2021。

②

[明]申时行等. 万历《大明会典》；[清]允裪等. 乾隆《钦定大清会典》。详见：SUN S. Conformity and variety: city planning in Taiwan duning 1683—1895, planning perspectives, 2024.

用价值和象征意义两方面原因。从实用价值来看，城市山水格局为城市的选址、定基提供着合理性论证；为城市的择向、布局提供着直接依据。从象征意义来看，建构城市山水格局的本质是通过人工的相察识别，发现潜藏在天然山水环境之中的空间秩序"密码"。对这一"密码"的解析、破译，使得城市规划建设可以遵循自然秩序，从而获得不为人力左右的自然伟力的庇护。在对自然界尚缺乏理性认知的时代，这种观念和做法是人类朴素的精神信仰，也是不得不屈从的严酷现实。

综上，在城市规划过程中着力建构并不断提升城市山水格局，是清代台湾城市的共性特征。其山水格局建构所遵循的原则、内容、程序、方法等，都是从大陆传入的、在地方城市规划中广泛采用的通法——这也正是清代台湾城市规划实践中刻意"坚守"的传统。然而，面对台湾及澎湖列岛上纷繁复杂的山水环境，要如何识别、筛选、梳理、建构，进而应对，则是具体规划过程中不得不悉心"应变"之处。从200余年间的具体实践来看，清廷治台前、中期建置城市因应山水的选址规划主要呈现出"山前模式"的典型特征——即城市定基于主山西麓高地，倚山、面阔、夹溪、踞高，坐向多为背山面海的东西向，又因应等高线走势而微调。后期建置城市因应山水的选址规划主要呈现出"盆地模式"的典型特征——即城市定基于盆地地形之中心高地，亦倚山、夹溪、踞高，以四向标志性山川确立城市主轴。虽有模式，但细察每座城市因应其山水环境的选址规划，又绝无雷同。这些都反映出地方城市在因应山水的规划传统中，不断寻求"守"与"变"之平衡。

7.2.2　要素时序之"守"与"变"

地方城市作为国家空间治理体系中的重要节点，其空间要素配置往往存在规制。如唐代对各级治所城市皆需配置的功能性设施就有明确规定，有关城郭、公廨、桥道、堤堰、坛庙、仓库规划建设的规定分列于《营缮令》《祠令》《户令》《军防令》《仓库令》等专门令中[①]。相关制度到明清时期则更为成熟，如明清《会典》中对各级治所城市皆须建置的各类官方功能设施的选址规划多有要求[②]。明清时期地方城市中必备之空间要素类型众多，究其要者，衙署、城垣、学宫、三坛一庙分别是地方城市中行政、防御、文教、祭祀四项核心功能的承载空间；这四类要素通常是地方城市官方设施的基本配置。清代台湾16座府州县厅城市的规划建设中基本遵守上述规制，但面对各自的具体需求和现实条件，又各有调整和应对。

基于前文第5章的考察分析，清代台湾16座城市中四类要素的规划建设及时序主要表现出以下特点。

（1）清代台湾19个府州县厅中，有18个规划建设有相应等级的衙署，建置率为94.7%；有15个规划建设有不同形式的地方官学，建置率为78.9%；有15个规划建设有相应等级的城隍庙，建置率为78.9%。16座府州县厅城市（3个府县同城）中，有13个规划建设有城垣，建置率为81.3%；有8个规划建设有社稷坛、山川坛，建置率皆为50.0%；有10个规划建设有邑厉坛，建置率为62.5%。上述四类7项要素在清代台湾城市中的建置率均超过半数，其中衙署、城垣、学宫、城隍庙的建置率更是超过75%，说明它们是地方城市中较普遍建置的空间要素。

（2）19个府州县厅中四类7项要素全部齐置者有8个，城市层面的全素齐置率[①]为42.1%；四类要素齐置者有12个，城市层面的四素齐置率[②]为63.2%。如果计算实建要素与应建要素的比例，则要素齐备率[③]为74.4%。这反映出清代台湾城市对于地方城市建设规制的遵守度总体较高，但完成度稍低。

（3）从分期来看，清廷治台前期建置的4府县的四素齐置率为100%，全素齐置率为75%，要素齐备率为92.9%。中期建置的4县厅的四素齐置率亦为100%，全素齐置率为50%，要素齐备率为85.7%。后期建置的11府州县厅的四素齐置率为36.4%，全素齐置率为27.3%，要素齐备率为63.6%。相比之下，前、中期建置城市对地方城市建设规制的遵守度和完成度明显更高；后期建置城市受限于其建设时间，对地方城市建设规制的遵守度和完成度略低。

（4）上述四类7项要素全部齐置的8个府州县厅，分别用了13～106年完成各自四类7项要素的规划建设。其中，台北府、淡水县用时最短（13年），淡水厅用时最长（106年）。四类要素齐置的12个府州县厅，分别用了2～160年完成其四类要素的规划建设。其中，云林县用时最短（2年），澎湖厅用时最长（160年）。从分期来看，清廷治台前、中期建置城市的要素齐备率较高，但用时更长，它们完成各项要素规划建设的平均用时为10.5年／项。后期建置城市的要素齐备率稍低，但用时较短，它们完成各项要素规划建设的平均用时为1.4年／项，仅为前、中期平均用时的1/8。这充

① 即第5章统计的四类7项要素齐备的城市数量与城市总数的比值。

② 即四类要素皆有配置（但不一定7项皆备）的城市数量与城市总数的比值。

③ 即各府州县厅实建要素数量与应建要素数量的比值。

分反映出同光时期清廷转变治台态度后，在城市规划建设方面大刀阔斧、快马加鞭的新面貌。

（5）在四类要素中，衙署的规划建设往往在整个城市规划建设过程中最为优先。清代台湾18个衙署中，有11个是各城市四类要素中最先规划建设者，首建率为61.1%；有5个为四类要素中次建者；有2个为三建者。但这种优先也表现出阶段性差异：11座优先建署的城市中有10座为清廷治台后期增置；而7座非优先建署的城市则全部为前、中期所设。这反映出清廷治台前、中期的城市规划建设并不以建署为急务；而到光绪年间，为配合清廷在台湾的积极经略，新增城市的规划建设多以治署为先导，以致衙署首建率大幅提升。

（6）城垣在清代台湾城市规划建设过程中的优先度排名第二。13座城垣中有7座是各城市四类要素中最先规划建设者，首建率为53.8%；有1座为四类要素中次建者；有3座为三建者。在7座优先筑城的城市中，有3座于设治同年立即筑城。其筑城行为在城市规划建设过程中属"绝对优先"，源于这些前沿县厅外御敌寇、内防番乱的刚性防御需求。另外4座城市的筑城在其四类要素中处于"相对优先"，主要是因为这些治城当时尚无开发基础，亟须通过城垣确立城市空间边界，提升防御能力。总体来看，无论前、中、后期，地处海防前沿和汉番交界的城市始终存在强烈的防御需求，优先修筑城垣正是这些城市应对特殊挑战所做出的规划时序调整。

（7）学官在清代台湾城市规划建设过程中的优先度总体排名第三，但在前期建置城市中的优先度极高。15座地方官学中有5座是各城市四类要素中最先规划建设者，首建率为33.3%；有8座为四类要素中次建者；有1座为三建者。在优先建学的5座城市中，4座为清廷治台初设府县，其中3座更是在未建署、未筑城的情况下绝对优先建学。这反映出清廷治台前期台湾官员对于通过建设学校培植风气、移风易俗有着高度共识。此后增置的城市虽然未在官学建设方面表现出绝对优先，但却秉承一种坚持不懈、锲而不舍的精神：一些城市限于规制不能兼顾庙学，则或权建文庙，或先立书院，并许下将来完备官学的承诺。总体而言，清代台湾城市大多重视官学建设，一方面源于对地方城市基本规制的遵守；另一方面则出于在新辟边疆地区施行教化、移风易俗的迫切现实需求。

（8）三坛一庙在清代台湾城市规划建设过程中的优先度最低，并表现出较明显的末建倾向。以城隍庙为例，清代台湾15座城隍庙中有10座在各城市四类要素中最后或次后规划建设。以社稷坛、山川坛为例，清代台湾8对二坛中有5对为各城市四类要素中最后或次后规划建设。这些坛庙要素的迟滞建设，一方面表现出它们在地方城市官方设施规划建设的"分别缓急"中处于次要地位；另一方面也说明它们仍然被视为地方城市的基本规制——虽可缓，不可缺也。

（9）清代台湾城市中四类要素之间的规划建设时序组合表现出明显的阶段性差异。清廷治台前期所设府县，皆以建学为先，筑城迟滞。这一方面深受当时"不筑城政策"影响，另一方面源于中国文化传统中对于新辟郡县往往强调文教而治、抚而化之。清廷治台后期即同光时期增设之府县，则大多遵循先建治署、再筑城或建学、最后完善官方坛庙的顺序，表现出积极经略态度下较为常规的城市规划建设时序。

综上，清代台湾城市对于衙、垣、学、庙等地方城市基本要素配置的遵守度较高。超过60%的城市四类要素齐备，超过70%的城市至少建有衙、垣、学三类要素。在这三类要素中尚有缺项的城市，全部为清廷治台后期增设。规划建设时间不足、地处偏远而缺乏建设条件等，是这些城市缺项的主要原因。四类要素之间的规划建设时序呈现出不同组合，则反映出清代台湾城市应对不同条件与需求的多样方式。虽然各类要素有其在城市规划建设过程中的时序偏好，但面对台地特殊的地理环境、政治背景、军事需求、经济条件等，它们不得不做出时序上的相应调整：例如前期建置城市全部优先建学；地处海防、番防前沿的城市全部优先筑城；后期积极经略时期增置城市则几乎全部优先建署等，都是清代台湾城市在"守制"基础上针对其特殊条件与需求的"应变"。

7.2.3 省城规划之"守"与"变"

中国古代自元朝建立行省制度至清末，曾明确建省而形成的省城共有20余座[①]。作为省域首府，这些城市往往是全省城市中等级最高、规模最大者。但它们中大多数最初并不是按照省城标准来规划建设，而是在府城基础上延用改造或将前朝旧都降级使用。因此严格来说，这些城市的选址规划、规模形态并不能代表省城规划的制度和理想。不过，一座远在台湾、设立于

①
其中元代10座，明代13座，清代23座。除去延续重复者，共26座。未称省的高层政区治城暂不计入统计。

①
参考成一农《古代城市形态研究方法新探》（2009：129），笔者转换为清代里数。

②
赖志彰《1945年以前台中地域空间形式之转化》。

光绪十三年（1887年）的台中省城（即新台湾府城），却是完全按照当时对省城制度的理解与想象而全新选址创建。这座省城的规划建设中遵循了怎样的规制和传统，又表现出怎样的应变和调整，对于深入研究中国古代省城群体的规划理念与方法具有独特价值。

基于前文第6章对台中省城的考察分析，其规划建设主要表现出以下特点。

（1）台中省城的选址突出表现出"择中而治"原则。这种"择中"体现在两个层面上：一是择"辖域"之中，即治城倾向选址于其所辖区域的地理中心。台中省城正是凭借其"**当全台适中之地**""**可居中控制**"的区位优势，打败贵为全台首府长达二百年之久的台南府城，而成为台湾省城选址。二是择"山水"之中，即处于山水环合之中。台中省城位于台中盆地中心，群山环抱，二水夹流，后屏微拢，前山对峙形如门户，正是典型的"山水之中"。"辖域之中"与"山水之中"原则的同时满足，即政治空间与山水空间的合一，显示着台中省城选址的理想性与正义性。

（2）台中省城的城垣规模以方4里、辖16坊为原型，但限于新辟边疆行省的财力物力约束，其实际城垣规划在理想的4×4网格上又切去四角，而呈正八边形。这样一方面缩短了周长（从16里减至11里余），节省了城功；另一方面则形成八卦形的理想图示，为城市平面赋予更丰富的人文意涵。与清代全国省城城垣周长平均19里[①]相比，台中省城规模较小，但作为边地省城仍算符合规制。在里制模数基础上调整城垣周长和形态，是台中省城规划中既遵守规制又应对现实的巧妙之处。

（3）台中省城的城垣形态以八卦形为理想图示。其八座城门也布置在以衙署为中心的八卦方位上，并按八卦命名，即离照门、坤顺门、兑悦门、乾健门、坎孚门、艮安门、震威门、巽正门。这一规划意在比附"**象征四宇安乾坤之相的'天罗地网'**"[②]，以达到保障地方平安的目的。纵观元明清三朝的20多座省城，无论是城垣形态或城门命名，这座"八卦城"都颇为特殊，极具理想性。台中省城的形态塑造及城门规划，反映出规划者对于理想几何图示的强烈追求，其背后是作为全国高级治城的象征性诉求。

（4）台中省城的空间要素配置除未建府署外全部齐备。并且，其在设治后2年内就完成了县署、府学、考棚、书院、城垣、府城隍庙、社稷坛、山川坛、邑厉坛等官方设施的规划建设，几乎是清代台湾城市中完成"规定动作"最迅速的一个。规划建设符合规制和快速达标，旨在配合其高级治城的定位与要求。

（5）台中省城的道路、城门及主要建筑择向，反映出兼顾遵循政治秩序的方位原则和遵循自然秩序的山水原则的特点。由于省城按理想八卦图示规划，城内道路基本呈八向放射状；但与此同时，道路走向和城门朝向又根据盆地边缘的标志性山水要素进行了微调，以使政治空间与山水空间合一。城中衙署等官方建筑朝向主要遵循政治秩序；文庙、考棚、书院等文教建筑则主要遵循自然秩序，顺应水系走向而进行偏转。台中省城的城市空间布局和择向规划，反映出遵循理想制度与应对山水环境之间的兼顾与平衡。

综上，台中省城的选址规划中突出表现出对择中而治的坚持，对盆地地形的偏爱，对等级规制的遵从，对理想图示的追求，对地方城市要素配置规制的遵守，对山水地形的顺应协调等。与同时代的工商业新城规划比较，台中省城"不自觉"地表现出对中国地方城市规划传统的深刻认同与高度遵从；与同级别的其他省城规划比较，它更加"自觉"地遵守古制、弘扬传统，展现出高级治城的威严和长久治理的决心。然而在"守制"的同时，它也不得不"应对"捉襟见肘的经济条件而缩减规模、调整形态；不得不"应对"复杂而具体的山水环境而调整格局、扭转坐向。这种"守制"与"应变"本身亦反映出地方城市规划传统的本质特征。

7.2.4 人居开发之"守"与"变"

不仅单个城市规划建设中表现出对地方城市规划传统的"守制"与"应变"，清代台湾总体人居发展也呈现出不断"应变"的过程。

从人居空间分布来看，清代台湾人居开发表现为从南到北、从山前到山后、从滨海到山间的渐进过程。台南是全台最早开发的地区和最先建置的行政城市，源于其坐拥良港、交通便利、腹地宽阔的天然条件。康熙统一台湾以后，行政辖域和城市体系开始以台南为原点，沿着山前滨海地带向南、北两侧逐渐拓展；新增治城无不依托海港而发展[①]。当时台湾的稻米、蔗糖等农产品能输送大陆，但驻军、人才、日用财货等无不仰仗大陆，台湾对大陆的依赖是主导性的。不过，虽然前、中期治城高度依赖海港，但城市选址仍然坚持倚山、踞山的传统原则。严格来说，清代台湾城市中只有台南府城

① 如诸罗县有笨港、猴树港、槺榔港、蚊港等，彰化县有鹿仔港、二林港、三林港、东螺港、海丰港等，淡水厅有竹堑港、油车港、后垅港、淡水港等。

等少数几座符合"海港模式",其他位于山前滨海平原上的城市,在山、海之间总是更倾向倚山筑城,表现出传统"山前模式"。随着山前地带的开发殆尽和对内山资源的重新认知,台湾人居开发在嘉庆朝以后逐渐延伸至山后,又拓展至山间,逐步建立起覆盖全台的人居网络。台湾人居开发的空间变化,是执政者、建设者、生产者们共同应对其地理、政治、军事、经济、外交等复杂变化的综合结果。

从人居开发过程来看,不同于大陆城市多有条件继承前代的建成环境遗存,清代台湾城市中除台南府城外几乎没有前代基础,这些城市的人居开发于是应对其不同条件而选择不同路径。彰化、竹堑等地较早有汉人开垦并形成聚落,但其后续开发过程中都经历了先设营汛(即军事驻防)、再置县厅的过程。军事驻防先于行政管理,是这些地区的人居开发模式。噶玛兰厅、恒春县、卑南厅、埔里社厅等则几乎是在汉人寥落的番地上直接设立县厅,其中有些曾经历过小规模、短时间的汉人开垦前奏。台中、台北也都经历过从汉人开垦、建立汉庄、形成市街的自发生长,到建立塘汛、设立巡检、再设置府县的自觉建设的漫长过程,但其区位、地形的特殊性和更高层次的全局需求,又决定了它们的开发模式不同于先前的彰化、竹堑,而表现出等级、规模上的巨大飞跃。以上不同的人居开发模式,是清代台湾城市同时应对其空间特征与时局需求的具体表现。

综上,本书通过对清代台湾城市规划的研究,探寻其对地方城市规划传统的"守制"与"应变"。在本书的最后,重申写作的三点初衷:一是发掘清代台湾16座府州县厅城市及其整体在中国城市规划建设史上的独特价值,填补这一不应缺失的空白。二是考察地方城市规划传统在清代台湾实践中的具体表现,揭示这一规划体系"万变不离其宗"的本质与规律。三是探索一种地方城市群体研究的思路与方法,拓展城市规划建设历史研究的深度与广度。希望本书的写作,能基本完成上述目标。

参考文献

古籍方志

[1]　[汉]司马迁. 史记[M]. 北京：中华书局，2019.

[2]　[汉]郑玄注，[唐]贾公彦疏. 周礼注疏[M]. 上海：上海古籍出版社，2010.

[3]　[晋]陈寿. 三国志[M]. 北京：中华书局，2000.

[4]　[唐]房玄龄注，[明]刘绩补注. 管子[M]. 上海：上海古籍出版社，2015.

[5]　[唐]魏征. 隋书[M]. 北京：中华书局，1973.

[6]　[后晋]刘昫. 旧唐书[M]. 北京：中华书局，1975.

[7]　[宋]欧阳修. 新唐书[M]. 北京：中华书局，1975.

[8]　[元]脱脱. 宋史[M]. 北京：中华书局，1985.

[9]　[明]宋濂. 元史[M]. 北京：中华书局，1976.

[10]　[明]申时行等. （万历）大明会典[M]. 万历十五年内府刻本，1587.

[11]　[清]张廷玉. 明史[M]. 北京：中华书局，1974.

[12]　[清]伊桑阿等. （康熙）大清会典[M]. 康熙二十九年内府刻本，1690.

[13]　[清]尹泰等. （雍正）大清会典[M]. 雍正十年武英殿刻本，1732.

[14]　[清]允裪等. （乾隆）清会典[M]. 乾隆四十三年刻本，1778.

[15]　[清]托津等. （嘉庆）清会典[M]. 嘉庆二十三年武英殿刻本，1818.

[16]　[清]昆岗等. （光绪）清会典[M]. 光绪二十五年石印本，1899.

[17]　[清]赵尔巽. 清史稿[M]. 北京：中华书局，1998.

[18]　[清]蒋廷锡等. （乾隆）大清一统志[M]. 乾隆九年刻本，1743.

[19]　[清]穆彰阿等. 嘉庆重修一统志[M]. 北京：中华书局，1986.

[20]　[清]蒋毓英. （康熙）台湾府志[M]//(清)蒋毓英等. 台湾府志三种. 北京：中华书局，1985：1–248.

[21]　[清]高拱乾. （康熙）台湾府志[M]//台湾文献丛刊第65种. 台北：台湾银行经济研究室，1960.

[22]　[清]周元文. （康熙）重修台湾府志[M]//台湾文献丛刊第66种. 台北：台湾银行经济研究室，1960.

[23]　[清]刘良璧. （乾隆）重修福建台湾府志[M]//台湾文献丛刊第74种. 台北：台湾银行经济研究室，1961.

[24]　[清]范咸. （乾隆）重修台湾府志[M]//台湾文献丛刊第105种. 台北：台湾银行经济研究室，1961.

[25]　[清]余文仪. （乾隆）续修台湾府志[M]//台湾文献丛刊第121种. 台北：台湾银行经济研究室，1962.

[26]　[清]薛绍元. （光绪）台湾通志稿[M]. 台北：成文出版社有限公司，1983.

[27]　[清]陈文达. （康熙）台湾县志[M]//台湾文献丛刊第103种. 台北：台湾银行经济研究室，1961.

[28]　[清]王必昌. （乾隆）重修台湾县志[M]//台湾文献丛刊第113种. 台北：台湾银行经济研究室，1961.

[29]　[清]谢金銮. （嘉庆）续修台湾县志[M]//台湾文献丛刊第140种. 台北：台湾银行经济研究室，1962.

[30]　[清]周钟瑄. （康熙）诸罗县志[M]//台湾文献丛刊第141种. 台北：台湾银行经济研究室，1962.

[31]　[清]陈文达. （康熙）凤山县志[M]//台湾文献丛刊第124种. 台北：台湾银行经济研究室，1961.

[32]　[清]王瑛曾. （乾隆）重修凤山县志[M]//台湾文献丛刊第146种. 台北：台湾银行经济研究室，1962.

[33]　[清]卢德嘉. （光绪）凤山县采访册[M]//台湾文献丛刊第73种. 台北：台湾银行经济研究室，1960.

[34]　[清]周玺. （道光）彰化县志[M]//台湾文献丛刊第156种. 台北：台湾银行经济研究室，1962.

[35]　[清]胡建伟. （乾隆）澎湖纪略[M]//台湾文献丛刊第109种. 台北：台湾银行经济研究室，1961.

[36]　[清]蒋镛. （道光）澎湖续编[M]//台湾文献丛刊第115种. 台北：台湾银行经济研究室，1961.

[37]　[清]林豪. （光绪）澎湖厅志[M]//台湾文献丛刊第164种. 台北：台湾银行经济研究室，1963.

[38]　[清]郑用锡. （道光）淡水厅志稿[M]//清代台湾方志汇刊第二十三册. 台北：文化建设委员会，2006：13-211.

[39]　[清]佚名. 淡水厅筑城案卷[M]//台湾文献丛刊第171种. 台北：台湾银行经济研究室，1963.

[40]　[清]陈培桂. （同治）淡水厅志[M]//台湾文献丛刊第172种. 台北：台湾银行经济研究室，1963.

[41]　[清]陈朝龙，郑鹏云. （光绪）新竹县采访册[M]. 台北：成文出版社有限公司，1984.

[42]　[清]郑鹏云，曾逢辰. （光绪）新竹县志初稿[M]//台湾文献丛刊第61种. 台北：台湾银行经济研究室，1959.

[43]　[清]佚名. 新竹县制度考[M]. 台湾文献丛刊第101种. 台北：台湾银行经济研究室，1961.

[44]　[清]柯培元. （道光）噶玛兰志略[M]//清代台湾方志汇刊第二十三册. 台北：文化建设委员会，2006：215-478.

[45]　[清]陈淑均. （道光）噶玛兰厅志续补[M]. 台北：成文出版社有限公司，1983.

[46]　[清]陈淑均. （咸丰）噶玛兰厅志[M]//台湾文献丛刊第160种. 台北：台湾银行经济研究室，1963.

[47]　[清]沈茂荫. （光绪）苗栗县志[M]//台湾文献丛刊第159种. 台北：台湾银行经济研究室，1962.

[48]　[清]屠继善. （光绪）恒春县志[M]//台湾文献丛刊第75种. 台北：台湾银行经济研究室，1960.

[49]　[清]倪赞元. （光绪）云林县采访册[M]//台湾文献丛刊第37种. 台北：台湾银行经济研究室，1959.

[50]　[清]胡传. （光绪）台东州采访册[M]//台湾文献丛刊第81种. 台北：台湾银行经济研究室，1960.

[51]　[清]夏献纶. 台湾舆图[M]//台湾文献丛刊第45种. 台北：台湾银行经济研究室，1959.

[52]　[清]佚名. 台湾地舆全图[M]//台湾文献丛刊第185种. 台北：台湾银行经济研究室，1963.

[53]　[清]蒋元枢. 重修台郡各建筑图说[M]//台湾文献丛刊第283种. 台北：台湾银行经济研究室，1970.

[54]　[清]六十七. 番社采风图考[M]//台湾文献丛刊第90种. 台北：台湾银行经济研究室，1961.

[55]　[清]佚名. 台湾中部碑文集成[M]//台湾文献丛刊第151种. 台北：台湾银行经济研究室，1962.

[56]　[清]施琅. 靖海纪事[M]//台湾文献丛刊第13种. 台北：台湾银行经济研究室，1958.

[57]　[清]黄叔璥. 台海使槎录[M]//台湾文献丛刊第4种. 台北：台湾银行经济研究室，1957.

[58]　[清]郁永河. 裨海纪游[M]//台湾文献丛刊第44种. 台北：台湾银行经济研究室，1959.

[59]　[清]蓝鼎元. 东征集[M]//台湾文献丛刊第12种. 台北：台湾银行经济研究室，1958.

[60]　[清]蓝鼎元. 平台纪略[M]//台湾文献丛刊第14种. 台北：台湾银行经济研究室，1958.

[61]　[清]姚莹. 东槎纪略[M]//台湾文献丛刊第7种. 台北：台湾银行经济研究室，1957.

[62]　[清]杨廷理. 东瀛纪事[M]//台湾文献丛刊第213种. 台北：台湾银行经济研究室，1965.

[63]　[清]季麒光等. 台湾舆地汇钞[M]//台湾文献丛刊第213种. 台北：台湾银行经济研究室，1965.

[64]　[清]沈葆桢. 福建台湾奏折[M]//台湾文献史料丛刊第九辑(181). 台北：大通书局，1987.

[65]　[清]刘铭传. 刘壮肃公奏议[M]//台湾文献史料丛刊第九辑(182). 台北：大通书局，1987.

[66]　[清]刘璈. 巡台退思录[M]//台湾历史文献丛刊. 南投：台湾省文献委员会，1997.

[67]　[清]岑毓英. 岑襄勤公奏稿[M]. 武昌督粮官署刻本，光绪二十三年，1897.

[68]　道咸同光四朝奏议选辑[M]//台湾文献丛刊第288种. 台北：台湾银行经济研究室，1971.

[69]　同治甲戌日兵侵台始末[M]//台湾文献丛刊第38种. 台北：台湾银行经济研究室，1959.

[70]　台案汇录丙集[M]//台湾文献丛刊第176种. 台北：台湾银行经济研究室，1963.

[71]　清圣祖实录选辑[M]//台湾文献丛刊第165种. 台北：台湾银行经济研究室，1963.

[72]　清世宗实录选辑[M]//台湾文献丛刊第167种. 台北：台湾银行经济研究室，1963.

[73]　清高宗实录选辑[M]//台湾文献丛刊第186种. 台北：台湾银行经济研究室，1964.

[74]　清仁宗实录选辑[M]//台湾文献丛刊第187种. 台北：台湾银行经济研究室，1964.

[75] 清德宗实录选辑[M]//台湾文献丛刊第193种. 台北：台湾银行经济研究室，1964.

[76] 光绪朝东华续录选辑[M]//台湾文献丛刊第277种. 台北：台湾银行经济研究室，1969.

[77] 清季申报台湾纪事辑录[M]//台湾文献史料丛刊第四辑（79–80）. 台北：大通书局，1984.

[78] 清代台湾大租调查书[M]//台湾文献史料丛刊第七辑. 台北：大通书局，1987.

[79] 赖炽昌. 彰化县志稿. 台北：成文出版社有限公司，1983.

[80] 仇德哉，邹韩燕.云林县志稿[M]. 台北：成文出版社有限公司，1983.

[81] 王诗琅，王国藩. 台北市志[M]. 台北：成文出版社有限公司，1983.

[82] 王建竹，林猷穆. 台中市志[M]. 台北：成文出版社有限公司，1983.

今人论著

[83] CHIANG T C. Walled Cities and Towns in Taiwan[M]//KNAPP R G. China's Island Frontier：
Studies in the Historical Geography of Taiwan. Honolulu：University of Hawaii Press，1980.

[84] PANNELL C W. T'ai–Chung，T'ai–Wan：Structure and Function[M]. Chicago：The university of Chicago，1973.

[85] SCHINZ. Maß–Systeme im chinesischen Städtebau[J]. Architectura，1976，136(2)：113–127.

[86] STEINHARDT N. Chinese Imperial City Planning[M]. Honolulu：University of Hawaii Press，1990.

[87] SUN S. Conformity and variety：city planning in Taiwan during 1683–1895[J]. Planning Perspectives，2024，39(2)：405–439.

[88] WALLACKER B E，KNAPP R G，ALSTYNE A J V，et al. Chinese Walled Cities：A Collection of Maps from Shina Jokaku no Gaiyo[M]. Hongkong：The Chinese University Press，1979.

[89] WU L Y. A Brief History of Ancient Chinese City Planning[M]. Kassel：Gesamthochschulbibliothek，1986.

[90] [德]申茨. 幻方：中国古代的城市[M]. 北京：中国建筑工业出版社，2008.

[91] [日]伊能嘉矩. 台湾踏查日记[M]. 台北：远流出版社，1996.

[92] [日]伊能嘉矩. 台湾文化志（修订版）[M]. 台北：台湾文献馆，2011.

[93] 鲍世行，顾孟潮. 杰出科学家钱学森论：城市学与山水城市[M]. 北京：中国建筑工业出版社，1994.

[94] 蔡侑桦. 原台湾府城城门及城垣残迹[M]. 台南：南市文化局，2017.

[95] 曹婉如. 中国古代地图集[M]. 北京：文物出版社，1997.

[96] 陈碧笙. 台湾地方史[M]. 北京：中国社会科学出版社，1982.

[97] 陈朝兴. 西元1945年以前台北市城市形式转化研究[D]. 台北：台湾大学，1984.

[98] 陈国栋. 淡水聚落的历史发展[J]. 台湾大学建筑与城乡研究学报，1983，2(1)：5–20.

[99] 陈汉光. 宋代以前的台湾文献[J]. 台北文献，1971(17–18)：147–160.

[100] 陈孔立. 清代台湾移民社会研究[M]. 厦门：厦门大学出版社，1990.

[101] 陈孔立. 台湾历史纲要[M]. 北京：九州出版社，1996.

[102] 陈孔立. 台湾"去中国化"的文化动向[J]. 台湾研究集刊，2001(3)：1–11.

[103] 陈亮州. 清代彰化修筑砖城之研究[J]. 彰化文献，2004(5)：43–65.

[104] 陈亮州. 历史递嬗中的八卦山名[J]. 彰化文献，2007(9)：7–22.

[105] 陈其南. 台湾的传统中国社会[M]. 台北：允晨文化，1987.

[106] 陈绍馨. 台湾的人口变迁与社会变迁[M]. 台北：联经出版事业公司，1979.

[107] 陈小冲. 近年来大陆台湾史研究的回顾与展望[M]//陈小冲. 台湾历史上的移民与社会. 北京：九州出版社，2011：214–246.

[108] 陈在正，孔立，邓孔昭，等. 清代台湾史研究[M]. 厦门：厦门大学出版社，1986.

[109] 陈正祥. 台湾地名辞典[M]. 台北：南天书局，1993.

[110] 陈正祥. 台湾地志[M]. 台北：南天书局，1993.

[111] 陈志梧. 空间之历史社会变迁：以宜兰为个案[D]. 台北：台湾大学，1988.

[112] 陈忠纯. 大陆台湾史研究的历史与现状分析：以《台湾研究集刊》历史类论文（1983–2007）为中心[J]. 台湾研究集刊，2009(2)：71–81.

[113] 成一农. 古代城市形态研究方法新探[M]. 北京：社会科学文献出版社，2009.

[114] 程朝云. 清代台湾史研究的新进展与再出发：纪念康熙统一台湾330周年国际学术研讨会综述[C]//中国社会科学院台湾史研究中心. 清代台湾史研究的新进展：纪念康熙统一台湾330周年国际学术讨论会论文集. 北京：九州出版社，2015：503–512.

[115] 地图资料编纂会. 近代中国都市地图集成[M]. 东京：柏书房，1986.

[116] 董鉴泓. 中国城市建设史[M]. 2版. 北京：中国建筑工业出版社，1989.

[117] 董鉴泓. 中国城市建设史[M]. 3版. 北京：中国建筑工业出版社，2004.

[118] 董守义. 沈阳城市发展史.近代卷[M]. 沈阳：沈阳出版社，2015.

[119] 傅崇兰. 中国城市发展史[M]. 北京：社会科学文献出版社，2009.

[120] 傅林祥，林娟，任玉雪等. 中国行政区划通史.清代卷[M]. 上海：复旦大学出版社，2007.

[121] 傅熹年. 中国古代城市规划、建筑群布局及建筑设计方法研究[M]. 北京：中国建筑工业出版社，2001.

[122] 高贤治. 台湾府遗存下的官祀庙宇[J]. 台北文献，1999(129)：97–106.

[123] 葛剑雄. 中国人口发展史[M]. 成都：四川人民出版社，2020.

[124] 顾朝林. 中国城镇体系——历史·现状·展望[M]. 北京：商务印书馆，1992.

[125] 顾奎相，陈涴. 沈阳城市发展史.古代卷[M]. 沈阳：沈阳出版社，2015.

[126] 关华山. 台湾中部地区古迹使用调查与评估研究报告[R]. 台北：文化建设委员会，1994.

[127] 郭承书. 清代台南五条港的发展与变迁：以行郊、寺庙为切入途径[M]. 新北：花木兰文化出版社，2016.

[128] 郭红，靳润成. 中国行政区划通史.明代卷[M]. 上海：复旦大学出版社，2007.

[129] 国学文献馆. 台湾地区开辟史料学术论文集[M]. 台北：联经出版事业公司，1996.

[130] 韩东洙. 清代府城的城制与营建活动之营建[D]. 台北：台湾大学，1994.

[131] 汉宝德. 明清建筑二论[M]. 台北：明文书局，1982.

[132] 汉宝德. 风水：中国人的环境观念架构[J]. 建筑与城乡学报，1983，2(1)：123–150.

[133] 何鑫，陆平. 齐齐哈尔城空间拓展及平面布局[J]. 齐齐哈尔师范学院学报，1997(5)：28–30.

[134] 何一民. 中国城市史[M]. 武汉：武汉大学出版社，2012.

[135] 何一民. 中国农业时代晚期的城市：清代城市变迁发展研究[M]. 成都：四川人民出版社，2022.

[136] 何懿玲. 日据前汉人在兰阳地区的开发[D]. 台北：台湾大学，1980.

[137] 贺业钜. 考工记营国制度研究[M]. 北京：中国建筑工业出版社，1985.

[138] 贺业钜. 中国城市规划史[M]. 北京：中国建筑工业出版社，1996.

[139] 洪敏惠. 诸罗街巷旧地名初探[J]. 嘉义市文献，1993(10)：6–16.

[140] 洪敏麟. 台南市市区史迹调查报告书[R]. 台中：台湾省文献委员会，1979.

[141] 洪英圣. 画说康熙台湾舆图[M]. 台北：联经出版事业公司，2002.

[142] 洪英圣. 画说乾隆台湾舆图[M]. 台北：联经出版事业公司，2002.

[143] 胡恒. 清代台湾"南雅厅"建置考[J]. 台湾研究集刊，2014(3)：7–13.

[144] 黄琡玲. 台湾清代城内官制建筑研究[D]. 桃园：中原大学，2001.

[145] 黄鼎松. 苗栗的开拓与史迹[M]. 台北：常民文化事业，1998.

[146] 黄兰翔. 清代台湾"新竹城"城墙之兴筑[J]. 台湾社会研究季刊，1990，3(2–3)：183–211.

[147] 黄兰翔. 台南十字街空间结构与其在日治初期的转化[J]. 台湾社会研究季刊，1995(6).

[148] 黄兰翔. 风水中的宗族脉络与其对生活环境经营的影响[J]. 台湾史研究，1996，4(2)：57–88.

[149] 黄兰翔. 回顾台湾建筑与都市史研究的几个议题[M]//黄兰翔.台湾建筑史之研究. 台北：南天书局，2013a：3–36.

[150] 黄兰翔. 解读清代地方志中的台湾城墙之记录[M]//黄兰翔.台湾建筑史之研究. 台北：南天书局，2013b：517–546.

[151] 黄美玲. 明清时期台湾游记研究[M]. 台北：文津出版社，2012.

[152] 黄雯娟. 清代兰阳平原的水利开发与聚落发展[D]. 台北：台湾师范大学，1990.

[153] 黄秀政. 书院与台湾社会[J]. 台湾文献，1980，31(3)：13–28.

[154] 黄昭仁. 清代台湾知府之研究[M]. 新北：花木兰文化出版社，2013.

[155] 江地. 清代官制概述(上)[J]. 社会科学战线，1979(2)：159–165.

[156] 江地. 清代官制概述(下)[J]. 社会科学战线，1979(3)：154–160.

[157] 姜道章.十八世纪及十九世纪台湾营建的古城[J]. 新加坡南洋大学学报，1967(1)：182–201.

[158] 蒋廷黻. 中国近代史[M]. 北京：中国华侨出版社，2015.

[159] 柯俊成. 台南（府城）大街空间变迁之研究（1624–1945）[D]. 台南：成功大学，1998.

[160] 柯耀源，郑敏聪. 高雄市古迹及历史建筑[M]. 高雄：高市文化局，2004.

[161] 堀込宪二. 清朝时代台湾恒春县城的风水[J]. 建筑学刊，1986(4)：67–72.

[162] 堀込宪二. 风水思想与中国都市的构造：官撰地方志为中心史料[D]. 东京：东京大学，1990.

[163] 赖恒毅. 清代台湾地理空间书写之文化诠释[M]. 新北：稻香出版社. 2014.

[164] 赖仕尧. 风水：由论述构造与空间实践的角度研究清代台湾区域与城市空间[D]. 台北：台湾大学，1993.

[165] 赖志彰. 1945年以前台中地域空间形式之转化：一个政治生态群的分析[D]. 台北：台湾大学，1991.

[166] 赖志彰. 台中考棚考[J]. 台中文献，1993(3)：70–87.

[167] 赖志彰. 彰化县市街的历史变迁[J]. 彰化文献，2001(2)：75–105.

[168] 赖志彰，魏德文，高传棋. 竹堑古地图调查研究[M]. 新竹：新竹市，2003.

[169] 赖志彰，魏德文. 台中县古地图研究[M]. 台中：台中县文化局，2010.

[170] 赖子清. 清代北台之考选[J]. 台北文献，1969(9–10)：167–183.

[171] 李百浩，郭建. 中国近代城市规划与文化[M]. 武汉：湖北教育出版社，2008.

[172] 李百浩. 日本殖民时期台湾近代城市规划的发展过程与特点（1895–1945）[J]. 城市规划汇刊，1995：52–64.

[173] 李乾朗. 台湾建筑史[M]. 台北：雄狮图书股份有限公司，1979.

[174] 李乾朗. 凤山县旧城调查研究[R]. 高雄：高雄市，1987.

[175] 李乾朗. 台北府城墙及炮台基座遗址研究[R]. 台北：台北市捷运工程局，1995.

[176] 李瑞麟. 台湾都市之形成与发展[J]. 台湾银行经济研究室季刊，1973，24(3)：1–29.

[177] 李声能. 沈阳历代城址考[J]. 中国地名，2010(8)：29–31.

[178] 李细珠. 地方督抚与清末新政：晚清权力格局再研究[M]. 北京：社会科学文献出版社，2012.

[179] 李细珠. 大陆学界台湾史研究的宏观检讨[J]. 台湾研究，2014(5)：81–94.

[180] 李细珠. 中国社会科学院台湾史研究中心. 中国大陆台湾史书目提要[M]. 北京：中国社会科学出版社，2015.

[181] 李细珠. 变局与抉择：晚清人物研究[M]. 北京：北京师范大学出版社，2017.

[182] 李细珠. 略论清代台湾移民政策与移垦社会的定型[J]. 广东社会科学，2021（2）：87−99+255.

[183] 李孝聪. 历史城市地理[M]. 济南：山东教育出版社，2007.

[184] 李新元. 关帝信仰在台湾的传播与发展之研究[D]. 厦门：厦门大学，2009.

[185] 李颖. 清代台湾社学概述[J]. 台湾研究，1999(4)：89−92.

[186] 李允鉌. 华夏意匠：中国古典建筑设计原理分析[M]. 天津：天津大学出版社. 2005.

[187] 李正萍. 从竹堑到新竹：一个行政、军事、商业中心的空间发展[D]. 台北：台湾师范大学，1991.

[188] 李知灏. 从蛮陌到现代：清领时期文学作品中的地景书写[M]. 台南：台湾文学馆，2013.

[189] 李治安. 行省制度研究[M]. 天津：南开大学出版社，2000.

[190] 李治安，薛磊. 中国行政区划通史.元代卷[M]. 上海：复旦大学出版社，2017.

[191] 李祖基. 城隍信仰与台湾历史[J]. 台湾研究集刊，1995(1)：39−42+6.

[192] 连横. 台湾通史[M]. 北京：商务印书馆，2017.

[193] 梁方仲. 中国历代户口、田地、田赋统计[M]. 上海：上海人民出版社，1980.

[194] 廖春生. 台北之都市转化：以清代三市街（艋舺，大稻埕，城内）为例[D]. 台北：台湾大学，1988.

[195] 廖丽君. 台湾孔子庙建筑之研究：庙制的影响及庙学关系的变迁[D]. 台南：成功大学，1998.

[196] 林会承. 澎湖聚落的形成与变迁(上)[J].文化与建筑研究集刊，1994(4)：1−36.

[197] 林会承. 澎湖聚落的形成与变迁(下)[J].文化与建筑研究集刊，1995(5)：1−44.

[198] 林莉莉. 清代淡水厅砖石城墙营建过程的探讨：以《淡水厅筑城案卷》为中心[C]//洪惠冠. 竹堑城学术研讨会会议手册. 新竹，1999：119−133.

[199] 刘敦桢. 中国古代建筑史[M]. 2版. 北京：中国建筑工业出版社，1984.

[200] 刘佳丽. 吉林城的兴建与发展（清初至民国初）[D]. 长春：东北师范大学，2007.

[201] 刘淑芬. 清代的凤山县城（1684−1695）：一个县城迁移的个案研究[J]. 高雄文献，1985(20−21)：47−63.

[202] 刘淑芬. 清代凤山县城的营建与迁移[J]. 高雄文献，1985(20−21)：5−46.

[203] 刘淑芬. 清代台湾的筑城[J]. 食货月刊，1985，14(11−12)：484−503.

[204] 刘文泉. 清代台湾城防政策研究[D]. 福州：福建师范大学，2014.

[205] 刘永和. 南台古城考[J]. 台北文献，1976(38)：215−221.

[206] 刘枝万. 台湾埔里乡土志稿[M]. 台北：南天书局，2019.

[207] 柳岳武. 清代藩属体系研究[M]. 北京：人民出版社，2016.

[208] 龙彬. 中国古代山水城市营建思想研究[M]. 南昌：江西科学技术出版社，2001.

[209] 陆传杰. 旧城寻路：探访左营旧城，重现近代台湾历史记忆[M]. 新北：木马文化，2017.

[210] 吕淑梅. 陆岛网络：台湾海港的兴起[M]. 赣州：江西高校出版社，1999.

[211] 吕颖慧. 台湾城镇体系变迁研究[M]. 新北：花木兰文化出版社，2015.

[212] 马正林. 中国历史城市地理[M]. 济南：山东教育出版社，1998.

[213] 潘谷西. 中国古代建筑史.第四卷.元明建筑[M]. 北京：中国建筑工业出版社，1999.

[214] 邱奕松. 寻根探源谈嘉义县开拓史[J]. 嘉义文献，1982(13)：133−189.

[215] 邱奕松. 郑芝龙与诸罗山[J]. 嘉义文献，1981(12)：74−79.

[216] 盛清沂. 新竹、桃园、苗栗三县地区开辟史(上)[J]. 台湾文献，1980，31(4)：159−176.

[217] 盛清沂. 新竹、桃园、苗栗三县地区开辟史(下)[J]. 台湾文献，1981，32(1)：136–157.

[218] 施添福. 清代台湾市街的分化与成长：行政、军事和规模的相关分析(上)[J]. 台湾风物，1989，39(2)：1–41.

[219] 施添福. 清代台湾市街的分化与成长：行政、军事和规模的相关分析(中)[J]. 台湾风物，1990，40(1)：37–65.

[220] 史威廉，王世庆. 刘璈事迹[J]. 台北文献，1975(33)：89–100.

[221] 宋南萱. 台湾八景：从清代到日据时代的转变[D]. 桃园：台湾"中央大学"，2000.

[222] 苏硕斌. 看不见与看得见的台北[M]. 台北：群学，2010.

[223] 孙大章. 中国古代建筑史.第五卷.清代建筑[M]. 北京：中国建筑工业出版社，2001.

[224] 孙诗萌. "道德之境"：从明清永州人居环境的文化精神和价值表达谈起[J]. 城市与区域规划研究，2013，6(2)：162–204.

[225] 孙诗萌. 浅论中国古代城市规划的"三个传统"[J]. 城市规划，2021，45(1)：20–29.

[226] 孙诗萌. 自然与道德：古代永州地区城市规划设计研究[M]. 北京：中国建筑工业出版社，2019.

[227] 孙诗萌. 清末台中省城与台北府城所见传统城市规划理念与方法[J]. 城市规划，2022，46(1)：99–113.

[228] 孙诗萌. 地方城市空间要素规划建设时序研究：以清代台湾省为例[J]. 建筑史学刊，2021，2(3)：116–126.

[229] 谭其骧. 中国历史地图集[M]. 北京：中国地图出版社，1982.

[230] 谭其骧. 长水集[M]. 北京：人民出版社，2011.

[231] 唐次妹. 清代台湾城镇研究[M]. 北京：九州出版社，2008.

[232] 汪德华. 山水文化与城市规划[M]. 南京：东南大学出版社，2002.

[233] 汪德华. 中国城市规划史[M]. 南京：东南大学出版社，2014.

[234] 王贵祥. 明代城市与建筑：环列分布、纲维布置与制度重建[M]. 北京：中国建筑工业出版社，2012.

[235] 王鹤，董卫. 沈阳城市形态历史变迁研究：从明卫城到清盛京时期[J]. 城市规划学刊，2011(1)：113–118.

[236] 王茂生. 清代沈阳城市发展与空间形态研究[D]. 广州：华南理工大学，2010.

[237] 王其亨. 风水理论研究[M]. 天津：天津大学出版社，2005.

[238] 王启宗. 台湾的书院[M]. 台北：文化建设委员会，1999.

[239] 王树声. 中国城市人居环境历史图典[M]. 北京：科学出版社，2015.

[240] 王小东，谢洋. 历史舆图中的乌鲁木齐：清代至今城市建设发展过程梳理[J]. 建筑学报，2014(3)：103–109.

[241] 温振华. 清代台湾的建城与防卫体系的演变[J]. 台湾师范大学历史学报，1983(13)：253–274.

[242] 吴俊雄. 竹堑城之沿革考[M]. 新北：新竹市立文化中心，1995.

[243] 吴良镛. 张謇与南通"中国近代第一城"[M]. 北京：中国建筑工业出版社，2006.

[244] 吴良镛. 中国人居史[M]. 北京：中国建筑工业出版社，2014.

[245] 武廷海. 规画：中国空间规划与人居营建[M]. 北京：中国城市出版社，2021.

[246] 夏铸九. 空间，历史与社会：论文选1987–1992[M]. 台北：台湾社会研究丛刊，1993.

[247] 夏铸九. 空间再现：断裂与修复[M]. 上海：同济大学出版社，2020.

[248] 萧百兴. 清代台湾（南）府城空间变迁的论述[D]. 台北：台湾大学，1990.

[249] 萧琼瑞. 怀乡与认同：台湾方志八景图研究[M]. 台北：典藏艺术家，2006.

[250] 许凯博. 帝国文化逻辑的展演：清代台湾方志之空间书写与地理政治[D]. 新竹：清华大学，2007.

[251] 许雪姬. 妈宫城的研究[M]//澎湖开拓史——西台古堡建堡暨妈宫城建城一百周年学术研讨会实录. 澎湖：澎湖县，1988：27–49.

[252] 许雪姬. 台湾竹城的研究[M]//黄康显. 近代台湾的社会发展与民族意识. 香港：中华书局，1987：99–120.

[253] 许玉青. 清代台湾古典诗之地理书写[D]. 桃园：台湾"中央大学"，2005.

[254] 许倬云. 十九世纪上半期的宜兰[J]. 宜兰文献杂志，1993(9)：71-93.

[255] 阎步克. 中国古代官阶制度引论[M]. 北京：北京大学出版社，2010.

[256] 颜章炮. 清代台湾官民建庙祀神之比较——台湾清代寺庙碑文研究之二[J]. 台湾研究，1996(3)：87-92.

[257] 尹章义. 台湾开发史研究[M]. 台北：联经出版事业公司，1989.

[258] 尹章义. 台北平原拓垦史研究（1697-1772）[J]. 台北文献，1981(4).

[259] 尹章义. 台北筑城考[J]. 台北文献，1983(12)：1-21.

[260] 尹章义. 台湾开发史的阶段论和类型论[J]. 汉声，1988(12).

[261] 曾玉昆，凤山县城建城史之探讨[J]，高雄文献，1996，9(1)：1-64.

[262] 曾元及. 左营地区史迹调查报告[J]. 高市文献. 1999，11(4)：43-72.

[263] 张德南. 北门大街[M]. 新竹：新竹市文化局，2006.

[264] 张海鹏，陶文钊. 台湾史稿[M]. 南京：凤凰出版社，2012.

[265] 张海鹏，李细珠. 当代中国台湾史研究[M]. 北京：中国社会科学出版社，2015.

[266] 张浩. 清代巡检制度研究[D].长春：东北师范大学，2007.

[267] 张杰. 中国古代空间文化溯源[M]. 北京：清华大学出版社，2012.

[268] 张品端. 清代台湾书院的特征及其作用[J]. 台湾研究，2011(3)：55-59.

[269] 张永桢. 清代台湾后山的开发[M]. 新北：花木兰文化出版社，2013.

[270] 张玉璜. 妈宫（1604-1945）：一个台湾传统城镇空间现代化变迁之研究[D]. 台南：成功大学，1994.

[271] 张志源. 台湾嘉义市诸罗城墙兴建的变迁与再现研究[J]. 建筑历史与理论(第九辑)，2008：511-519.

[272] 章英华. 清末以来台湾都市体系之变迁[M]//瞿海源，章英华. 台湾社会与文化变迁（上）. 台北：民族学研究所，1986：233-273.

[273] 彰化县文化局. 彰化市古城老街道风华再现调查研究[R]. 2004.

[274] 郑秦. 清代县制研究[J]. 清史研究，1996(4)：11-19.

[275] 郑晴芬. 清代凤山县新旧城的比较研究[M]. 新北：花木兰文化出版社，2013.

[276] 郑锡煌. 中国古代地图集.城市地图[M]. 西安：西安地图出版社，2004.

[277] 郑孝燮. 关于历史文化名城的传统特点和风貌的保护[J]. 建筑学报，1983(12)：4-13.

[278] 钟心怡. 新竹县传统聚落与传统建筑调查研究[R]. 新竹：新竹县文化局，2003.

[279] 钟志伟. 清代台湾筑城史研究[D]. 厦门：厦门大学，2007.

[280] 周惠民. 1945-2005年台湾地区清史论著目录[M]. 北京：人民出版社，2007.

[281] 周翔鹤. 台湾省会选址论:清代台湾交通与城镇体系之演变[M]//李祖基. 台湾研究新跨越：历史研究. 北京：九州出版社，2010.

[282] 周振鹤. 中国地方行政制度史[M]. 上海：上海人民出版社，2005.

[283] 周振鹤. 中国行政区划通史·总论 先秦卷[M]. 上海：复旦大学出版社，2017

[284] 卓克华. 从寺庙发现历史：台湾寺庙文献之解读与意涵[M]. 台北：扬智文化事业股份有限公司，2003.

索引

后记

第一次翻阅台湾方志，已是十几年前。彼时跟随良镛师研究"人居史"，他说中国人居史可不能少了宝岛台湾，我便硬着头皮啃起《台湾府志》。当时只觉方志里的文辞和图像并不陌生，甚至与我做博士论文的永州地区颇多相似，但我尚未意识到这片岛屿在中国城市史、规划史上的独特价值。

几年后，出于对中国地方城市规划传统的执着，和寻找更清晰、更典型案例的初衷，我开始关注边疆地区。正巧昔日同窗、台湾大学园艺暨景观学系李孟颖助理教授热情牵线，又蒙城乡所时任所长张圣琳教授抬爱邀请，2015年下半年，我得以赴台湾大学访学，并深游这片既陌生又"熟悉"的土地。在台湾几个月的见闻，无论是浩如烟海的方志古籍档案、清晰完整的古城山水格局，抑或细致扎实的地方学者研究，都令我意识到，这是一个可以研究且值得研究的案例。但在与都市年轻人的闲聊中，在对乡里百姓的访谈中，我又隐约感觉到，他们对这里的城市历史、特别是与祖国大陆一脉相承的部分略感生疏。这令我产生一种冲动，自诩为中国地方城市规划传统的观察者，面对如此佳例，不能袖手。于是我格外珍惜在台时光，一半时间如饥似渴地查阅文献资料，另一半时间租辆小汽车便进山调研。至今还记得一个阳光明媚的下午，我行驶在通往台湾岛最南端的山海间唯一公路上，左边是悬崖峭壁，右边是茫茫海峡，前方是云雾深处的恒春古城。这条路上，二百多年前走过渡台平乱的福康安，一百多年前走过驱日保台的沈葆桢。那个下午，这条路上人迹罕见，我心中既有胆怯，更多兴奋。

所幸在访学时光中，得到了许多台湾前辈的教诲与帮助。东海大学关华山教授在台中、台北多地都关心我的调研，并赠予珍贵资料。"中研院"史语所刘淑芬研究员与我分享了她早年从事台湾城市史研究的经验。台湾大学城乡所的王志弘教授、黄舒楣教授、赖仕尧教授、何灿群技士等为我提供了有益的研究资料和线索。此行还与城乡所的王瑶博士（厦门理工学院副教授）结下深厚友谊，本书研究资料中有不少得益于她的帮助。

由于后面还有其他访学行程，我的这次台湾之行不得不匆匆结束。但在接下来的几年中，有赖于一众前辈、同仁的鼓励和支持，以及国家自然科学基金的资助，零星的想法逐渐形成系统的研究计划，并得以持续开展。此后，我又三次赴台调研。除澎湖、南雅遗憾未能前往，书中提及的其他城市基本跑遍。调研期间还曾获得Team20活动资助，并有清华大学王路、韩孟臻、黄鹤等教授及两岸许多建筑教育界人士同行。他们的真知灼见对本研究颇多启发。

在本书写作期间，有幸得到了清华大学贺从容副教授从选题到成文的持续指导，以及左川、吴唯佳、王丽方、顾朝林、庄惟敏、朱文一、张杰、边兰春、单军、钟舸、刘健、张利、张悦、武廷海、林波荣、张敏等教授的关心和鼓励。在此对他们表示由衷的感谢。此外，还要感谢东南大学李百浩教授、夏铸九教授、董卫教授，深圳大学王鲁民教授，西安建筑科技大学王树声教授，哈尔滨工业大学赵志庆教授、董慰教授，台湾中原大学蒋雅君教授等前辈对本研究的关怀与指导，以及中国城市规划学会规划历史与理论分会提供的学术交流机会。这些鼓励和支持，使我在困难中保持乐观。2019年赴美国麻省理工学院访学期间，还得到城市研究与规划系前主任Tunney Lee教授的帮助。我与他谈起关于台湾城市的研究，他提供了许多有益的想法，并慷慨赠书。可惜疫情期间他溘然长逝，但他的鼓励我铭记于心。此外，还要感谢该系的Bish Sanyal教授、Louise Elving女士在本书写作过程中的关心与照顾。特别要感谢的是中国社会科学院台湾史研究中心的李细珠教授，在本书写作最艰难的时刻给予了极大的肯定和帮助。

本研究成果的发表和出版面临额外挑战，承蒙清华大学出版社张占奎主任的支持与鼓励，才有了本书的面世。编审出版过程中，清华大学建筑学院王丽方教授、张悦教授、林波荣教授等出谋划策，鼎力推荐；国台办研究局龙虎副局长、民革中央谢冰女士以及中宣部出版局有关领导多次关心，大力支持，促成本书顺利出版。谨对他们表示深深的敬意。此外还要感谢出版社的编辑们，他们的尽责与宽容弥补了本书的诸多疏漏。

2021年秋，书稿初成，我第一时间送良镛师审阅。先生说甚感欣慰，没想到十几年前的一念终于结果。他欣然作序，字里行间，满是对宝岛的情意和对学生的期冀。

2023年秋，在书稿基础上，我在清华开设了讲授台湾城市历史的通识课程。不同于书中的研究时段仅限于有清一代，课程的时间尺度延展至数万年，从人类聚居讲到当代城市，勾勒中华文明脉络中两岸人民在台湾共同的开发与建设。开课的初衷是更积极影响大陆年轻一代，使他们不忘两岸共同的历史，塑造共同的未来。意外之喜，则是选课同学中有不少台湾学生，他们说在这门课上对家乡有了新的认知。

转眼已至2024年，距清康熙统一台湾并设立台湾府已有340年。拙著即将付梓，回首来路，有许多机缘巧合，有许多贵人相助，亦有许多意外收获。感恩之余，只道前路漫漫，惟尽心求索。本书难免诸多不足与遗憾，祈请方家指正。

孙诗萌
2024年春于清华园